BIM

B U I L D I N G   I N F O R M A T I O N   M O D E L I N G

BIM의 원리

Spacetime

BIM의 원리

감사의 글

10년 이상 관련 분야에서 일을 하다가 학교에서 해오던 일들을 휴식하며 정리할 수 있는 기회가 생겨 이 책을 쓰게 되었다.

사실, BIM이란 이름이 생기기 전에 BIM은 항상 개인적으로 추구해 왔던 이상적인 엔지니어링 모습이고 업무에서 현실화 하려고 애써 온 것 같다. 그러면서 느낀 것은 Building Information Model이란 단어에 링크된 복잡하고 수많은 건설 정보 묘사 – Description와 이를 통해 무엇을 얻고자 하는 것에 대한 궁금증이었다.

BIM은 생각하면 할 수록 묘하게도 요즘 유행하는 페이스북(Facebook)과 닮아 있다. 한 쪽은 건축 정보를 Description 하고 다른 한쪽은 사람을 Description 한다. 서로 정보모델을 공유하고 재할용하며 의사소통을 통해 정보모델이 풍부해지고 진화한다. 이 점을 책 마무리에 간단히 언급하고 있다. 미래 엔지니어링은 점차 정보화되면서 예측하기 어려울 만큼 서로 융합되고 발전되고 있다.

이 기회에 BIM, 그래픽 모델링, 디지털 정보융합에 대해 고민할 수 있는 자료와 조언을 해 주신 분들께 감사 드린다.

책을 감수해 주신 조형식 박사님은 20년 넘게 항공기를 설계하신 분이다. PLM에 대한 지식을 알기 쉽게 알려 주시기도 하고 재미있는 비하인드 스토리까지 여과없이 들려 주셨다. 선배로서 좋은 말씀으로 멘토링해 주신 점 감사 드린다.

중앙대 심창수 교수님은 BIM세미나에 무료로 참석하게 배려해 주시고, 특히 모듈러 시공과 관련해 BIM을 접목할 때 어떠한 문제들이 있는지 시장 현장이 아니면 알기 어려운 내용을 알기 쉽게 이야기 해 주셨다.

이 책을 쓰게 된 직접적인 계기가 되도록 해 주신 RP건축사무소 유기찬 소장님에게도 감사 드린다. 건축사임에도 불구하고 IT도구를 누구보다 잘 다루고, 연세에 비해 젊은이 못지 않은 열정적 모습과 풍부한 융합적 지식으로 가득 찬 분이라는 사실에 만나뵙고 놀랐다. BIM 전도자이신 이금승 사장님과 건설 IT 분야에 대해 많은 조언을 해 주신 유지보수 분야를 개척하고 계시는 김지원 박사님이다. 그리고 얼마 전 만나뵙고 미국에서 행해지는 BIM에 대한 이야기를 들려 주신 강호영 교수님, 내 이야기를 많이 들어주시고 지원해 주신 조윤호, 김인태 교수님과 BIM과 현실에 대해 많은 이야기를 나눴던 계소라님 등 함께 만나 이를 고민했던 분들께 감사 드린다.

AEC 분야에서 안 풀리던 퍼즐조각이었던 초기 Civil engineering 모델링 개념을 보여준 Drew Kottke에게 특별히 감사하고 싶다. Miller나 Chuck Eastman교수와 같은 프론티어 정신을 가진 선구자가 있어 지금과 같은 것들을 우리가 누리고 있지 않나 싶다.

마지막으로 등불과 같이 인생길을 인도해 주시는 이상헌 회장님과 류정사님께 감사드린다.

학교에서 일하고 가르치는 것 외에 책을 쓴다는 것은 가족들의 희생이 필요할 수밖에 없다. 기고하거나 강의하며 만들었던 자료를 정리하고 책을 써나가는 것은 개인적으로는 나 자신을 정리하는 의미있는 일이었지만 이로 인해 주말과 퇴근 후에도 계속 일을 해야 했기에 주말마저도 거의 가족들과 제대로 된 시간을 보내지 못했다. 아내와 선우, 연수, 가족들에게 미안하고 정말 고맙다는 말을 전하고 싶다.

2011년 5월

저자 강 태 욱

laputa99999@gmail.com / www.facebook.com/laputa999

BIM

B I M P R I N C I P L E & P H I L O S O P H Y

CONTENTS

[Part-9] 모델 객체 정보 … Object

[Part-10] 모델의 다면체 정보 … Mesh

[Part-11] 모델 공간 정보 … Spatial Information

[Part-12] 디지털화된 모델정보… Reverse Engineering

[Part-13] 모델 지식 정보 … Knowledge model

CONTENTS

BIM

BIM PRINCIPLE & PHILOSOPHY

이 책은 최근 부상하는 BIM에 대한 철학과 원리에 대해 이야기하고 있다. 이를 통해 과연 BIM이 현재 우리에게 무엇을 알려주고 싶은지 이야기를 한다. BIM은 사실 새로운 개념은 아니다. 물론 도구나 시스템도 아니다. 학문적으로는 1960년대까지 거슬러 올라갈 수 있으며 그 이후로도 다양한 이름으로 사람들에게 사용되고 연구 되었다. 현업에서 건설 역사가 시작되면서 오랜 기간 동안 사람들의 머릿속에 잠재되어 있는 이상향이며 지향점이다.

지금까지 우리들은 한쪽 면만 바라보는 2차원 도면의 틀 속에 다양한 엔지니어링 정보를 억지로 맞춰 구겨 넣으면서 디자인해 왔다. 필연적으로 정보는 이 틀 속에서 변형되어 본래의 디자인 의도를 상실한다. 건설 프로세스간에 정보를 담는 표준적 모델이 없으므로, 각 프로세스별 만들어지는 정보들은 서로 연관성 없이 제각기 따로따로 만들어진다 사용된 후 흩어지기 마련이고, 선행 프로세스의 정보 수정이 개념적으로 연관된 후행 프로세스 정보에 자동으로 대입되어 갱신되지 않는다. 계획, 설계, 시뮬레이션, 시공계획, 유지보수와 같은 프로세스가 별개로 작업되고 각 프로세스에서 만들어진 정보는 그 프로세스 안에서만 사용되다 폐기되고 설계변경시 다시 만들어지기를 시공이 끝날 때까지 무한히 반복한다. 시지프스 신화처럼 말이다. 건설은 전생애주기가 타 분야에 비해 매우 길다. 그 기간 동안 제대로 관리되지 않는 정보는 가치가 없다. 건물이나 건설 인프라의 유지보수와 폐기시 필요한 정보는 설계도에 없으며, 그나마 십년 후에 그 설계도를 제대로 찾을 수 있으면 다행이다. BIM은 모델을 기반으로 한 각 프로세스별 참여자들과의 정보소통과 재활용성을 통한 품질과 생산성 향상, 고객 만족에 초점을 맞춘다. 이 점은 단순히 3차원 그래픽 모델링이나 4D, nD식의 시스템과는 다른 접근이다. 왜 기계, 조선, 전자와 같은 분야에서는 엔지니어링 정보 공유와 재활용을 잘 사용하고 있는데 건설은 잘 안되고 있는가? 이것이 BIM이 우리에게 던지는 질문이다.

다음 그림은 BIM(Building Information Modeling)을 표현한 그림이다. BIM은 건설 정보를 모델링한 것이기 때문에 마치 계획부터 폐기까지 전체 건설 프로세스 체인 위에서 정보가 만들어져 흘러가는 디지털 모델을 상상할 수 있다. 빌딩 정보는 기하, 위상, 객체, 지식 정보로 묘사된다. 이것이 모여 디지털화된 빌딩 모델을 표현하게 되고, 우리가 다룰 수 있도록 다양한 차원으로 가시화된 정보로 표현된다. BIM 시스템의 각 컴포넌트는 각 단계 별로 엔지니어가 입력한 내용을 바탕으로 각 모델정보를 생성하는 도구이며 인프라 구성 요소다. 묘사한 정보는 컴퓨터가 이해할 수 있도록 IFC와 같은 구조화된 기호로 표현된 포맷으로 저장된다. 이렇게 디지털화된 모델은 3차원과 같은 가시화 기법을 통해 우리가 보고 다룰 수 있다. 우리가 보는 화려한 3차원 그래픽 저 너머에는 이런 복합적이고 유기적인 모델정보가 묘사되어 있다.

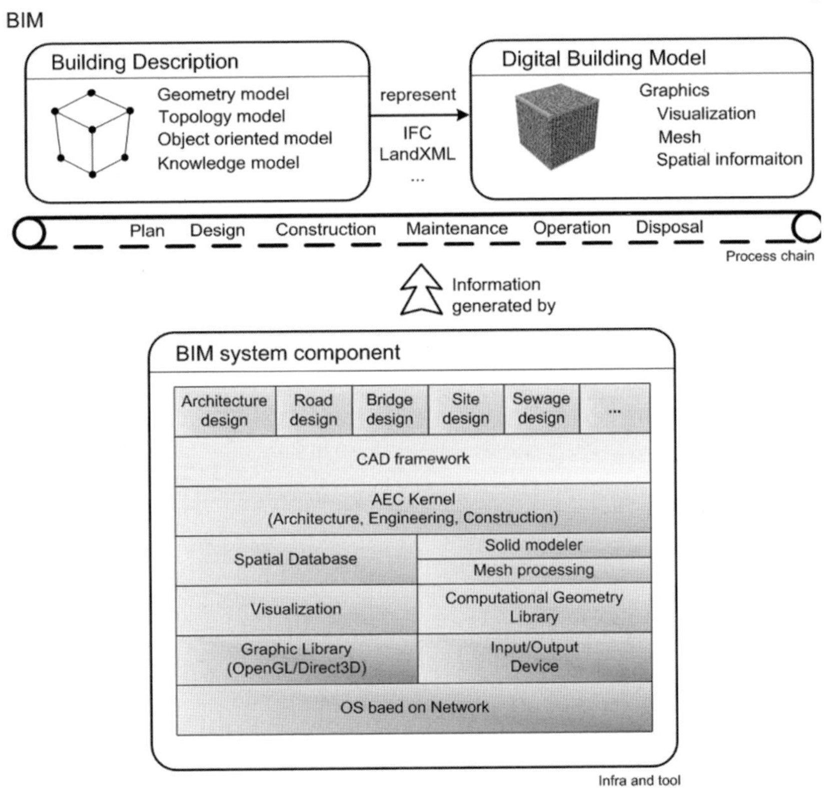

< **1-1** BIM overview >

BIM은 Building, Information, Modeling으로 정보가 짜여지기 때문에 건설, 정보공학, 컴퓨터그래픽스가 융합된 것이다. 앞서 언급한 모델의 구성 정보를 활용하기 위해서는 각 분야를 이해할 필요가 있다.

Information - BIM 소프트웨어는 디지털화된 기호(Symbol)로 모든 것을 이해하고 처리할 수 있는 컴퓨터 위에서 동작한다. 원리 이해를 위해서는 이런 부분에 대한 이해가 전제되어야 한다.

BIM 표준 포맷인 IFC(Industry Foundation Model)가 수많은 복잡한 심벌로 이뤄져 있는지, 디자인할 때 본능적으로 사용하는 오감을 표현할 때 모델정보 손실이 있을 수 밖에 없는지 이해할 수 있다. BIM 소프트웨어는 정보처리 시스템이다. 그러므로, 정보모델링이 무엇인지 이해할 필요가 있다. 독자 중 컴퓨터 언어를 알고 있다면, 실제 실행될 수 있는 소스코드를 얻을 수 있다. 관련해 이를 사람이 이해하기 쉽게 그림(다이어그램)으로 정보모델을 표현한다.

Building - BIM은 건설 정보모델링이다. Building은 건축 정보모델링에서 시작했으나, 현재 건설 전반 정보모델링 개념으로 확장되고 있다. 건설의 계획, 설계, 시공, 유지보수와 같은 비즈니스 프로세스간에 필요한 정보를 매끄럽게 상호 소통할 수 있는 비즈니스 정보모델을 담고 필요한 경우 언제든지 꺼내 쓸 수 있어야 한다. 모든 비즈니스 모델을 컴퓨터가 인식한다는 것은 사실 불가능하다. 비즈니스 모델은 마치 생명체와 같아 시간, 공간, 환경에 따라 형태가 변하고 발전된다. 각 소프트웨어 도구에서 제공하는 모델링 정보가 비즈니스 모델을 완벽히 반영할 수 는 없다. 이를 전제로 지금까지 수많은 사람의 노력으로 컴퓨터가 인식하게 된 정보모델링은 어떤 것인지 이야기할 것이다.

Modeling - 모델에 다양한 정보를 만들때 사용하는 도구를 모델러라 부르며, 모델러는 생성하는 정보의 종류에 따라 구분되어진다. BIM은 1960년대부터 꾸준히 개발되어 온 솔리드 모델링, 파라메트릭 디자인, 공간 처리 기법 등의 컴포넌트가 포함된 캐드가 하부구조를 대부분 차지하고 있으며, 이 위에 엔지니어링 분야별 다양한 속성정보가 포함된 객체기반 설계모델을 올려 놓았다. 각 컴포넌트가 어떤 모델정보를 생성하는지, 그 정보는 어떤 의미를 갖는지에 대해서 브레이크다운(Breakdown)해 이야기하도록 한다. 미지의 행성을 이해하기 위해 조사선을 발사해 어떤 재질의 코어를 가지고, 그 위에 어떤 지반 층으로 구성되어 있으며, 환경과 대기 시스템은 어떤 방식으로 돌아가는지, 그리고 이 행성의 지향점을 포함하는 궤적은 어떻게 운행되는지를 조사해 나가는 방식으로 이야기해 나갈 것이다.

묘사된 정보를 가상으로 보여준다는 것은 매우 흥미로운 것이다. 이런 여러 묘사된 정보 중 모델링 결과를 시각적으로 표현하기 위해 컴퓨터 그래픽스를 사용한다. 그래픽스(Graphics)는 사람을 끌어 당기는 마력이 있다. 그래픽 모델링을 통해 우주 공간을 내 스스로 창조할 수 있다는 두근거림으로 10년 이상 모델링 시스템 연구 개발에 매달렸다. 학교는 때때로 창조적일 수도 있는 공간이다. 학교 도서관에서 근원을 찾아 올라가며 먼지 쌓인 1960, 70년대 과학 저널들을 살펴보면, 그래픽스의 존재 의미를 희미하게나마 찾을 수 있다. 아래 원문은 어떤 모델링 과학자의 논문시작에 쓰여진 글이다. 잘 읽어보면 마치 화이트 홀처럼 포탈을 만들어, 다른 차원의 유니버스 여행을 안내하는 마법사 사먼이 쓴 글 같지만, 모델링된 가상현실을 아바타로 경험하는 SF영화의 줄거리와 별반 다르지 않다.

"For the purpose of presenting my argument I must first explain the basic premise of sorcery a
don Juan presented it to me. He said that for a sorcerer, the world of everyday life is not real, or ou
there, as we believe it is. For a sorcerer, reality or the world we all know, is only a description. Fo
the sake of validating this premise don Juan concentrated the best of his efforts into leading me to
genuine conviction that what I held in mind as the world at hand was merely a description of the worl
a description that had been pounded into me from the moment I was born."

- Carlos Castaneda. Journey to Ixtla

그래픽스 기술은 가상현실을 통해 우리에게 위험을 제거해 주고 필요한 속성만 부각시켜 주는 마법을 부린다. 스티브 잡스와 같은 현실 왜곡장을 만들기 위해 다양한 재료를 비법으로 섞어 놀라운 마법을 창조하는 것처럼 말이다.

도구는 BIM의 지향점은 아니지만, 우리가 BIM 프로젝트 작업을 할 때 창발성을 통한 BIM 지능을 높여준다. BIM을 잘하려면 도구를 잘 이해하고 활용하는 것이 중요하다.

BIM 소프트웨어는 가상현실 정보 왜곡장을 만들기 위해 그림 1-1과 같은 엔진들을 가져야 한다. 이 모든 것들은 건설 객체 정보모델링을 위해 존재한다. 키보드, 마우스, 그래픽 모니터와 같이 사람과 인터랙티브하게 소통할 수 있는 입출력 능력은 운영체제(OS)에서 제공받는다. 그래픽 형상 표현은 Open GL이나 Direct 3D와 같은 그래픽 라이브러리의 도움을 받는다. 가상 공간에서 형상을 창조하기 위해 계산기하학, 메쉬처리, 솔리드/파라메트릭 모델링, 공간처리, 가시화 기법의 도움을 받는다. 그리고 공통적인 건설 비즈니스 모델이 구현된 모듈인 AEC(Architecture Engineering Construction) 커널을 얻는다. 그리고 이 엔진들을 통합하는 캐드 프레임워크(framework)을 만든다. 그리고 각 분야별로 비즈니스 객체 모델이 구현된 어플리케이션(Application) 도구를 만든다. 가상 시공 모델은 환경, 시공계획 등과 같은 시뮬레이션 모델을 반영해 얻어질 수 있다. 모델 기반 프로세스 협업은 이런 도구와 네트워크망을 통해 이뤄진다.

이 책은 그 수많은 BIM 소프트웨어 시스템을 다루지 않는다. BIM이 현재에서 추구하는 지향점을 바라보고, 이를 사람이 건너갈 수 있는 징검다리로써 BIM 시스템을 바라보며, 징검다리를 이루는 컴포넌트의 철학과 원리를 차곡차곡 쌓아 나가면서 이야기해 준다. 블랙박스처럼 보이는 BIM을 자동차 엔진처럼 분해한 후 다시 재조립함으로써, 우리의 아날로그적 아이디어가, 디지털적으로 어떻게 컴퓨터가 묘사하는지, 효과적인 모델 묘사를 위해 어떤 철학을 활용하였는지, 그 역사적 시행착오는 어떠했는지, 결국 어떤 한계점에 봉착하였으며, 이 문제를 해결하기 위해 어떠한 노력을 하고 있는지, 그리고 궁극적으로 BIM이 지향하는 방향이 무엇인지에 대해 이야기하려 한다.

무엇의 철학과 원리, 구성요소를 안다는 것은 단순히 아는 것에 그치지 않는다. 하나로 뭉쳐 있는 미지의 사물을 보았을 때 두려움은 이런 과정을 통해 사물에 대한 이해도가 높아지고, 서로 소통할 수 있는 발전적인 영역으로 나아갈 수 있다. 이 영역에서 아이디어와 통찰이 생긴다. 그곳에서 사물을 진정 내 것으로 할 수 있고 생각한다. 그러므로 특정 소프트웨어의 사용법이나 적용 예제를 다루거나 하지는 않을 것이다. BIM 도구 기능 사용법은 현재 Google, YouTube나 개발사 웹사이트 등에서 다양하게 얻을 수 있다.

언급된 정보나 자료는 가능한 관련 레퍼런스와 소스를 남겨두기 위해 노력하였다. 만약 관심 있다면, 더 파고 들어가보길 바란다. 그럼 그 속에 중심인 사람과 철학을 발견할 수 있을 것이다.

3D, PLM, BIM의 많은 논의는 플라톤이 말한 동굴 우화와 비슷한 면이 있다. 우리는 이제까지 창조할 모델의 단면, 즉, 동굴 벽에 만들어진 그림자를 보고 이야기 하고 모델이 어떻게 생겼을지 상상하였다. 동굴에서 탈출하는 것은 매우 어렵지만, 밖에서 보는 모델의 실제는 그림자를 보면서 이야기 하는 것보다 훨씬 직관적이고 철학적 본질을 통찰하기 쉽다.

< 1-2 플라톤과 진실의 빛 **>**

BIM을 구성하는 묘사된 각 정보를 이해하기 위해 다음과 같이 모델정보 구조와 이 정보를 생성하는 컴포넌트를 설명하였다. 아울러 이런 모델정보가 만들어지게 된 이유를 이해하기 위해 조금은 역사적이고 철학적인 내용을 넣었다. 마지막으로 모델정보를 만들어내는 컴포넌트를 묶어 시스템화하는 프레임워크과 표준 정보모델에 대해 이야기하고 소셜네트워크기반 프로슈머로써 미래 엔지니어링 변화를 언급하였다. 이 한 권에서 모든 것을 다룰 수는 없기 때문에 최대한 핵심적인 부분만 추출해 놓았음을 밝힌다. 융합된 개념이기 때문에 서로간의 전문용어가 이해를 가로 막을 수 있다고 생각해 가능한 비유로 풀어쓰기 위해 노력하였다. 각 장에서 언급하는 모델링 정보나 컴포넌트에 대해 좀 더 자세히 이야기 나누고 싶은 독자들은 언제든 환영이다.

1장 _ 서문
2장 _ BIM
3장 _ 모델링의 역사
4장 _ 정보모델링
5장 _ BIM 컴포넌트
6장 _ 모델 시각 정보 … Visual information
7장 _ 모델 기하 정보 … Geometry
8장 _ 모델 위상 정보 … Topology & Solid Model
9장 _ 모델 객체 정보 … Object
10장 _ 모델의 다면체 정보 … Mesh
11장 _ 모델 공간 정보 … Spatial information
12장 _ 디지털화된 모델정보 … Reverse Engineering
13장 _ 모델 지식 정보 … Knowledge
14장 _ 구성요소 유기적 연관 … Framework & Architecture
15장 _ 모델 표준화 … IFC, LandXML...
16장 _ 미래 엔지니어링

이 책의 내용과 관련해 필자가 실무에서 겪었던 경험을 요약해 다음과 같은 팟캐스트(podcast) 형태로 제공되니 관심있는 분들은 참고하기를 바란다. 아울러 세부적인 BIM 아키텍처 모델이나 파일 포맷 관련 소스 코드와 같이 기술하기 어려운 많은 내용은 웹사이트*[http://sites.google.com/site/bim principle)*에 관련자료를 공유하고 있다. 이 웹사이트에서 BIM관련 SW도구, 포맷, 개발중인 SW소스코드 및 Revit.Archi CAD와 같은 BIM SW 따라하기 동영상 Link 등을 제공한다.

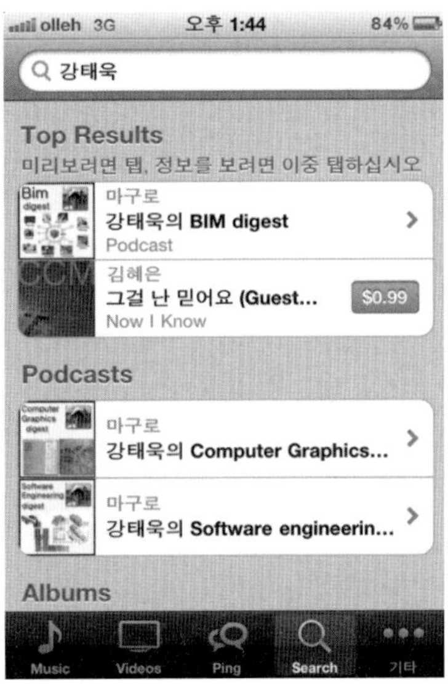

< **1-3** BIM digest 팟캐스트 >

제2장 BIM

2-1 BIM 소개

BIM 유래가 된 옛날 이야기를 해 보고자 한다. 건설 분야 CAD(AEC)는 각종 기계, 건설, 전자 분야에 대한 응용을 탐구하고 적용하기 시작한 1970년대 자연 발생적으로 나타나기 시작했다. 이를 집대성한 사람은 척 이스트만(Charles M. Chuck Eastman) 교수이며, AIA저널에서 최초로 "Building Description System"(BDS)가 무엇인지 이야기하고 실제 구현해 보았다. 이 글에서 BDS의 정의는 다음과 같다.

"건물의 구성요소들을 정의함으로써 ... 구성요소들에 대한 하나의 기술로부터 단면, 평면, 아이소메트릭, 투시도를 뽑아내고 ... 배열에 어떤 변경이 있어도 한 번만 변경하면 모든 향후 도면은 업데이트 된다."

즉, BIM란 디자인 뿐만 아니라 건설 프로세스별로 필요한 속성정보가 포함된 공통 객체 모델을 통해 평면도, 입면도 등 도면뿐 아니라 재료, 수량, 단가, 규정과 같은 필요한 정보도 자동으로 추출하고, 설계변경이 일어나면 후속적 배열된 작업 정보들은 자동으로 갱신할 수 있는 정보모델 및 시스템을 말한다. 이를 위해서는 정보 재활용성과 단절되지 않은 정보소통이 핵심이다. 모델은 이 정보소통의 구심체가 된다. 예를 들어 디자인 과정에서 만든 3차원 그래픽, 위상 정보모델을 이용해 평면도, 입면도를 자동 추출할 수 있다. 사회/환경분석과 같은 각종 대안 분석과정에 추가된 속성 정보를 모델에 속성으로 부가해 앞 단계에서 만들어진 정보와 함께 리포트를 얻을 수 있다. 유지보수할 때도 앞서 만들어진 정보를 이용해 효과적으로 전생애주기 비용분석(LCCA - Life cycle cost analysis)을 할 수 있다. 이런 정보의 구심체가 모델이 된다. 모델은 이러한 모든 정보를 객체 지향적으로 관리할 수 있는 구조이며 개념이다.

BDS는 이러한 모델을 만들기 위해 'Interactive element', 'Element description', 'Arrangement', 'Integrated database', 'Automated building' 를 중심으로 빌딩 정보모델을 기술(Description)한다.

Process - 이는 건설 엔지니어링 프로세스를 의미한다. 이 프로세스상에서 우리는 무엇을 만들 것인지 결정하고, 설계를 통해 시각화를 한다. 그리고 설계를 실현할 비용을 견적으로 내고 사회, 환경상 문제가 없는지 미연에 검토한다. 이런 모든 과정은 무엇을 만들 대상물*[필자주 - 건축관점에서 본다면 Building이 되는 것이고 Building은 다양한 부품 - Element*

으로 이뤄져 있다] 이 현실에 실현되기 전에는 다만, 수많은 도면과 관련 정보의 집합체일 뿐이다. 미래의 Building을 이 시점에서 사실적으로 표현하는 것을 묘사하고 하며, 묘사되는 정보에는 도면을 통한 모양, 치수, 부품의 배치 뿐만 아니라, 프로젝트의 계획 자료, 각 부재의 속성(이름, 재료, 단가등 관련 정보), 수량/비용 견적 정보, 사회, 환경적으로 영향을 주는 분석 보고서 등이 포함된다. 그렇게 함으로써 사실성, 정확성을 담보할 수 있다.

Model description - 대상물의 실체를 가능한 정확히 묘사한 정보를 기술(Description)이라 한다. 그리고 이런 대상을 기술하는 정보의 집합체를 모델(Model)이라고 한다. 당연히 모델은 Building이 될 수도 있고, 도로나 상하수도가 될 수도 있다. *[필자주 – 어떤 모델에 대한 가상의 완전한 Description을 만드는 것은 CAD 분야에서 가장 중요한 철학이며 이데아이다.]*

Automation - BDS에서는 이 모델이 마치 자동화된 엔지니어링 프로세스 컨베이벨트 위에서 각 단계별 주입되는 정보와 착착 조립되고 완성되어 간다. 프로세스 앞단계에서 정보가 수정되면 최종 산출되는 가공물의 기술 형태도 달라진다. 이를 Automation이라 한다.

Arrangement - 각 프로세스 단계는 순서에 따라 최종 산출물을 얻기 위해 계획된 것이고, 배치된 것이다. 이를 배열(Arrangement)이라고 정의한다. 작업을 배열하거나 정보를 배열한다는 그 안에 무엇을 어떤 순서로 정렬(Alignment)하여 처리한다는 의미가 내포되어 있다. 정렬이라는 것은 마치 보석들을 실로써 엮어 좀 더 진보된 다른 형태의 무엇으로 보이게 하는 행위이다. 정렬이 되지 않는다면, 순서 없이 모두 혼재되어 형태를 얻기가 어렵다. 순서 정렬이 되어 있다면, 실로 정렬된 목걸이 중 맨 앞 보석 하나를 움직이면 다음 보석들이 같이 영향을 받아 움직인다.

엔지니어링에서도 정렬이 되어서 생산된 중간 결과물들이 예를 들어, 입면도, 측면도, 정면도 같은 도면과 각종 보고서들(물론, 이것도 모두 정보다)이고, 앞에 단계에서 변경(Change) – 설계변경같은 –이 발생된다면, 이후에 만들어진 모든 정보들도 당연히 영향을 받게 된다.

Integrated database - 모델을 처음 만들 때는 어렵지만, 한번 만들어 놓으면 템플릿(Template)처럼 찍어서 재사용할 수 있다. *[필자주 – 붕어빵 기계를 보면 직관적으로 이해할 수 있다. 붕어빵의 형태 정보를 가지고 있는 형틀(Template)을 이용하면 붕어빵을 생성할 수 있다.]*

정보라는 것이 사실 유사한 정보를 계속 접하다 보면 그 상위의 개념(Schema – 스키마)가 본능적으로 추출된다. 이를 추상화(Abstraction)라고 한다. 추상화된 것도 또 하나의 정보이며 이 정보를 이용해 하위 단계의 정보를 다양한 버전으로 재생성할 수

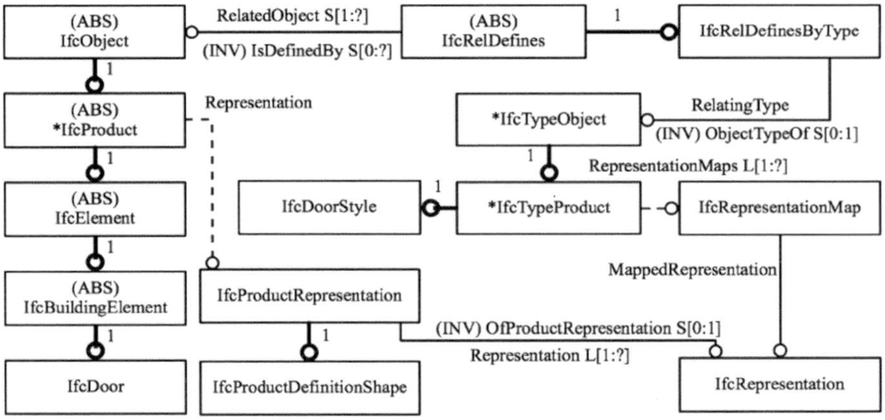

< **2-1** EXPRESS-G diagram for IfcDoor 기하 표현 >

있다. 마치 DNA조합이 미리 설계된 정보에 따라 다양한 단백질을 생성하듯 말이다.

데이터베이스(database)는 정보를 관리하는 체계이다. BDS에서 말하는 database의 대상은 물론 모델이다. 그리고 모델정보를 체계적으로 관리할 수 있도록 database화 한다. database에는 정보와 정보가 재생산되고 그 형태가 유지될 수 있도록 템플릿 개념의 스키마가 있어야 한다. 그렇지 않으면 시간이 지나 그 정보를 재활용하고자 할 때 정보가 어떤 의미로 만들어졌는지 혼란스러울 것이다.

각 프로세스 단계별로 생산되는 정보들은 이런 데이터베이스 형태로 표현되고, 이런 기술(Description) 과정을 모델링(Modeling)이라고 정의하자. 즉, 모델링이라는 말에는 행위가 포함된다. 그리고 이 데이터베이스는 모든 프로세스에 정보를 통합(Integrated)해서 관리해야 한다.

통합되지 않은 모델은 프로젝트 관련자들끼리 소통의 창구로 사용되기 어렵고, 차후 유사한 프로젝트에서 재활용되기가 어렵다. 지속적으로 정보가 버전업되고, 축적하며 관리되어야 한다.

이런 것들이 BDS이 추구하는 바이며, 이 시스템이 포함하는 기능(Function)이다. 도면과 같은 그래픽 정보를 다룸으로써 시스템은 그래픽적으로 정보를 표현할 수 있어야 하며, 그래픽으로 기술된 설계 대상물과 이를 이루는 각 요소(element)가 표현하는 정보를 입출력할 때 사용자와 손쉽게 상호작용(Interactive)할 수 있어야 한다.

이 개념은 Building Product Models라는 책에서 자세한 이야기 되었다. 아래의 그림은 개략적인 Building Product Model과 벽체에 대한 Express-G 정보모델링 그래픽 언어를 이용한 묘사다.*[필자주 - 모델링 언어는 Text 기반과 Graphic기반이 있다. 복잡한 정보모델링은 Text 기반보다 Graphic 기반으로 정보 시스템의 요소와 관계를 표현하고, 매우 세부적인 기술은 Text 기반으로 묘사한다. 이를 코드(Code)라 말한다. Text 기반 언어는 우리가 익히 들어본 Fortran, SQL, C와 같은 언어를 말하며, Graphic 기반 언어는 지금 보여지는 Express-G, ERD, UML과 같은 것들이 있다. 우리가 사용하는 프로그램은 이런 소스 코드에 작업하기 편리한 사용자 인터페이스를 씌워 실행파일로*

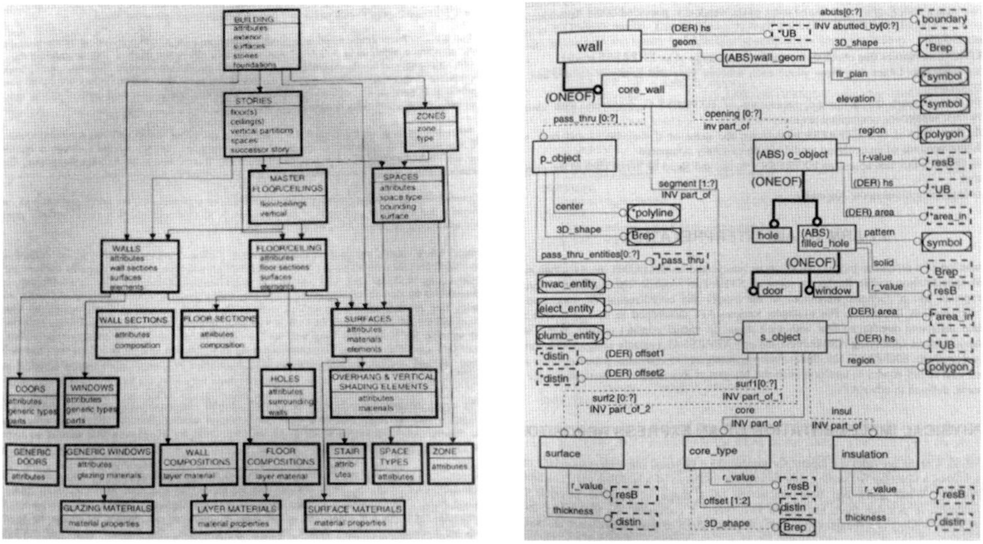

< 2-2 척 이스트만이 제시한 Building Product Model과 Wall에 대한 Express-G Model **>**

만든 후 시장에 출시된 것이다. 이러한 정보모델링에 대해서는 차후 언급하도록 하겠다.]

건축 분야에서 BIM이 발생된 만큼 Building에 대한 구조를 분해해 다음과 같은 EXPRESS라는 구조화 된 블록 언어(Block structured language – 언어가 묘사하는 정보는 시작과 끝의 블록으로 구조화 된다)로 기술될 수 있다. 예를 들어 벽체는 다음과 같이 묘사된다.

- ENTITY wall
- SUPERTYPE OF (ONE OF (core_wall));
- geom : wall_geom;
- opening : OPTIONAL SET [0:?] OF o_object;
- END_ENTITY

설명을 하자면 wall이란 ENTITY(요소)를 정의하는데, wall은 core_wall이란 ENTITY의 속성을 파생받고 *[필자주 – 지금은 재활용한다는 정도로 알아두자.]*, 모양을 정의하는 geom은 wall_geom이란 형식으로 기술된다. 아울러 벽체에는 여러 개의 개구부(opening)가 있을 수 있다.

이런 식으로 Building에 대한 모든 요소와 요소간의 관계를 묘사할 수 있다. 이에 영향을 받은 시스템이 ArchiCAD, Revit, AllPlan 같은 소프트웨어이다.

2-2 BIM 발생 배경

BIM의 필요성을 이해하기 위해 발생 배경을 이야기한다. 사실 BIM 니즈(Needs)의 배경이라 단정적으로 말할 필요는 없다. 이것은 디자인, 엔지니어링의 공통적인 문제다.

지금까지 우리는 2D 도면(캐드 작업)을 통해 공사가능성을 타진하고 그 속에 내포된 수많은 공정을 추출해 견적과 비용, 기간을 산출하였다. 그 동안 캐드 작업을 통해 우리는 정확성, 신속성, 자동화를 통해 생산성을 향상했다. 캐드 작업을 좀 더 줄여 줄 수 있는 다양한 솔루션도 개발되어 작업 환경은 수작업 설계보다 획기적으로 개선되었다. 우리는 2D 설계환경 속에서 여러 가지 정보를 커뮤니케이션 하고 있다. 그러나, 수많은 캐드 도면이 만들어 지면서 다음과 같은 문제가 발생한다.

첫째, 가시성 부재 - 캐드 도면은 3차원적 모델을 2D로 표현된 하나의 뷰만 표현한다. 그래서 형상이 어떻게 보이는지 캐드 도면을 합쳐 3D 작업을 하기 전까지는 제대로 설계되었는지 알기가 어렵다. 각 프로세스 단계별 가시성은 단계별 보는 관점이 틀리므로 캐드 도면을 조합해 구성하는 재작업을 한 후에 얻을 수 있다. 이런 다양한 경관, 환경, 운영 분석을 위한 가시성 확보에는 별개 작업이 필요하다.

둘째, 속성 정보 부재 - 캐드 도면은 그려진 라인이 평면선형인지, 종단선형인지, 어떤 설계계수로 만들어졌는지, 설계변경된 요소는 무엇인지 알려 주지 않는다. 이런 속성을 알고 싶다면, 도면층을 통해 마치 탐정처럼 상상을 하거나 추리를 하든가(표준화가 잘 되어 있다는 전제에서), 설계한 사람에게 자세히 알아봐야 한다. 설계속성은 변수이지만 표현된 캐드도면 안에 라인들은 이러한 변수가 포함되어 있지는 않다. 변수와 캐드 도면의 라인과 인과관계가 포함되어 있지 않으므로 캐드 작업은 자동화 될 수 없고, 지루한 재작업이 필요하다.

셋째, 재활용성 부재 - 캐드 파일 역할은 설계 납품에서 끝난다. 그 이후 건설 엔지니어링 프로세스 단계별로 캐드 작업했던 것과 유사한 반복작업을 해 각 단계에서 보는 모델을 별개로 만든다. 하나의 표준모델을 설계할 때 만들어 놓고, 각 단계에서 필요한 속성정보를 이 표준모델을 통해 주고 받으면서 이러한 반복작업을 없앨 수 있다. 이상적으로 표준모델은 각 프로세스 단계별 관점에서 보이는 자료의 모든 속성을 언제든 꺼내보고 다룰 수 있는 구조로 되어 있기 때문에 캐드 도면을 가지고 있을 필요가 없다. 설계시 표준모델 납품하면 다음 프로세스에서는 필요한 속성만 꺼내 재활용하면 된다. 이 문제의식은 BIM의 강력한 추진동기가 된다.

넷째, 소통 모델 부재 - 캐드 도면은 단방향 정보전달이다. 설계가 끝나면 엔지니어링 컨베이어 벨트를 타고 다음 단계로 전달된 후 사라진다. 국내 세 손가락 안에 드는 시공사에서 도로 및 시설물 공사를 하고 있는 현장에 가 보았다. 마침, 시공 중 설계변경이 발생하였다. 토공 수량 변경이 발생되어 캐드 도면을 수정해야 했지만 이미 해당 도면은 3년전 납품이 끝났고, 안타깝게도 설계사의 엔지니어는 퇴사한 상황이었다. 이런 이유로 애써 설계된 캐드 도면을 추리해 가면서, 시공자가 시공현장에서 오토캐드 설계를 하고 있었다. 만약, 재활용 가능한 표준모델 작성되었다면 이런 것보다 좀 더 효과적인 방법으로 작업을 하고 있을 것이다. 제대로 된 제품을 만들기 위해서는 프로젝트 관련자들이 표준화된 모델을 통해 서로 의사소통을 신속하게 할 수 있어야 한다.

캐드 도면은 엔지니어링 프로세스에 참여하는 사람의 관점에서 보여지는 관점으로 세밀히 작업된다. 그러므로 많은 작업량과 시간, 특히 설계변경이 발생했을 때 수많은 캐드 도면을 재작업해야 하는 문제가 있다. 엔지니어링 프로세스간 연속성도 나타나지 않을뿐더러, 각 단계별로 필요한 정보를 얻기에는 부족함이 많아 다른 단계에서 만들어진 캐드 도면 뿐만 아니라 비정형정보까지 얻어내 작업해야 한다. 예를 들어 견적, 그래픽, LCCA분석, 환경분석, 유지보수 모델 구축, 운영 설계 등을 하기 위해서 캐드 도면을 보며 다시 재 작업 되어야 하고 관련작업 중 얻은 비정형 정보들은 이런 용역작업이 끝난 뒤 버려진다. 결과물만 다음 단계로 전달될 뿐이다. 이런 점은 앞으로 다가오고 있는 인프라 유지보수 · 운영 단계에서 관리상 문제가 될 수 있다. 정부도 이런 점은 인식하고 있다고 본다. 반복작업을 줄이고 정보 재활용성을 높이고자 설계모델을 표준화 하고 정보를 정형화 하는 많은 노력이 있었다.

정보 재활용에서 보았을 때 이런 노력은 CALS와 같은 건설 정보 분야 자동화 추세에 연장선에 있으며, 그림 2-3에서 보는 바와 같이 엔지니어링, 시공, 건축 분야 자동화 기술이 서로 통합되는 과정에 있다. 여기서 BIM은 표준모델을 통해 이 섬들 사이에서 정보를 유기적으로 이어주고 소통하는 가교역할을 하길 바란다. 각 섬에서 생산되는 정보들(도면, 견적/시공 정보와 같은 비정형/정형 속성 등)은 BIM에 추가되고, 필요할 때 재활용 되길 바란다.

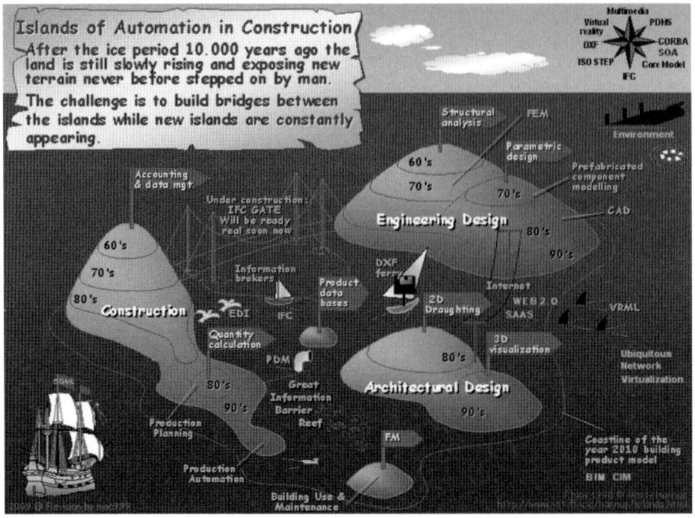

< **2-3** 건설 정보 자동화와 통합으로써 발전되고 있는 기술 >

엔지니어링 프로세스 흐름은 다음과 유사해진다. 계획 · 설계 · 견적 · 대안평가 · 시공 · 유지보수 · 운영 · 폐기 프로세스 정보가 모델중심 네트워크 서비스를 기반으로 소통되고 재활용되며, 각 프로세스의 도구, 시스템 등에 따라 적절히 배열된다.

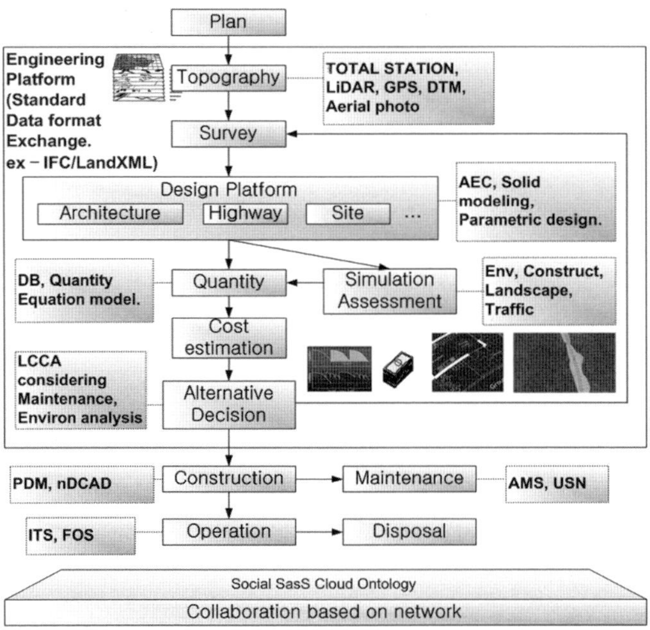

< **2-4** Civil Engineering 관점에서 Civil Integration Model >

BIM의 목적은 궁극적으로 재활용이 가능한 양방향 정보소통을 위한 표준모델을 만드는 것이고, 이를 지원해 줄 수 있는 시스템은 BIM이라 보아도 무방하다. 그렇게 이용자가 이런 개념에 맞는 조직이나 시스템을 만들어 습관화 할 수 있다면, 그것이 곧 BIM과 같은 미래지향적인 엔지니어링 조직이며 시스템이다.

2-3 프로세스 통합과 재활용

건설 분야는 맞춤양복처럼 프로세스가 환경적인 조건에 따라 많이 좌우됨으로 기계나 전자 부품처럼 정규화 해서 대량생산 하기 어려운 문제가 있다.

아래 그림은 기계, 조선, 전자와 같은 비농업 분야와 건설 분야의 생산성을 보여주는 도표이다. 이 결과, 확인할 수 있는 것은 건설의 ROI가 떨어지고 전통 낙후 산업군으로 편입되고 있다는 것을 알 수 있다.

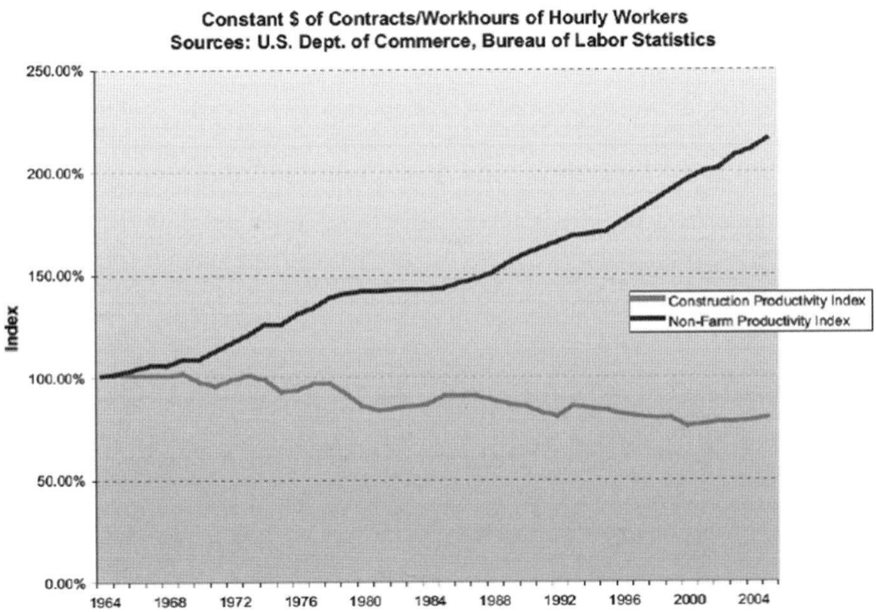

< 2-5 건설 생산성 지수와 비농업 분야 생산성 지수
[MHC Interoperability SmartMarket Report, McGraw Hill, 2007] **>**

이런 지표가 아니더라도, 현재 건설산업은 매우 심각한 위기에 처해져 있다. 다른 분야는 엔지니어링 과정에서 가상 제품 설계 · 생산으로 문제를 미리 검토해 리스크를 줄이며, 프로세스를 최적화하고, 재활용 모델을 만들어 생산성을 획기적으로 향상시키고 있다.

하지만, 건설 엔지니어링에서는 이런 변화가 매우 늦게 일어나고 있다. 이것은 건설 분야 특성에 기인한 면도 있지만, 정부 주도 물량 공급이 필요 이상의 안이한 대처의 엔지니어링 업계 또한 책임이 있다고 생각한다.

엔지니어링 사업은 전체 공사비의 3~5%에 지나지 않지만, 최종 사업 결과물의 성능에 크게 영향을 준다. 엔지니어링은 비가시적이고 프로세스 지향적이며, 수주 산업의 특징을 가진다. 건설은 특성상 대규모 정보처리가 필요하며, 정보가 불명확하고, 환경에 매우 의존적이다. 엔지니어링 과정에서 시공 전에 다양한 문제점을 검토하지 못하면, 최소 몇 백억원에서 몇 조원 이상이 되는 건설 프로젝트에서 큰 비용이 발생할 것은 자명한 일이다.

다음 그림과 같이 엔지니어링 작업 프로세스 대비 투입비용 및 노력을 볼 때 계획단계의 최종 결과물에 미치는 비용이나 성능에 대한 영향이 가장 크고 후속공정으로 갈 수록 적어진다. 하지만 대안 수정시 소요되는 비용은 계획단계에서 가장 적고 후속공정으로 갈 수록 지수적으로 증가하는데 이는 계획과 설계단계가 사업의 비용 및 효율적인 면에 있어서 얼마나 중요한 역할을 하는지 시사한다. 실제로 엔지니어링 사업대가의 기준에 따르면 1000억원 이하의 공사인 경우 기본설계 및 실시설계의 업무별 요율은 각각 1.4% 및 2.79%로 매우 적은 것을 알 수 있다. 나머지 90% 이상에 해당하는 비용은 자재구입 비용 및 인건비 등으로 지출된다. 이 점은 프로세스 전 단계에서 정보 재활용성을 높인 BIM 시스템을 성공적으로 구축할 수 있다면, 설계변경으로 인해 발생하는 기하급수적인 비용을 효과적으로 제거할 수 있다는 것을 시사한다.

아직은 BIM이 CALS 표준화와 같은 길로 접어들거라는 비판도 있지만, CALS와는 다른 방향으로 진행되어 가고 있다는 점은 확실히 더 좋은 결과가 될거라고 생각한다.

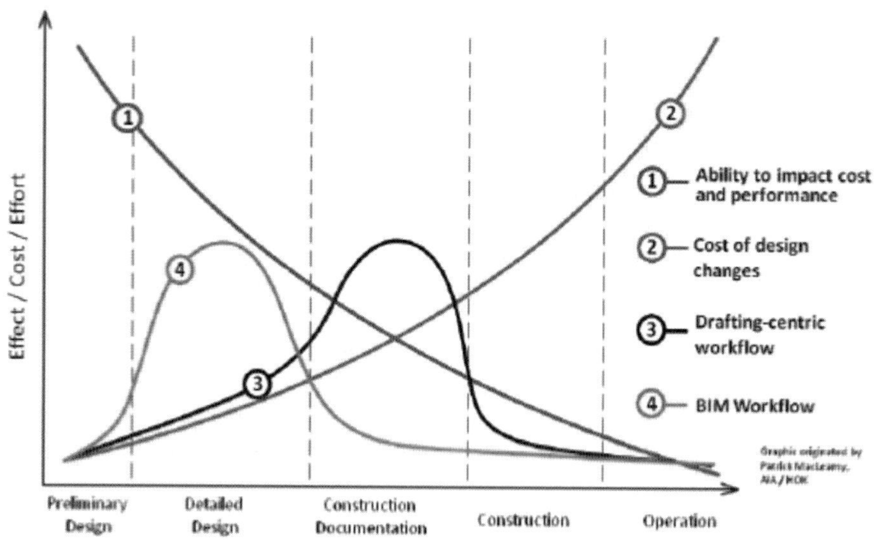

< 2-6 작업 흐름에 따른 비용 및 효과[Strafaci, 2008] **>**

CALS가 단순 자료 호환성 위주로 특정 벤더사 포맷에 의존된 국가 주도형 사업이었다면, BIM은 이미 민간에서 검증된 소프트웨어, 시스템, 기술이 폭넓게 사용되고 있는 지향점이다. 엔니지어링의 필요에 의해 잠재의식 속에 머물러 있던 것이 인위적이지 않고 자연발생적으로 표출된 것이다.

국내에서 2009~2010년부터 불기 시작한 BIM 열풍은 2012년 건설 발주 500억 이상 공사에 대한 조달청 BIM발주와 최근 발표된 BIM지침으로까지 이어지고 있으며, 급기야 관련 학회가 만들어지고, 대부분의 건설업체에서 태스크포스팀을 만들어 연구 및 현장적용을 하고 있는 상황이다.

BIM을 이야기하면서 오해하는 것 중 하나는 IFC 지원에 따라 BIM과 BIM이 아닌 것을 나누는 것이다. 사실 IFC는 건축 분야의 공통 파일 포맷일 뿐, 그 이상도 그 이하도 아니다. BIM에서 중요한 것은 프로세스 통합을 통해 정보의 재활용성을 얻는 것이다. 그 데이터 포맷이 반드시 IFC일 필요는 없다. IFC는 다른 업체 및 도메인과 정보교환을 위한 최소한의 스펙일 뿐이지 업체 내부에서 표준 포맷을 필요로 하지는 않는다. 차라리, 업체나 프로젝트 내 업무간의 정보 재활용을 위한 모델 표준화와 설계변경에 유연하게 대처할 수 있는 시스템 적용이 오히려 더 중요하다. 게다가 현재 엔지니어링 문제를 기민하게 해결하려는 모델링 소프트웨어들의 데이터 파일 포맷을 IFC와 같은 국제 공통 포맷이 모두 좇아갈 수 없음은 자명한 일이다. 어차피 BIM 지향 소프트웨어를 사용하면 IFC와 같은 포맷은 완벽하지는 않으나 최소한의 정보교환은 지원한다.

엔지니어가 현실에 구현하기 전의 모습, 아이디어를 모델로 디자인해 그 모델 속에서 필요한 정보를 뽑아내는 프로세스는 매우 복잡하지만 큰 영역으로 다음과 같이 나눌 수 있다.

1. **Planing -**건설의 대상과 목표를 정한다. 타당성 분석을 하고 범위를 정한다. 관련 상위법을 참고해 다양한 관점에서 문제가 없는지 분석한다.
2. **Design -** 설계는 크게 기본설계와 실시설계로 나뉜다. 설계는 시공 가능성을 미리 계획하고 확인하며, 이 결과를 이용해 실제 대상을 만들기 위한 수량과 단가를 예측한다. 보통 이 과정에는 실제 대상물이 만들어졌을 때 다양한 사회적, 환경적 효과 및 비용 분석 시뮬레이션까지 수반된다.
3. **Estimation -** 도면과 시방서에 따라 건설할 때 실제 발생되는 모든 재료와 노력에 대한 수량을 예측, 견적한다. 이를 통해 표준단가를 고려한 공사비를 산출할 수 있다.
4. **Construction -** 예측된 공사비로 계약이 되면, 도면과 시방서에 따라 대상물을 시공을 한다.
5. **Operation -** 건설이 끝난 대상물은 사용이 끝날 때까지 최대 사용 효율을 얻기 위해 적절히 운영되어야 한다.

6. Maintenance - 대상물의 성능을 최대한 오래 유지하기 위해 유지보수를 해야 한다. 이를 위해 적절한 유지보수전략이 계획되어야 한다.

7. Disposal - 사용기한이 끝난 대상물은 최소한의 비용으로 폐기되거나 재활용 된다.

이러한 큰 프로세스 범위에서 각 업무 영역별로 나뉘어지고 합쳐지면서 정보가 처리된다.

아직은 2차원 기반의 설계 모델을 기반으로 각 개발 프로세스가 독립적인 정보를 생산하고 관리하는 방식이 대부분이다. 단계마다의 산출물이 2차원 형태의 도면이나 보고서 양식으로 표현되어 다음 단계에 전달되고, 다시 다른 정보를 얻기 위해 재 가공되어 다음 단계에 다시 전달되었다. 이는 필연적으로 수많은 중복작업을 발생시키고, 특히 설계변경사항이 발생하였을 때 또 다시 2차원 도면과 보고서를 작성해야하는 엄청난 Paperwork이 수반되었다.

교육받은 많은 인력들이 단순하고 반복적인 Paperwork에 동원되는 실정이다 보니 엔지니어가 창조적인 문제해결에 매달리지 못하고 에너지 소모적인 작업에 스스로 매몰되어 나락으로 빠져든다.

BIM이 추구하는 이상향은 그림 2-7과 같이 모델을 통해 각 프로세스에서 발생된 정보를 관리하고 공유하여 다른 프로세스에서 재활용하는 것이고, 이런 정보모델이 축적되어 유사한 프로젝트에서도 마치 템플릿(Template)처럼 사용하고 있는 다른 부분만 수정해 재활용하도록 하는 것이다. 굳이 모델은 하나의 데이터 파일일 필요는 없다. 재활용성이 중요하다. 하나의 업무나 프로그램 차원이 아닌 엔지니어링 프로세스 인프라스트럭처(Infrastructure) 관점에서 필요할 때 언제 어디서든 쉽게 사용되어야 한다. 이런 조직의 각 프로세스에서 개별적으로 생산된 정보를 버리고 사장시킨다는 것이 얼마나 무모하고 안타까운 일인지 각성하지 않으면 안 된다.

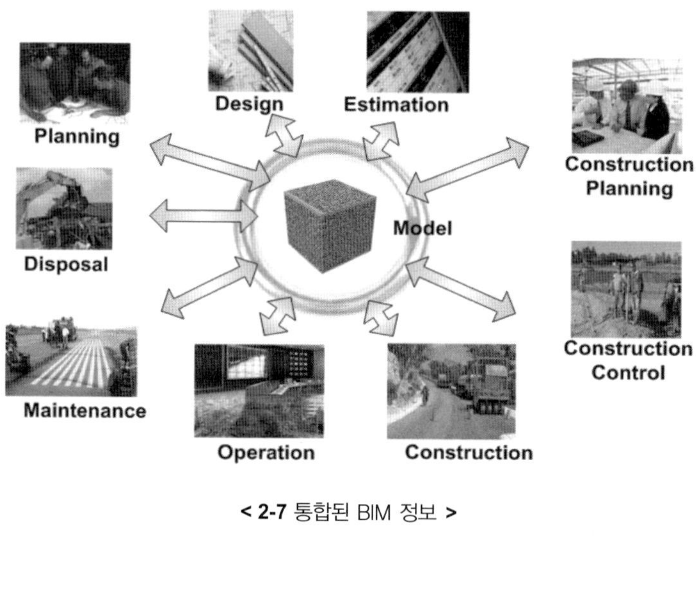

< **2-7** 통합된 BIM 정보 >

2-4 융합

BIM은 언급한 바와 같이 정보, 컴퓨터 그래픽, 건설 공학이 함께 짜여진 개념의 융합을 통해 건설 분야의 문제들을 다른 각도에서 접근하여 이에 대한 이야기해 보고자 한다. 엔지니어링과 같이 Paperwork을 주업으로 하는 산업은 본질적으로 정보처리업이다. 현재 종이기반 산업은 급속히 IT중심으로 재편되고 있다. 이미 대표적 종이기반 산업인 출판업, 신문산업 뿐만 아니라, 정보 가공/전달이 주업인 미디어/방송, 디자인, 경영, 교육, 컨설팅, 음악/영상 컨텐츠 분야는 생산성 문제가 아닌 생존을 위해 속속 IT기반 모델로 바뀌고 있다.

과연 10년이 지난 후에도 학생들이 종이 책을 읽고 있을 지, 대학교에서의 판서 강의를 듣고 있을 지 현재로써는 짐작조차 할 수 없다. IT기술은 그 만큼 정보와 관련된 업종을 혁신적으로 바꾸어 나가고 있다. 그 중심에 사람이 있으나, 예전처럼 정보 중복 재작업에 필요한 많은 사람이 필요하지는 않다. 관련 산업은 재편되고 파편화 되고 소비자의 입맛에 따라 다양화되어 갈 뿐이다. 이런 인식에 시장을 바라보고, 지식을 능동적으로 대처해야 한다. 우리가 경험하는 스마트 모바일 혁명은 모든 변화의 바람인 시작에 지나지 않는다.

이와 관련한 세계 건설 IT 융합 시장을 바라보자. 시장 규모는 2008년 2,410억 달러, 2009년 2,530억 달러, 2012년에 2,890억 달러, 2013년 3,048억 달러에 이르고 있다. 2012년 국내 건설 IT 융합시장은 52조원 규모로 향후 가속적인 성장을 할 것으로 예상되나, 국내 건설 IT융합 기술수준은 선진국 수준의 60%대에 머물고 있고 세계 시장 점유율이 미국(41.8%), 영국(14.5%)에 비해 매우 낮은 0.21% 수준으로 나타났다. 시장 점유율을 통해서 알 수 있듯이 국내 건설 산업의 첨단 IT 융 · 복합은 현저히 낮은 수준을 나타내고 있다.

[자료: ETRI 건설 IT 융합기술동향 2008]

(단위: 억달러)

구 분	2009	2010	2011	2012	2013	CAGR
세계건설 시장규모	50,270	52,610	55,060	57,620	60,310	4.66%
건설 IT 융합시장	2,530	2,640	2,770	2,890	3,048	5.5%
예상시장 점유율	5%	9%	13%	16%	20%	43%

< **표 1** 세계 건설 IT 융합시장 전망 >

이 자료는 시장은 급속히 확대되고 있으나, 외국 기술력에 의존하다 종속 되어지고 있는 현상을 보여준다. 문제는 SI(System Integration)에 매몰되어 변변한 소프트웨어 핵심 엔진 하나 없는 국내 IT 경쟁력과 시스템 조립 수준에 그치고 있는 융합기술에 대한 인식이다. 손쉽게 전통산업과 IT산업이 융합된 BIM시스템을 단순 조립수준으로서의 기존 프로세스를 개조한 적용에 그친다면 오히려 시장이 퇴보할 수 있다.

지금까지 변화는 각 공학 분야의 테두리 내에서 다른 학문들의 장점을 취합해 응용한 정도였다면, 지금부터는 각 분야의 DNA를 촉매에 넣어 가속해 혼합시킨 후 그 안에서 사회적으로 큰 가치를 얻을 수 있는 융합기술이 매우 중요하다. 창조라는 용어를 쓴 이유는 기존 학문이 해결하지 못하는 문제를 융합 학문이 효과적으로 해결할 수 있기 때문이다. 물론, 기존의 전통 공학 분야가 없어지지는 않겠지만 이러한 융합 학문을 적절히 수용하고 발전하는 학문 분야는 더 많은 열광과 환호를 받을 것이고, 그렇지 못하다면 외면받게 될 것이다.

지식의 통합관점에서 Consilence는 융합의 의미와 지향점, 발전과정을 잘 보여준다고 생각한다. 이 용어는 윌리엄 휴얼이 1840년에 『귀납적 과학의 철학』이라는 책에서 처음 사용했는데, 설명의 공통기반을 만들기 위해 분야를 가로지르는 사실들과 사실에 사이에서 기반한 이론을 연결함으로써 지식의 통합을 의미한다. 세계는 질서정연하며 몇몇 자연법칙들로 설명될 수 있다는 확신으로, 그 뿌리는 기원전 6세기 이오니아에 살았던 밀레투스 탈레스로 거슬러 올라간다(탈레스 - 모든 물질은 물로 환원될 수 있다). 2세기 후에 아리스토텔레스는 이 전설적인 철학자를 제7현인 중 으뜸으로 불렀다. Consilence는 국내에서는 여러 갈래로 나뉜 지식을 하나의 줄기로 통한한다는 뜻의 한자인 통섭으로 번역되었다.

원래 학문영역은 하나의 뿌리에서 시작했다. 학문은 아래 그림과 같이 뿌리의 관점에서 보면 수직축으로 뻗어 나간다. 사물의 진리를 탐구하기 위해 문제를 분할 공략했던 각 학문의 완성은 사실 총괄적 완성을 의미하지는 않는다. 이러한 자성론속에 오른쪽 그림 2-8과 같이 분야별 융합을 적극적으로 시도하고 있다. 화학과 전자란 학문이 그림에 보이는 Consilence Line처럼 줄기를 수평으로 가로지르면서 통섭된다. 생물공학이 전자공학과 융합된 bioelectronic같은 융합학문이 수평측을 중심으로 생겨나게 되고, 학문간 융합을 통해서 인공안구, Bioelectronic 회로와 같은 혁신적인 것들로 만들어지고 발전되어 전자 생체 융합 분야가 생겨난다.

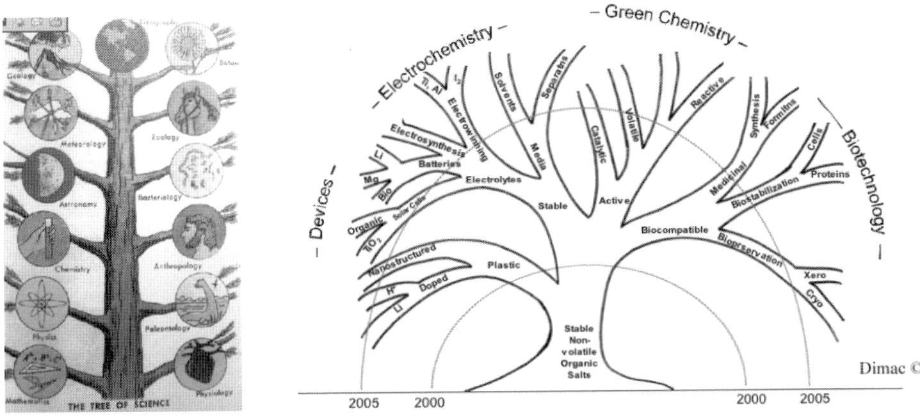

< **2-8** 사이언스 트리와 학문의 통섭(The Golden Encyclopedia, 1959) >

융합이란 개념은 오래 전부터 유용한 지식의 도구로써 혁명적인 발명을 하는 데 잘 활용되었는데, 15세기 레오나르도 다빈치가 각 분야의 지식을 융합하여 여러 유용한 것들을 만든 일화가 유명하다. 예로부터 이탈리아 베네치아는 홍수로 어려움을 겪어 왔는데 그는 혈류와 심장에 관한 지식을 토목공학에 융합해 세계 최초로 댐을 만들어 이 문제를 해결했다. 심장에는 혈류가 반대 방향으로 월류하지 않도록 판막이 있다. 혈액의 순환이 물의 흐름과 의미론적 맥락이 유사하다고 통찰한 다빈치는 판막을 세밀히 연구해 물을 제어할 수 있는 댐을 설계하게 된다.

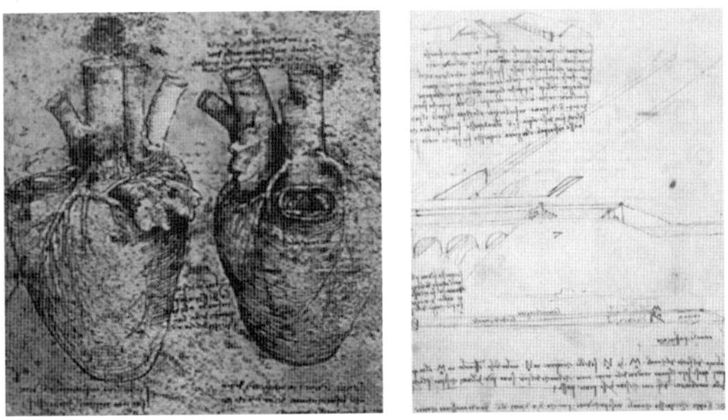

< **2-9** 혈류흐름 분석을 통한 댐 개발(Leonardo da Vinch) >

최초의 비행은 독일 항공학의 선구자 오토 릴리엔탈(Otto Lilienthal)이 새의 비행연구를 통해 축적된 지식을 글라이더에 적용한 것이다. 그는 1889년에 '항공술 기초로서의 새의 비행 Der Vogelflug als Grundlage der Fliegekunst'이란 연구보고서를 발표하였다. 이후 2000회 이상의 활공시험을 하였고, 1895년에는 350m의 활공기록을 세웠다. 비로소 새의 날개가 활처럼 휘어 있어야 양력(Lift)이 발생한다는 사실을 터득하고, 원동력이 있어야 한다는 사실을 발견할 수 있었다.

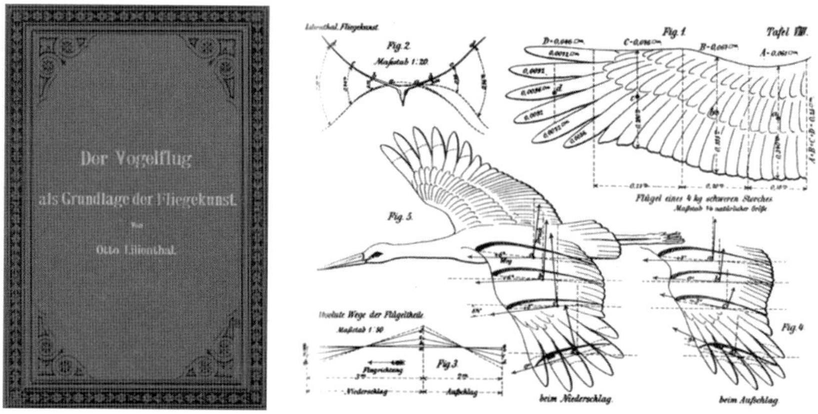

< 2-10 릴리엔탈의 항공술 연구를 통한 비행(Otto Lilienthal) **>**

융합 문제를 해결하기 위해서는 전혀 다른 지식 체계와 원리를 구조적으로 분석해야 한다. 분석한다는 것은 체계가 움직일 수 있는 구성요소를 분해하고 그 사이 관계성을 파악한다는 것이다. 릴리엔탈은 새의 날개가 동작하는 지식 체계를 얻기 위해 구성요소를 분해하고 그 사이 관계성을 파악했을 것이다. 여기서 양력의 원리를 발견하고 비행기를 만들 수 있었다.

우리는 디지털 기반 융합을 통해 IT 인프라, 도구, 기술을 활용하여 전통 비즈니스를 접목해 경쟁력을 개선할 수 있다. 이 때문에 요즘 많은 연구과제가 IT 융합을 전제로 진행된다. 융합을 통해 혁신적인 성과를 얻기 위해서는 접목되는 분야의 지식구조를 잘 파악하고 접근해야 한다. 디지털 융합은 눈에 보이지 않는 지식구조를(소프트웨어는 비가시성적이다) 접목하는 어려운 일이기 때문에 막바지에 가서야 그 결과물을 보고 당사자들이 놀라는 경우가 비일비재하다. 과제 추진 책임자가 기존 시스템 구조는 변경하지 않은 체 성찰하지 않고 IT업체가 제안한 CAD, GIS, 관계형 데이터베이스(RDBMS)와 같은 대형 엔진을 갖다 붙인다면, 그림2-11과 같이 배보다 배꼽이 더 큰 경우가 발생하기 쉽다. 이렇게 SI 개발한 후 비즈니스 변화가 아닌 이런 엔진들 특성에 시스템이 끌려 다닌다. 그리고 IT업체가 다시 제안한 차세대 개발을 다시 하기에는 리소스가 너무나 미흡하다. 그래서 시스템은 실패하게 된다. 이런 일방적인 시스템의 단순조립으로는 비즈니스의 근본적 변화를 이끌기 어렵다.

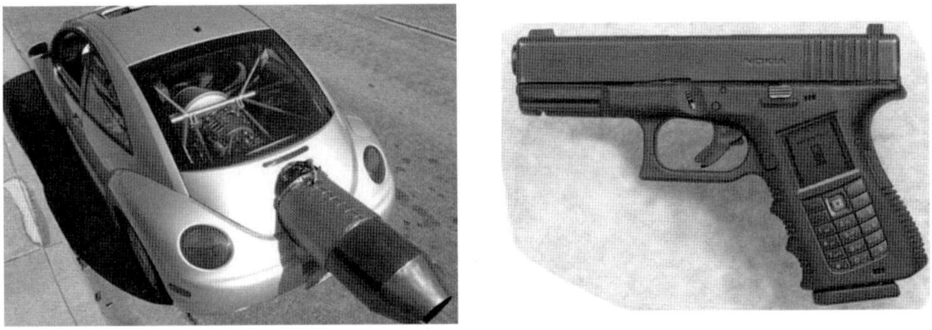

< **2-11** 목적성을 상실한 융합 >

컴퓨터 소프트웨어와 건설 공학의 융합은 BIM을 지향점으로 한다. 서로의 분야에서 사용하는 언어는 외계어처럼 매우 상이하며, 일을 대하는 철학이나 시스템도 차이가 많다. BIM 적용시 시행착오를 줄이려면 앞서 언급한 융합 사례들처럼 두 토양에 대한 근본적인 이해와 성찰을 전제로 한다. 서로의 언어를 존중하고 이해하는 것이 매우 중요하다.

서로 융합한다는 의미가 무엇인지 좀 더 깊게 살펴보자. 가장 성공적인 융합 시스템은 생물이다. 생물은 DNA를 통해 융합을 한다. 융합은 그림 2-12에서 보는 바와 같은 DNA합성처럼 기존 아키텍처에서 장점을 어떻게 추출하여 목적 시스템이 원하는 새로운 아키텍처로 도출해내는 과정이 매우 중요하다. *[필자주 - DNA도 정보가 담긴 설계도다.]* 단순히 디지털 서비스나 컨텐츠의 각 장점만 따다가 문제영역에 융합하려는 시도는 목적이 불분명한 돌연변이 시스템을 만들어낼 뿐이다.

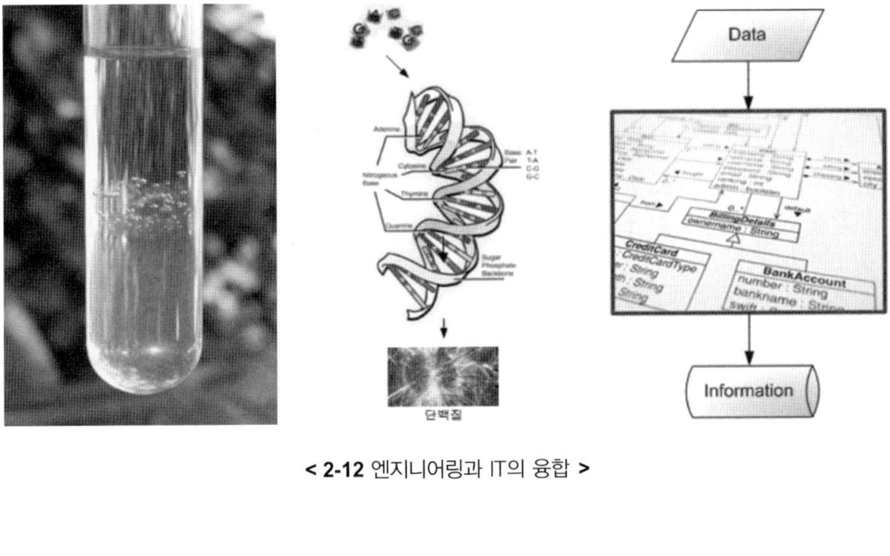

< **2-12** 엔지니어링과 IT의 융합 >

융합을 하기 위해서는 먼저 융합을 위한 각 분야에 대한 통찰이 필요하다. 통찰의 전제조건은 그 분야의 정보 DNA 구조가 어떻게 구성되어 있는지 분석하고, 구조를 분석하기 위해서는 구성하고 있는 개별요소와 그 요소와의 관계를 파악해야 한다. 그 후에야 각 장단점을 파악해 불필요한 것은 필터링한 다음에야 제대로 된 융합을 할 수 있고, 융합된 지식을 활용할 수 있을 것이다. 시행착오를 줄이려면 다음의 사항을 염두에 두어야 한다.

주 의 사 항	권 장 사 항
1. 융합시 비용을 신중하게 고려 2. 무엇을 빨리 확인해 보려는 조급함은 버릴 것 3. 단순 조립과 가공은 또 다른 중복 프로세스를 만들 뿐임 4. 융합할 것들의 균형감각 상실과 욕심을 주의	1. 융합할 것에 대한 충분한 탐색과 지식 축적 2. 계획된 범위와 프로세스에 의한 작업 진행 3. 장점만 뽑아낸 다음 아키텍처 관점의 재설계 4. 불순물은 버린 후 핵심 모듈 재개발 5. 프로토타입을 통한 점진적인 진행. 지속적인 확인과 개선 작업

< 표 2 융합시 고려사항 >

2-5 소프트웨어와 건설 공학

BIM은 정보모델이기 때문에 소프트웨어와 밀접한 관계가 있다.

소프트웨어를 이해해 보기 위해 두 분야의 유사성을 살펴보자. 건설과 소프트웨어 분야는 사실 비슷한 점이 많다. 하나는 제품을 구현할 정보를 디자인해 다른 분야로 유통한다. 다른 하나는 정보를 효과적으로 생산, 관리하는 방법을 개발한다. 모두 정보처리하는 것과 밀접한 관계가 있다. 소프트웨어 공학은 코드가 굳기 전에, 엔지니어링 분야는 콘크리트 재료가 굳기 전에 잘못된 오류를 찾아내고 고객에게 좋은 품질의 결과물을 제공하기 위해서 아키텍처 설계를 한다.

둘 다 실제 구현해 보기 전까지는 실체를 확인할 길이 없다는 점, 설계의 중요성을 강조하지만 설계가 완성될 실체를 완벽히 반영하기 어렵다는 점, 한 번 설계가 잘못되면 큰 비용이 발생되며, 이미 구현된 결과는 다시 되돌리기 매우 어렵다는 점도 비슷하다. 작업 대상은 다르지만 프로세스는 비슷하다.

둘 다 정보 컨텐츠 산업인데도 불구하고 3D업종의 불명예를 받고 있다. 소프트웨어는 하도급 구조가 고착화 되어 오토데스크, 벤틀리, 마이크로소프트, 애플, 구글같은 선진국 업체처럼 핵심 기술력과 엔진을 개발할 시간이 없다. 건설업도 유사하다. 인력 비즈니스일 뿐이다. 무엇이 문제인가?

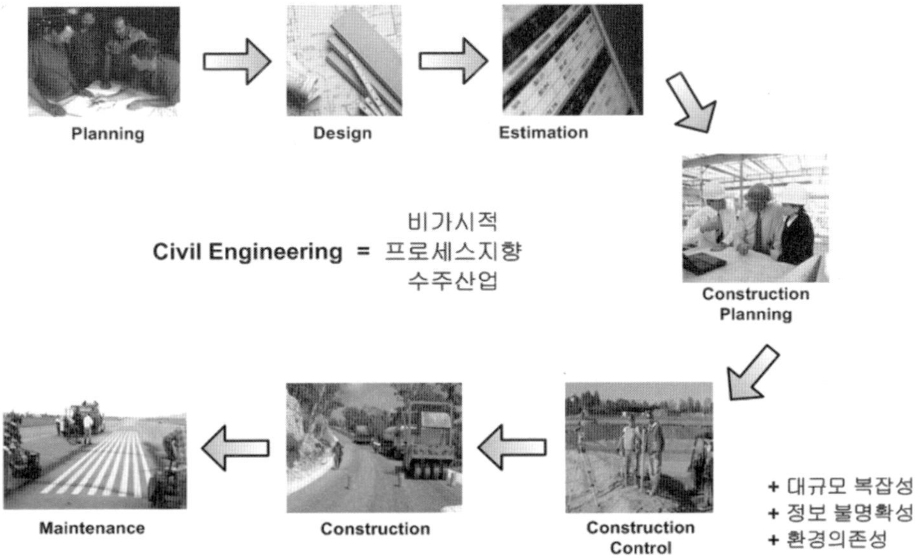

< 2-13 건설 공학 프로세스 >

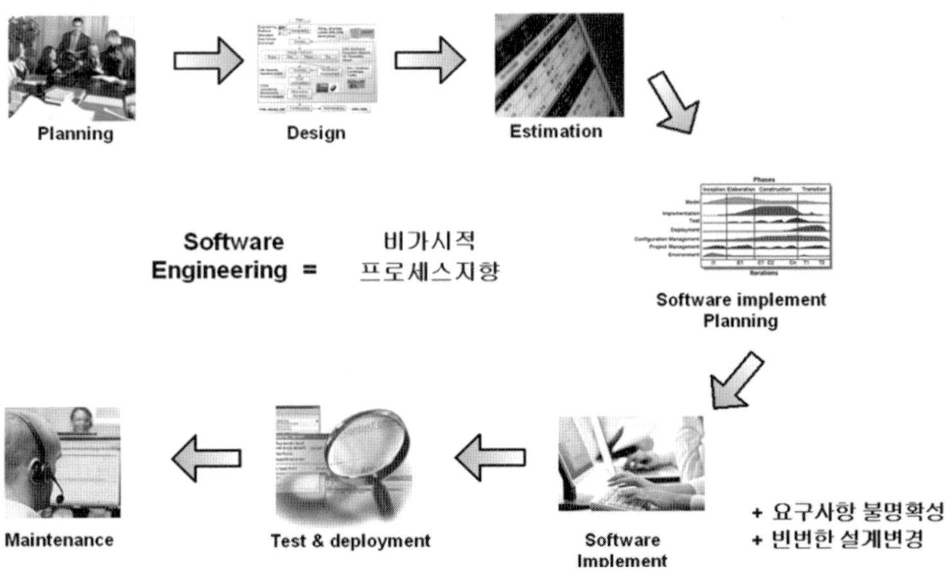

< 2-14 컴퓨터 공학 프로세스 >

선진국 소프트웨어 역사는 1950대부터 시작되었다. 그러나 우리는 1990년대부터 시작되었다고 보는 것이 타당하다. 30~40년 쌓여진 철학과 기술을 따라 가려면 지도층의 철학이 중요하다.

우리 나라는 고도성장의 환상이 있다. 이 공학 분야는 신기루 같은 환상의 희생자라 생각한다. 정책적으로는 가시적인 것을 빨리 만들어내는 것을 미덕으로 말하던 것이 문화로 굳어져서 시간이 오래 걸리더라도 중요한 핵심 엔진과 시스템을 만들어야 한다는 생각에 미치지 못한다. 교육 시스템 역시 부족한 이런 점을 뒤받침해 주지 못하고, 소프트웨어는 선진 제품 엔진을 사다가 조립하느라 20년의 세월을 근본적 기술 성장없이 보냈다. 수입 엔진을 조립해 SI(System Integration)를 한다. 사온 엔진에서 고장이 나면 알아낼 방법이 없다. 날밤을 세우면서 프로그래밍하며 원인을 파악하는 도리 밖에 없다. 릴리즈(Release)를 한 후 고객사에서 문제가 발생하면 차세대 프로젝트를 해야 한다고 제안한다. 엔지니어링 또한 별반 차이가 없다. 국가 SOC 발주 위주로 진행되다 보니 경쟁력 제고에 신경쓰지 않았고, 엔지니어들은 기존 선배들이 사용한 프로세스, 프로그램 도구를 이용해 설계를 하다보니 비슷한 일을 계속 반복적으로 작업하면서도 비판적으로 바라보고 프로세스나 작업 시스템을 구축, 개선하지 못했다. 모두 기술력 개발에는 심각하게 고민하지 않았다. 계속되는 일은 있었기 때문에 굳이 복잡하게 근본적인 문제에 대해 생각하고 싶지 않았거나, 무감각하게 필요성조차 인지하지 못했을 것이다. 기술을 단순 수입하여 가공 판매에 의존하는 문화와 습관은 건설 공학도 마찬가지다.

2-6 엔지니어 정체성과 문제해결 능력

BIM은 엔지니어에게 어떤 의미로 다가올 수 있을까. 단순한 도구로 치부할 것인가, 아니면 기관의 표준모델에 맞춰 해야만 하는 지침으로 생각할 것인가?

자동차 엔지니어가 있다고 하자. 우리는 기술자라면 당연히 자동차의 내부 속을 머리 속에 그려넣고 있어야만 자동차가 고장난 원인을 빨리 알아내고, 고칠 수 있다고 믿는다. 기술자가 사용하는 도구가 있다면, 그 원리를 파악하고 활용해야 문제를 해결할 수 있다. 그럼 우리도 당연히 그래야 하지 않을까? 그러나 현실은 대부분 그런 도구를 만들어보기는 커녕, 그 원리가 무엇인지에 대한 고민 또한 없었던 것 같다. 대학 교육 시스템도 마찬가지다. 이미 포기하거나 아니면 의지가 없는 것처럼 소프트웨어 공학 수업에서도 추억을 회상하는 이론 수업으로 장식하고 있다.

[필자주 : 안드로이드 모바일과 웹 등에 많이 사용되는 Java란 컴퓨터 언어가 있다. 개발자를 보면 메뉴얼만 따라 배운 사람과 JVM(Java virtual machine) 엔진을 분석해 동작 원리와 개념을 파악한 사람은 만들어내는 프로그램 품질이 다르다. 어려운 문제가 발생해도 후자는 한 차원 높은 수준에서 문제를 해결해 나간다. CAD란 모델러로 설계를 하면서 도구가 어떤 원리로 모델을 만들어 나가는 모른다면 문제해결 능력에 한계가 있을 수 밖에 없다.]

대학을 졸업하고 다시 언어와 설계를 배워야 실무를 할 수 있다.

최근 이 분야의 위기는 이렇게 시작된 것이다. 과거는 그냥 언어만 알고 개발 조립하며, CAD 기능만 외워 단순도면을 만들면 되었지만, 이제는 그렇기 하기에는 소비자들이 공학 분야 문제를 해결하는 속도와 품질을 평가하는 의식기준이 너무나 높아졌다. 설계변경이 빈번하게 일어나고 이로 인한 잘못된 구현, 각 프로세스별로 중복작업으로 인한 비용손실을 당연하게 여기지는 않는다. 바로 그 자리에서 엔지니어에게 본인의 아이디어를 설명과 구현물을 보고 싶어 한다. 제품 개발의 비용을 바로 그 자리에서 알고자 하는 욕구를 충족시켜 주기 위한 이유로 선진국에서는 제품 개발시 전체 프로세스상에서 발생하는 부품의 형태, 수량, 비용을 가상 산출하여 신속하게 판단할 수 있도록 많은 연구와 시스템 개발에 투자했었다. 그리고 이에 걸맞게 엔지니어링 프로세스 체질을 변화시키고 있다. 그러나 국내에는 아직도 ADHOC 설계, 개발, 구현으로 관련 정보를 가공하고 중복 복사하는 정도로 고객에게 전달되고 있다. 이런 식으로서는 엔지니어링의 미래가 불투명할 수 밖에 없다.

엔지니어는 도구의 노예가 되면 문제해결 능력이 뒤떨어질 수 밖에 없다. 어떤 지식, 도구, 엔진을 사용할 때 근본적인 동작원리와 구성요소를 진지하게 연구하지 않고 사용하는데 급한 나머지 도구를 비판의식 없이 사용하다 보면 어느새 도구의 노예가 되어 버린 엔지니어가 되고 만다. 무비판적으로 사용한 도구가 '이렇게 사용하면 안 돼'라고 한다면 도구가 의도한 대로 정체되어 버린다. 공학의 핵심 경쟁력은 지식, 도구, 엔진의 원리를 파악하고 이를 바탕으로 얻은 지식을 응용하는 것이다.

BIM을 단순히 도구로 바라보지 말고 개념이 지향하는 곳을 바라보면 또 연구할 무엇이 아닌 미래의 비전으로 보일 것이다. 엔지니어는 건설 비즈니스, 정보 소프트웨어 기술, 그래픽 모델링 각 분야 융합 지식을 탐구하고 같이 커뮤니티에 참여하여 엔지니어링 환경을 조금씩 변화시켜 나가는 것은 중요한 의미가 될 수 있다. 엔지니어 정체성과 차원 높은 문제해결 능력은 부수적으로 따라오는 산물이다.

2-7 BIM 현황 및 도입시 고려사항

1. 현황

건축 분야에서 일기 시작한 BIM 열풍은 토목을 포함한 건설 분야 전반에 많은 영향을 주고 있다. 그러나 BIM이란 개념이 원래 건축에서 나온 용어라 건축을 제외한 토목 엔니지어링과 같은 분야에서는 표준 정보모델을 물론이고 개념 자체가 정립되어 있지 않다.

건축에서 대부분의 BIM 구현은 유명 외국 벤더사의 건축 설계 솔루션을 기반으로 하고 있다. 특히, 토목 분야는 건축과는 달리 정부가 물량 발주를 하는 SOC 수주산업인 특성으로 인해 일부 시장에서 BIM의 필요성은 인식하고 있으나 발주처의 요구에 맞춰 2D 도면과 수량보고서를 납품하고 있다. 아직까지는 이런 여러 가지 이유로 토목 분야에서 BIM 접근은 건축 분야보다 훨씬 더 힘들어 보인다.

국내 BIM, 특히 토목 분야 BIM 분야는 시장 형성 시작단계이며, R&D를 통한 BIM 인식 확산 및 관련 기술력 확보에 안간힘을 쓰고 있는 모습이다. 건축에서는 REVIT, ARCHICAD, MICROSTATION BIM SOLUTION, ALLPLAN과 같은 BIM지향 솔루션이 포진해 있으며, 이들 업체는 몇 년 전부터 엔지니어링 과정상 발생하는 정보의 전생애 주기를 지원하기 위해 관련 기술을 개발, 인수/합병 하고 있다.

토목 분야에서는 CIVIL3D, MICROSTATION MX SERIES가 BIM으로써 대안으로 떠오르고 있다. 국내 설계환경에 사용되고 있는 소프트웨어는 앞에서 언급한 문제들로 인해 아직 연구개발 단계에 있다고 판단된다. 가상 건설연구단 등에서 진행되는 연구개발 주제는 BIM과 유사한 지향점을 가지고 있어, 좋은 성과를 기대하고 있다. BIM 관련 단체 활동도 활발히 전개되고 있어 필요성 인식 확산에 큰 기여를 하고 있다.

2. 한계점

BIM은 아직은 미완성이다. 현재 BIM 솔루션으로 할 수 있는 것과 없는 것이 구분되어 사용될 가능성이 있으며, 모델 표준화와 관련해 많은 논의와 연구가 되고 있는 중이다. BIM 모델표준 데이터 포맷인 IFC는 건축 객체 모델 기반이므로 토목에 활용할 수 없다. LandXML은 토목 객체 모델이기는 하나 수량 및 견적 등 정보의 정의가 불충분하고 국내 현실과 맞지 않는 부분이 있다. 사실 이러 표준들이 모든 관련 업체에 대한 현업 비즈니스를 모두 반영한다는 것은 불가능하다.

BIM에서 말하는 이상향은 표준모델을 완벽히 구축할 수 있다는 전제에서 파생된 것이다. 표준모델이 있다면, 업체들끼리 프로세스 가치 체인에서 발생하는 반복 작업들, 비용을 획기적으로 줄여 나갈 수 있다. 엔지니어링 또한 정보가 중심에 있으므로, 이 정보를 표준모델화 한다면 꾸준히 야기되고 있는 지속가능한 건설도 이상적으로 보았을 때 큰 역할을 기대할 수 있다.

이런 가정하에 BIM 이전과 이후에 표준모델이 프로세스간 커뮤니케이션에 주는 영향을 다이어그램으로 표현해 보자. 그림 2-15, 2-16 에서 보는 화살표는 정보의 흐름을 나타낸다. 엔지니어링 프로세스 특성상 캐드 도면과 같은 정보가 흘러가는 가치체인상 정보손실, 왜곡, 중복으로 발생되는 모든 문제는 정보 커뮤니케이션 비용이라 할 수 있고 이는 정보 흐름 경로 수(N)에 비례하며, 이상적으로 보았을 때 BIM 구축 이전은 최대 N x (N - 1), BIM 구축 이후는 최소 N만큼 작아질 수 있다.

이는 BIM 필요성을 말할 때 꼭 빠져서는 안 되는 배경인데, 이것이 건설 전 업계에 통용되려면 다음과 같은 조건이 만족되어야 한다.

첫째, 완전성 - 모든 프로세스상에 만들어지는 정형, 비정형 속성, 도면 정보는 IFC와 같은 표준모델로 최대한 완벽하게 구축되고 활용될 수 있어야 한다.

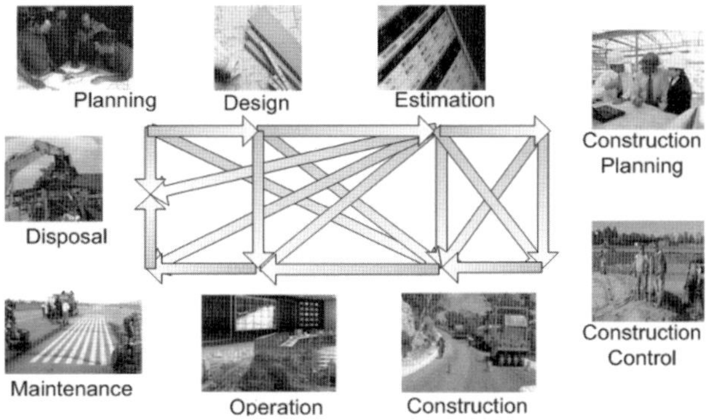

< 2-15 BIM 이전 >

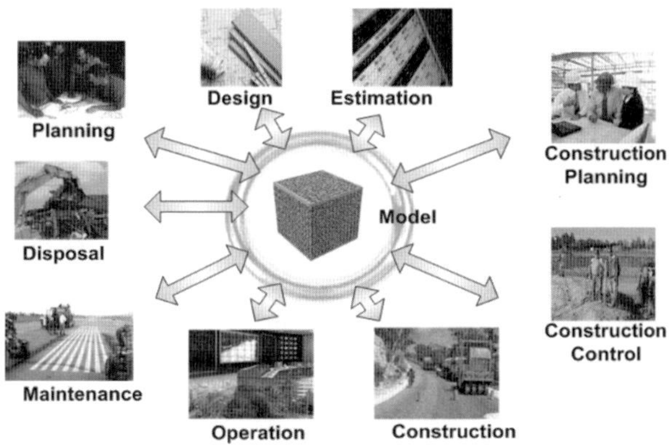

< 2-16 BIM 이후 >

둘째, 무결성 – 모델의 속성정보는 개념의 상하좌우 간에 상호 모순이 있어서는 안 되고, 정규화 되어야 하며, 정보는 절대 중복되서는 안 된다.

셋째, 편의성 – 표준모델은 현실적으로 사용하기 쉬워야 한다. 프로세스 가치 체인에서 사용되는 시스템, 플랫폼, 소프트웨어는 손쉽게 표준모델을 만들고, 가져올 수 있어야 하고, 자동화 되어야 한다.

이 조건들은 사실 다양한 업체별 업무특성 및 발전하는 현장 여건에 따라 모두 갖춰지기 어렵고, 정보처리 시스템 관점에서 보면 매우 다양한 변수들을 체계화 해나가야 한다.

이런 이유로 현재로써는 표준모델인 IFC보다는 해외 유명 벤더사의 파일 포맷이 표준화 되고 있다. 정부나 국제표준화 단체에서 법과 제도를 만들어 벤더사에 압력을 가

하겠지만, 이는 최소한의 정보교환 정도로 만 지켜질 가능성이 크다. 사실 공공성과 민간의 이익은 다음 그림과 같이 서로 충돌되는 부분이 있다. 설계와 관련된 모든 속성을 IFC에 넣기에는 시장 특성상 무리가 있으므로, 적절한 수준에서 타협되며 발전해 나갈 것이기 때문이다.

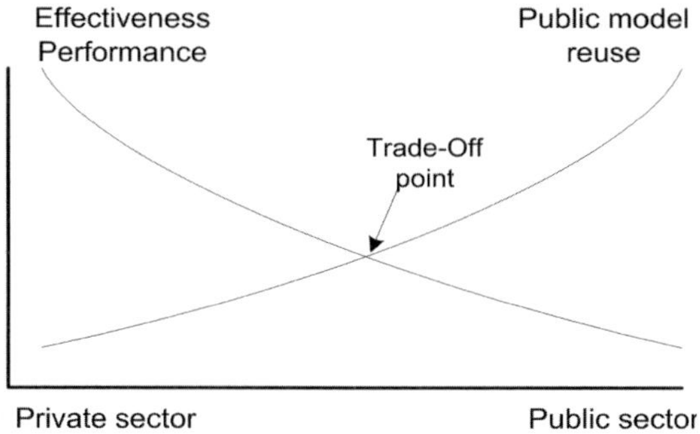

< 2-17 Standard model 과 Performance 관계 **>**

플랫폼이 어느 정도 갖춰져 있다고 보는 건축 BIM 뿐만 아니라 토목 BIM도 현실에 적용하기에는 아직도 무리가 있다고 보는 관점이 맞는 것 같다. 맞춤복같이 복잡하고 다양한 분야를 다루는 토목 건설 엔지니어링 특성상 실시설계까지 모든 모델 속성을 표현한다는 것은 애초 불가능한 문제일 수 밖에 없다. 어느 정도까지만 표준 포맷으로 표현할 지의 타협이 필요하다. 아직, IFC 같은 표준모델에는 토목 엔지니어링에 필요한 모델속성의 정보들이 충분히 정의되어 있지가 않아 꾸준한 개선과 구축이 필요하다.

BIM의 또 다른 한계는 바로 엔지니어링 업계 종사자들이다. 아직 현업은 2D 설계 환경에 모두 맞춰져 있다. 특히, 토목은 정부, 지자체 발주이므로 민간 발주되는 건축과 엄연히 다른 설계 환경을 가지고 있다. 토목 BIM은 근본적인 프로세스가 달라지지 않는 한 BIM 흉내만 내는 정도로 진행될 수 있다. 고착화되고 습관화된 2D설계/견적 환경은 위에서 언급한 바와 같은 문제들을 내포하고 있음에도 불구하고 현실에서는 산업 특성으로 인해 BIM 관심은 건축 분야에 비해 크지 않은 면이 있다. 해외 설계 환경과 국내 설계 환경의 큰 차이를 BIM 솔루션을 통해 세계화하고, 점점 줄어들고 있는 인프라 개발 수요, SOC 예산 감소로 인해 어려움을 겪고 있는 많은 건설업체의 입지를 세계로 넓혀 줄 수 있는 기회로 삼아야 할 필요가 있다. 2012년 정부 BIM발주 의지를 볼 때 건설 분야 경쟁력 제고를 위한 변화의 의지는 가지고 있다고 본다.

일부에서는 BIM이 마법사의 돌처럼 원하는 게 무엇이든 만들어 주길 바라지만, 현실은 이런 한계로 인해 만족스럽게 사용하기에 명백한 한계점이 있다.

그럼에도 불구하고 BIM은 현재 활발히 진행되는 큰 흐름이고, 엔지니어링이 가야 할 설계 패러다임의 변화로써 지향점이다. 다른 공학 분야는 많은 자동화를 통해 경쟁력을 얻었지만, 건설은 아직 그렇지 못하다. 발전이 뒤쳐진 분야로 과거 지향적인 굴뚝산업에 포함되어 있고, 관련 수요도 감소될 것이라는 예상이 지배적인 상황에서 건설 이미지를 미래지향적으로 변화시키고, 경쟁력을 개선하는 기회로 삼을 수 있다. BIM은 각 프로세스 단계의 전문가와 현업 종사자의 참여에 의해 쌓아 나가야 성공할 수 있으므로, 발주자의 의지표현과 관심을 불러일으키는 여러 가지 활동이 정부, 산학차원에서 필수적이라 하겠다. BIM이 단순히 그래픽 용역작업을 줄여주는 화려한 3차원 애니메이션 수준으로 정도로 그친다면, 4D, 5D 캐드의 또 다른 이름의 근본적인 변화를 통한 건설 경쟁력 제고에 그쳐 큰 도움이 안 된다.

< 2-18 유리컵과 벼룩 – 습관처럼 굳어져 국내에 고립된 2D 캐드 설계 환경 **>**

3. Small BIM

어떤 경우에는 빅뱅(Bigbang)식의 빠른 접근이 필요할 때도 있으나 비용적인 면이나 부작용이 크게 문제될 수 있다면 작은 곳에서 변화를 주는 것이 더 좋을 수 있다. 거창하게 국제표준에 맞춰 프로세스를 개선하려고 하다가 배가 산으로 올라가는 수가 있다. 본인 협업과 업체특성에 맞는 작은 BIM(Small BIM)을 적용하는 것은 좋은 대안이 될 수 있다. Small BIM을 할 때 도움이 될 만한 지침은 다음과 같다.

1) 합의 – 작게 시작한다. 하나의 시험 프로젝트를 정해 BIM을 적용한다. 프로토타이핑 방법을 통해 리스크를 줄인다. 태스크포스팀과 같은 BIM 프로젝트 추진체를 구성한다. 작게는 본인의 업무, 크게는 조직 및 회사에 적합한 BIM을 찾아나가는 과정의 철학이 필요하다. 성공이나 실패에 집중하면 시작조차 하기 어렵다. CEO의 의지와 구성원 간의 합의가 필요하다.

2) 범위결정 – BIM을 통해 무엇을 얻을 것인지 명확히 한다. 건설 수주를 위한 것인지, 시공 오류 체크를 위한 것인지, 중복작업을 줄이기 위한 것인지, 설계변경에 유연히 대처하기 위한 것인지, 간섭체크나 환경 시뮬레이션 및 대안평가와 같은 후속작업을 줄이기 위한 것인지, 모델 재활용성을 높이기 위한 것인지, 프로세스간 모델정보 공

유가 중요한 것인지, 발주자와 설계자간 모델 공유가 중요한 것인지, 프로세스 단계 통합을 통해 비용을 줄이기 위한 것이지, 정부 지침이나 표준에 부응하기 위한 것인지를 명확히 따져 결정 한다.

[필자주 – http:// www.buildingsmart.or.kr/ 에서 BIM 지침서를 전자문서로 발간하고 있다.]

3) 프로세스 설계 – 무엇을 얻을 것인지, 어떤 프로젝트가 프로토타입으로 적합한지 결정했으면, 업무나 프로젝트에 맞는 BIM 프로세스를 설계한다. 거창하게 설계할 필요는 없으며, 예를 들어, 모델정보 공유에 초점을 맞추었다면 단순히 설계모델을 공유할 컴퓨터 한 대와 계획부터 설계, 대안평가까지 업무 프로세스에 적절하게 구분되는 저장소, 그리고 문서나 설계정보 리비전 관리할 수 있는 게시판 정도로 시작해도 무방하다. 지침도 간단하게 워드나 텍스트 파일로 만들어 게시판에 게시해 놓는다.

4) 환경 준비 – 설계된 프로세스에 따라 적절한 도구나 시스템을 준비한다. 다음은 현재 나와있는 대표적인 BIM 관련 소프트웨어다. 각각 장단점이 있으므로, 상황에 따라 적절하게 결정한다. 모델 뷰어나 모델관리시스템은 무료로 구할 수 있는 것도 많다. 아래 언급한 각 소프트웨어는 현장에 맞게 사용자화(Customization)할 수 있는 기능을 지원한다. 개발언어를 익혀야 하나 적용할 만한 가치가 있는 기술이다. 자세한 소프트웨어 응용사례는 *BIM핸드북*을 참고하길 바란다.

5) 교육 – 프로세스와 환경이 준비되었다면, 간단한 교육을 통해 프로젝트 기간 동안 시행착오를 줄이도록 한다. 도구에 대한 교육은 유튜브나 구글을 통해 다음과 같은 좋은 자료를 얻을 수 있다.

Autodesk Yale University BIM
Must BIM
Fridays with vico
Bentley BIM

6) 수행 – 프로젝트를 진행하면서 다양한 시행착오를 이슈로 기록하고 공유하는 것이 중요하다. 이를 지적 자산화 한다.

7) 평가 및 피드백 – 프로젝트가 끝났으면, 얻을 결과와 기록된 이슈들을 중심으로 사후 평가를 한다. 가능한 관심 있는 사람들이 많이 참여해 프로세스 개선 의지를 갖게 하는 것이 좋다. 프로젝트 참여자나 프로세스 개선안을 제안한 사람에게는 적절한 인센티브나 평가를 통해 보상을 해줄 필요가 있다. 지속적 개선을 위해서는 이런 선순환 과정이 필요하다.

분류	기술	관련 내용
정보 통합 및 재활용	Microsoft Share Point	게시판 기능, 도면 및 문서 리비전 관리, 협업, 체크인/체크아웃
	BIMserver	오픈 소스로 개발된 IFC 모델 공유 및 통합 서버
건축 모델 디자인	ArchiCAD	건축 설계 전체 프로세스를 효과적으로 지원. YIT HUT 600 Project (Helsinky University) D건설 건설 수주 및 시공 오류 체크(공기단축) D중공업 시공방법 및 설계변경 공사수행 P산업 시공 오류 체크
	Revit	파라메트릭한 건축 객체 기반 설계. 오토캐드 호환성. Freedom Tower(New York), H개발 자동 물량 추출 등에 적용
	Digital Project	비정형 설계에 강점. One Island East(OIE) 등에 적용
토목 모델 디자인	InRoad	마이크로스테이션 캐드 기반 통합 토목설계 솔루션, 고속철도설계 및 시공 시뮬레이션 등에 적용
	Civil3D	오토캐드 기반 통합 토목 설계 솔루션 파라메트릭한 설계 지원. 다양한 토목 설계에 활용됨
	AllPlan	네메첵사 제품. 유럽에서 광범위하게 활용되고 있음. 강력한 파라메트릭 설계와 통합된 토목 설계 플랫폼 지원
공정관리	Vico	다양한 디자인 포맷을 지원하며, 공정과 비용을 함께 시뮬레이션하며 평가할 수 있는 도구 제공
	NavisWorks	오토데스크 제품. 공정관리 및 다양한 작업 시뮬레이션
시뮬레이션 평가	Green Building Studio	오토데스크 제품. 다양한 에너지 환경 분석 기능 제공
	Sketchup	3D 시뮬레이션 제공. 사용자화를 통해 다양한 추가 프로그램 지원

* 기타 : BIM 관련 공개 소프트웨어 관련 참고 사이트
- http://www.ifcwiki.org/index.php/Free_Software
- http://buildingsmart-tech.org/developers/get-started/ifc-open-source

지금까지 BIM 개념, 지향점, 특성, 과정, 한계, 고려사항 등 전반적인 이야기를 정리해 보았다. 이제부터는 BIM을 이루는 Model, Information, Business 관점의 철학, 역사, 원리, 동작, 구조, 구성요소와 같은 좀 더 근본적이고 공통적인 부분을 이야기 하도록 한다.

제3장

모델링Modeling의 역사

3-1 개요

BIM은 그래픽 · 위상 · 객체 속성 정보 등 다양한 정보를 공통적인 모델에 담아 프로젝트 참여자간 정보 재활용과 소통을 추구한다. 여기서는 그래픽 및 위상정보를 어떻게 모델링하는 지를 다루도록 한다.

BIM에서 중요한 하부구조는 모델 생성 도구인 CAD다. CAD는 그래픽으로 정보를 보여주고, 입력받아 모델을 형상화하며 정보를 처리하는 엔진이다. 이 CAD 엔진을 기반으로 건축 · 토목 · 조경 · 구조 엔지니어링이 영역별 특화되어 개발된다.

이제 BIM의 그래픽 정보 Modeling에 대한 의미를 살펴 보도록 한다.

우리는 모델링 도구를 통해 기본적인 요소(Primitive entity)를 사용하여 형상을 점진적으로 만들어 나간다. 이를 위나 옆에서 돌려보며 하나하나 레고블럭 조립하듯이 쌓아올려 나간다. 마치 초등학교 때 찰흙 실습시간처럼 도로도 만들고, 그 위에 다니는 차도 만든다. 그리고 차가 어떻게 이 도로 위를 멋지게 주행하는지 상상하며 즐거워 한다.

이런 공상을 통한 즐거움은 사람이 가진 본성이고, 찰흙놀이와 같이 상상을 통한 물질적 실현은 다른 동물과 구분되는 인간의 능력이다. 라스꼬 동굴벽화와 같이 모델 디자인은 우리가 지금 다룰 수 없는 것을 다룰 수 있게 한다. 디자인을 통해 우리는 우리가 만들고자 하는 사물의 본질을 더욱 잘 이해하고 본질이 잘 드러나도록 형상을 만들고 눈으로 볼 수 있다.

< 3-1 라스꼬 동굴벽화 **>**

디자인은 사물의 형상을 만드는 그 자체의 의미도 있지만, 실현가능성의 검토로써의 의미도 있다. 엔지니어업체들은 설계를 통해 예산을 견적(Cost estimation)하고 대안을 분석해 발주처에 실현가능성을 가시적으로 보여준다. 이 때문에 경제성분석과 가시화는 매우 중요하다. 일종의 미래를 예측하는 개념이 CAD에는 포함되어 있으므로, 앞으로 이 부분에 대한 기술적 통합은 바로 예측될 수 있을 것이다. 미래를 예측해 실현가능성을 검토한다는 것인 설계 데이터베이스의 구축과도 관련이 있다. 우리는 과거를 보고 미래를 예측한다. 가끔 틀릴 때도 있지만, 과거의 경험을 성찰하면 미래에 특정 지점을 어느 정도의 오차내에서 추론할 수 있다는 것이 자연공학적 믿음이다. 그러므로 이력자료가 쌓인 설계 데이터베이스를 통해 경제성 등을 포함한 실현가능성의 분석이 CAD 시스템에 통합될 수도 있다. 중요한 것은 우리가 이런 방법으로 CAD 본질에 대하여 접근하고 본질을 기능적으로 구현할 요소를 이끌어낼 수 있다. CAD는 다음과 그림3-2와 같이 컴퓨터 그래픽 · 소프트웨어 공학 · 그래픽 사용자 인터페이스와 밀접한 관계가 있다. 다음 글에서 이중 그래픽 모델링에 대한 역사를 이야기 해 보자.

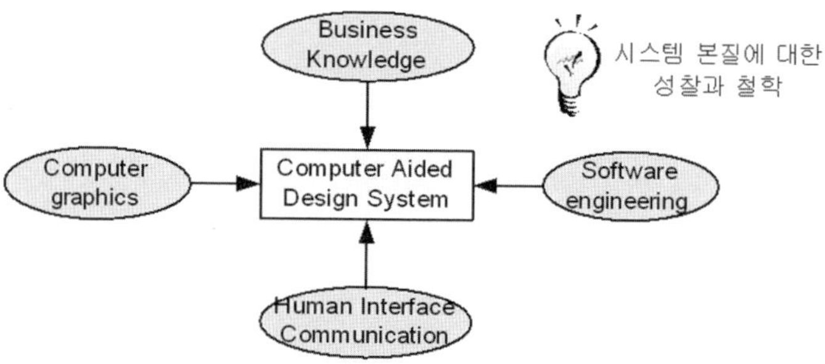

< **3-2** CAD와 관련된 핵심 학문 분야 >

3-2 그래픽 시스템의 시작

그래픽을 이용한 정보처리 시스템의 효시는 1950년대 미공군을 위해 IBM에서 개발한 SAGE(Semi-Automatic Group Environment) 시스템이다. 이 시스템은 적기를 추적하기 위해 컴퓨터 그래픽이 사용되었으며, 벡터 그래픽을 이용해 컴퓨터 그래픽 콘솔과 대화식으로 정보를 주고 받았다. 현재처럼 픽셀기반 래스터 그래픽 시스템이 아니였으므로, 반응속도가 느리고 잔상이 생기는 대신, 적은 메모리를 이용해 그래픽 정보를 효과적으로 표현할 수 있었다.

< **3-3** SAGE 시스템 [37] >

컴퓨터 그래픽은 엔터테인먼트 분야에도 적용되기 시작하였는 데 그 시초는 PDP-1 에서 Steve russell(MIT)이 1961년에 만든 최초 컴퓨터 게임 Spacewar이다.

< **3-4** Spacewar >

모델 디자인은 1962년도 Ivan Sutherland란 대학원생이 박사논문을 준비하면서 만든 Sketch pad란 프로그램이 효시이다.

[필자주 – uTube에서 검색해 보면 1960년대에 이런 시스템이 개발되었다는 것이 참으로 놀랍다.]

Sketch pad는 지금 사용하는 CAD의 설계개념이 대부분 포함되어 있어, 도형 생성 · 복사 · 삭제 · 잘라내기(Trim) · 연장하기(Extend) · 심볼처리 · 이동 · 기하학적 공리 제약(평행선, 직각 등)이 대부분 구현되어 있다.

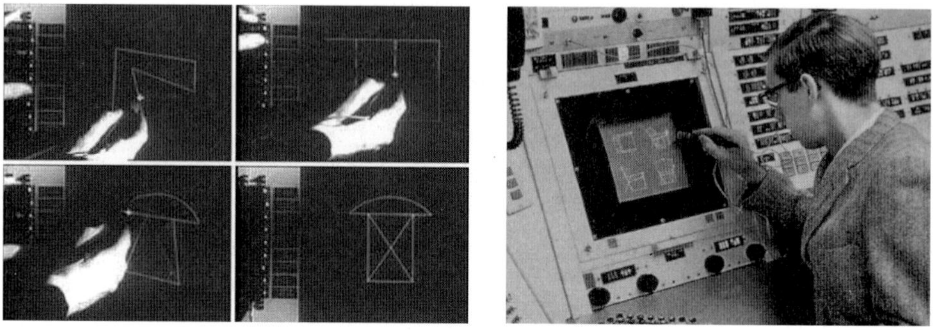

< **3-5** SketchPad [Ivan Sutherland] >

이후 컴퓨터 그래픽은 크게 두가지 흐름으로 발전된다.

하나는 컴퓨터를 이용한 효과적 모델 설계에 대한 연구(CAD)이며, 다른 하나는 그래픽 렌더링(Rendering)이다. 이 두가지 흐름은 서로 자극을 받으며 융합하고 있다.

3-3 그래픽스 모델링의 연구 역사

Sutherland의 Sketchpad이후 1970, 1980년대에 걸쳐 CAD는 비약적으로 발전하게 된다.

3차원 공간상에 입방체와 같은 어떤 객체를 모델링하는 방법*[필자주 – Solid modeling으로 알려져 있음]*은 크게 두 가지로 나뉠수 있다. 하나는 객체를 이루는 단위형상(Primitive)을 Boolean 연산(객체를 더하고, 합하고, 빼는 연산) 이용해 조합하여 표현하는 방법(Constructive solid geometry. 이하 CSG)이고, 다른 하나는 객체의 Boundary를 이용해 표현하는 방법(Boundary representation. 이하 B-rep) 이다.

B-rep는 CSG를 포함해 모델링을 할 수 있으며, 최근 CAD 모델링 커널은 대부분 B-rep 방식을 사용하므로 이를 위주로 발전사를 살펴보도록 한다.

B-rep에 대한 개념과 기본적 기술은 1960년대 말에 Cambridge university에서 Ian C.Braid가 기계와 건축 설계를 목적으로 컴퓨터를 이용하여 객체를 표현하기 위한 방법을 찾는 연구 그룹에서 시작되었다.

[필자주 – 사실 CAD 시스템 구조는 해당 분야 특징에 따라 구조가 달라진다. 그러므로 기계, 건축 분야 CAD 시스템 구조가 유사한 반면, 건설 분야 CAD는 다른 구조와 특징을 가지고 있다.]

Braid는 이 연구를 통해 BUILD-1 이란 CAD시스템을 개발하였고, 연구 내용은 1973년에 Computer Aided Design Group에서 출판된 Designing with Volumes

에 나와 있다. 이 책에는 그림 3-6과 같은 B-rep에 대한 기본구조가 소개되어 있으며, 이 구조는 지금 사용하는 모델링 커널구조와도 크게 다르지 않다. 이 구조는 3차원 공간상에서 독립된 객체를 모델링하는 것으로 가정되었으므로 객체가 차지하는 공간(Volume)을 어떻게 공간적으로 제한(Limited)하느냐에 초점이 맞춰져 있다. 즉, 어떤 객체를 모델링하는 것을 그 객체 내부공간과 외부공간을 분리해 표현할 수 있으면, 입방체와 같은 객체를 모델링할 수 있다고 보았다.

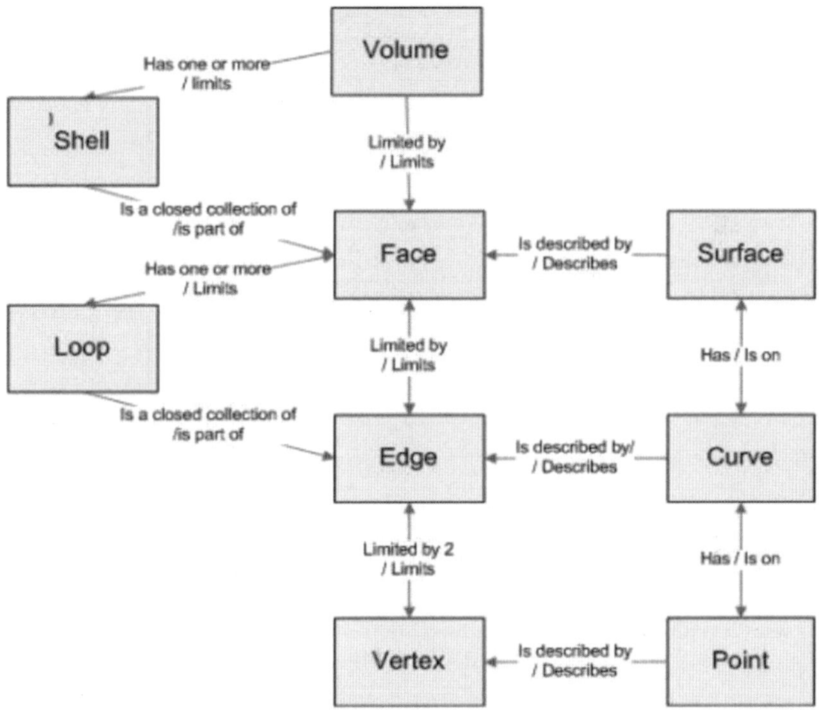

< 3-6 B-rep 모델 구조 [29] **>**

이 관점이 특히 B-rep에서는 매우 중요한 개념이기 때문에 그림 3-7과 함께 간단히 언급하고 지나가도록 한다. 입방체와 같은 객체(Volume)는 면(Face)으로 둘러싸여 있다. 면은 모서리(Edge)로 둘러싸여 있고, 모서리는 정점(Vertex)로 시작과 끝이 정해진다. 면은 기하학적 형태가 평면 및 여러 가지 곡면(Surface)으로 형태가 다양하다. 모서리도 형태가 직선이나 곡선(Curve)들로 표현될 수 있다. 정점은 좌표점(Point)으로 표현된다.

짐작했겠지만, B-rep에서는 각 요소의 관계는 Face · Edge · Vertex를 이용해 위상(Topology)으로 정의되고, Surface · Curve · Point를 이용해 모양(Shape)을 표현한다.

B-rep는 종이공작을 생각하면 이해하기 쉽다.

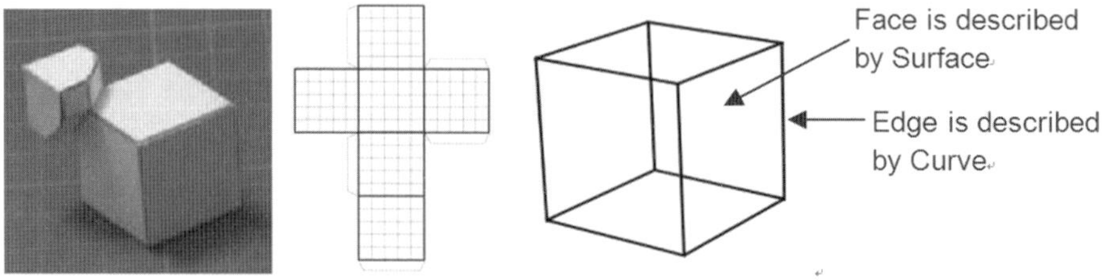

< **3-7** 종이접기(입방체)와 B-rep로 표현된 Solid Model >

우리는 3차원 모델을 볼 때 어떤 정점을 기준으로 어떤 모서리가 연결되어 있고, 모서리의 양쪽에는 어떤 면이 있는지 쉽게 인지할 수 있다. 사람은 훈련된 경험을 바탕으로 각 요소를 인식하여 추적할 수 있지만, 컴퓨터는 아무런 정보없이 이런 정보를 인식할 수 있도록 할 수는 없다.

B-rep는 위상정보는 객체 모양을 수정할 때 수정이 미치는 요소를 손쉽게 얻을 수 있도록 관리된다. 예를 들어, 입방체의 특정 Point를 이동한다면, 이 Point의 위상인 Vertex와 관련된 주변 Edge와 Face의 모양(Shape)에 대한 정보를 갱신해야 한다. 객체의 기하학적 표현과 관련된 정보는 Surface, Curve와 같은 Shape 정보로 담아든다. 위상에 변화가 생겼을 경우(예 - Vertex 추가), 현실에서 존재가능한 객체로 만들어져야 하기 때문에 위상 변화에 규칙을 둘 필요가 있다. 그래서 F - E + V = 2 - 2 x H(Hole) 인 Euler방정식을 만족하도록 위상요소가 관리된다.

현실에서는 물체 내부는 재료로 채워져 있는 게 상식이지만 객체의 경계만으로 물체(Solid)를 표현함으로 종이공작처럼 속은 텅 비어 있다. 당연히 물체 내부를 해석하기 위해서는 해석과 관련된 물체의 속성 정보와 물체 내부를 해석할 분할된 최소 영역으로 채워주어야 한다.

특히 처리속도가 중요한 CAD 모델링에서 객체의 위상정보는 매우 중요하다. 만약 위상정보가 없으면, 입방체의 특정 Point 이동으로 인한 모양 변화를 위해 입방체를 이루는 모든 기하학적 좌표 정보(Point, Curve, Surface 등)를 1:1로 비교해야 한다.

특정 위상요소는 인접된 주변 위상요소와 관계를 가지고 있다면, 이런 객체 변경에 영향을 받는 요소만 찾아 신속하게 계산할 수 있다. 이와 관련해 Stanford University Baumgart _ [31]가 winged-edge 위상구조로 최소한의 정보로 각 요소의 인접관계를 관리할 수 있는 방법을 체계화한다.

[필자주 - 이 구조적 개념은 현재에도 유명한 solid modeler 에 많이 사용되고 있다.]

Baumgart의 이 논문에는 winged-edge 위상구조를 이용해 모델링을 하는 자료구조, 알고리즘, 관련된 포트란 소스코드를 제시하였다. *[필자주 - Riemann manifold 위상기하학에 영향을 받음. 이에 따르면 3차원 유클리드 공간상에 위상은 0-Simplex(Vertex), 1-Simplex(Edge), 2-Simplex(Triangle)로 나뉘어진다. 이는 Euler 방정식을 만족한다.]*

각 요소는 표면을 표현하는 함수를 이용해 3차원 객체를 근사화할 수 있다. 근사화할 때 표면은 삼각형 조합된 다면체(polyhedron)로 표현될 수 있다.

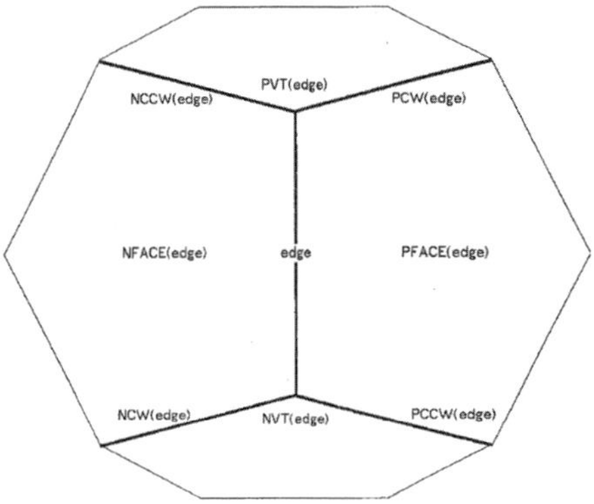

orientation of links is as viewed from the exterior side of the surface.
eight mnemonics in the figure, were derived as follows:

- NFACE(edge) Negative Face of edge.
- PFACE(edge) Positive Face of edge.
- PVT(edge) Positive Vertex of edge.
- NVT(edge) Negative Vertex of edge.
- NCW(edge) edge in Negative face Clockwise from edge.
- PCW(edge) edge in Positive face Clockwise from edge.
- NCCW(edge) edge in Negative face Counter Clockwise from edge.
- PCCW(edge) edge in Positive face Counter Clockwise from edge.

< **3-8** winged-edge 위상구조 [31] >

BUILD 모델링 시스템은 Baumgart가 연구한 Euler 방정식을 만족하는 위상 연산자에 영향을 받게 되고, Mantyla와 Sulonen이 Euler 연산자를 이용해 Geometric WorkBench를 개발한다.

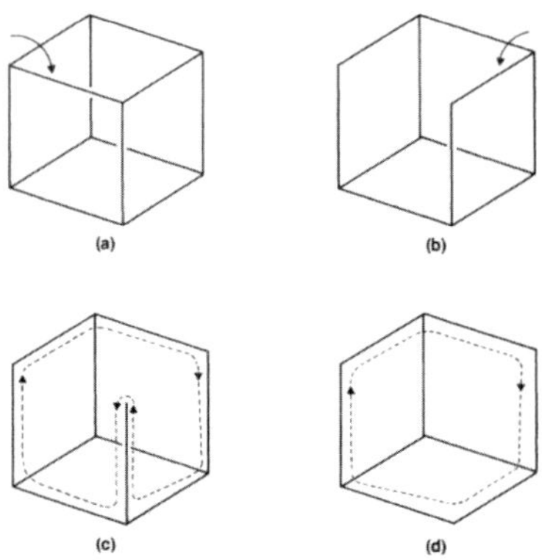

OPERATOR	EXPLANATION
mvsf(f,v)	MAKE VERTEX, SOLID, FACE
kvsf()	KILL VERTEX, SOLID, FACE
mev(v_1,v_2,e)	MAKE EDGE, VERTEX
kev(e,v)	KILL EDGE, VERTEX
mef(v_1,v_2,f_1,f_2,e)	MAKE EDGE, FACE
kef(e)	KILL EDGE, FACE
kemr(e)	KILL EDGE, MAKE RING
mekr(v_1,v_2,e)	MAKE EDGE, KILL RING
kfmrh(f_1,f_2)	KILL FACE, MAKE RING, HOLE
mfkrh(f_1,f_2)	MAKE FACE, KILL RING, HOLE
semv(e_1,v,e_2)	SPLIT EDGE, MAKE VERTEX
jekv(e_1,e_2)	JOIN EDGES, KILL VERTEX

< **3-9** Euler 연산자 [23] >

영국을 제외한 유럽과 프랑스에서는 B-rep에 대한 연구로 EUCLID 시스템이 개발된다. 일본에서는 GEOMAP이 개발되어 다양한 분야에 대한 응용이 고려되었다. 미국에서는 Carnegia Mellon University에서 다양한 분야에 대한 객체 설계와 제작에 대한 CAD연구가 진행되었고, Weiler는 처음부터 완전한 3차원 객체를 가정하지 않고도 모델링할 수 있는 비다양체(non-manifold)에 관한 Euler 연산자를 연구하였다.

1970년대 중반이 되면서 B-rep기반 상용 시스템이 나타나기 시작하였는데, Shape Data란 회사는 후에 Parasolid로 알려진 Romulus 모델링 커널을 개발하였고, Shape Data의 창립자인 Braid, Grayer, Lang은 밖으로 나가 ACIS 모델러개발로 알려진 Three-Space사를 설립한다. *[필자주 - 이 Parasolid와 ACIS는 현재 대표적 Solid modeler 이다.]*

이후 Hillyard에 의해 치수와 공차를 고려해 모델 디자인시 제약사항(Constraint)을 주어서 설계할 수 있는 방법을 연구하였다. _ [24]의 이런 연구는 추후 객체의 치수만 수정함으로써 관련된 부분이 모두 영향을 받게끔 설계자의 의도를 반영할 수 있는 Parametric design에 영향을 준다.

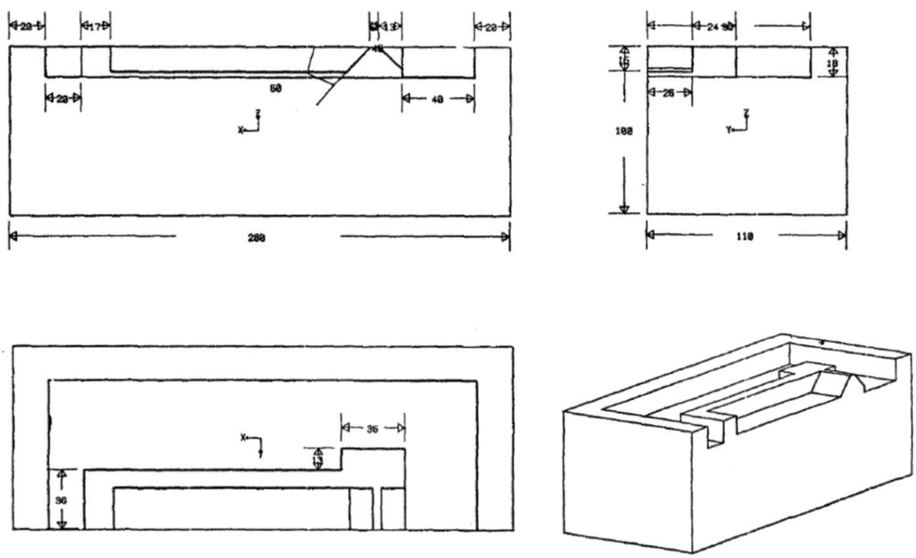

< 3-10 자동적으로 치수화된 모델 [24] **>**

3차원 객체에 Boolean연산을 적용하기 위해서는 곡면 등의 교차계산이 필수적인데 Solomon은 Solid modeling에 대한 곡면 교차에 대한 연구[Solomon, B.J. "Surface Intersections for solid modelling", Cambridge University, 1985]를 통해 BUILD 시스템에 B-spline을 통합해 넣었다. Wordenweber는 유한요소 해석을 위해 B-rep 모델로부터 4면체 요소를 자동으로 생성해 주는 연구를 하였다. _ [22]

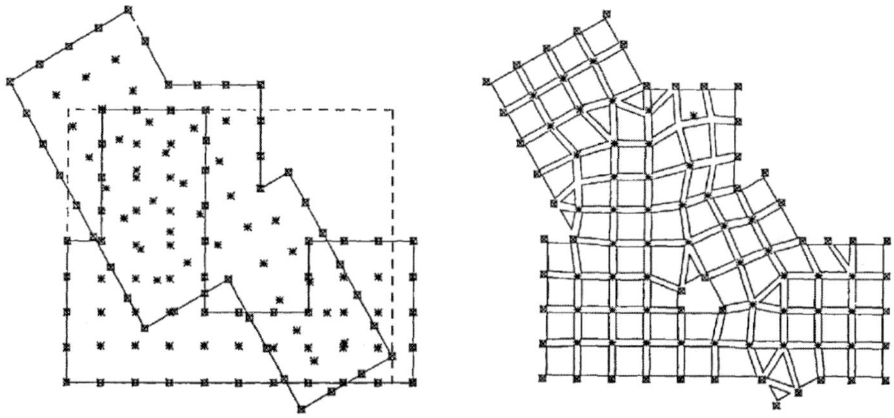

< 3-11 유한요소 해석을 위한 Mesh 망 생성 [21] **>**

1980년대에는 기존에 연구, 개발된 시스템을 기반으로 객체를 좀 더 편리하게 다루기 위한 연구와 모델링된 객체로부터 부품을 가공하기 위한 NC-code와 같은 정보를 자동으로 생성해 주는 연구가 진행되었다.

이후 자유곡면과 solid model이 통합되고, luo가 비다양체 표현 방식을 위한 개발 연구가 진행되었다. _ [18] luo는 그림과 같이 비다양체 모델을 정의할 수 있도록 기존의 Euler 연산자를 확장하였다.

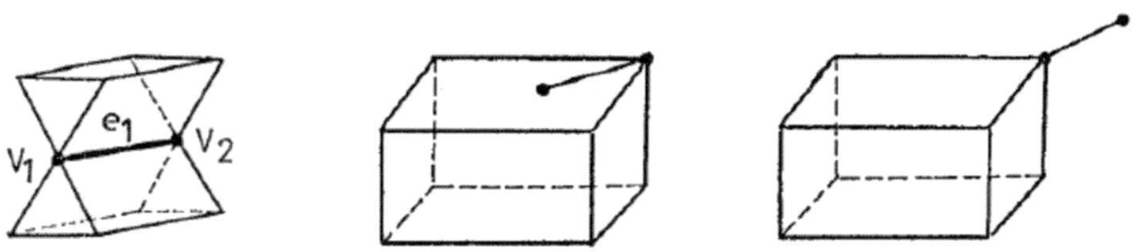

Operator	Vector $(V_s\ E_s\ F_s\ V_b\ E_b\ V_m\ E_m\ F_m\ R\ J)$	Number_of_applications
MF_mJ	0 0 0 0 0 0 0 1 0 1	F_m
MV_mJ	0 0 0 0 0 1 0 0 0 1	$V_m - E_m + R$
MV_mE_m	0 0 0 0 0 1 1 0 0 0	$E_m - R$
ME_mR	0 0 0 0 0 0 1 0 1 0	R
MV_bJ	0 0 0 1 0 0 0 0 0 1	$V_b - E_b + \frac{1}{2}(F_s - E_s + V_s)$
ME_bV_b	0 0 0 1 1 0 0 0 0 0	$E_b - \frac{1}{2}(F_s - E_s + V_s)$
ME_b2F_s	0 0 2 0 1 0 0 0 0 0	$\frac{1}{2}(F_s - E_s + V_s)$
ME_sV_s	1 1 0 0 0 0 0 0 0 0	V_s
ME_sF_s	0 1 1 0 0 0 0 0 0 0	$E_s - V_s$

< **3-12** 비다양체 모델과 Euler 연산자 [18] >

3-4 상업용 그래픽스 모델링 개발 과정

앞서 언급한 학계 연구와 민간 상업 영역은 서로 영향을 주며 발전해 왔는데 여기서는 주요 발전사를 간단히 언급하고 지나가도록 한다.

CAM(Computer Aided Manufactoring)은 1957년에 개발된 PRONTO라는 이름의 수치 제어 프로그래밍 도구(Numberical control programming tool)였으며, Dr. Patrick J. Hanratty에 의해 개발되었다. 이후 다양한 상업용 CAD에 직간접적으로 영향을 준다. 이런 이유로 Hanratty를 CAD CAM의 아버지라 부르고 있다. _ [53, 54]

수치 제어에 의한 설계 시스템은 특히 자동차나 항공기 제작 분야에서 필요했고, 이 두 업계를 중심으로 해서 발전해 나간다.

< **3-13** Patrick J. Hanratty [52] >

< 3-14 최초의 드럼형 펜 플로터와 CalComp CAD 시스템 플로터 **>**

General Motors 연구실에서 Dr. Hanratty와 같이 DAC(Design Automated by Computer)가 개발되었고, McDonnell-Douglas사에서 CADD 개발되었으며, Ford(PDGS, 1967), Lockheed(CADAM – Computer Augmented Drafting and Manufacturing, 1967) 등 회사에서 상업적으로 개발되었다. 1960년대에 개발된 CAD 소프트웨어는 대부분 2차원이었으나, 1960대 중반부터는 프랑스 연구자들(de Casteljau, Bezier 등)은 곡선과 곡면 기하 계산에 대한 선구적 연구가 시작되었다.

1960년대 말이 되자, 상업용 CAD 개발사가 증가하기 시작해, Applicon, Auto-trol, Computervision, Evans & Sutherland, the McAuto division(McDonnell-Douglas), SDRC(Stuctural Dynamics Research Corp. – Dr.Jason R Lemon 설립. 동영학, 진동 등에 관한 솔루션 컨설팅 회사로 시작) 등이 설립되었다.

이 때까지 대부분의 CAD 소프트웨어 프로그램은 2D 제도(Drafting)로 사용되었고, 주로 도면 에러 감소, 도면의 재사용성 증가를 목적으로 사용된다. 1975년에 프랑스 Aerospace사와 Avions Marcel Dassault사는 Lockheed사로부터 CADAM 소스코드 라이센스를 구입하고 1977년 CATIA(Computer Aided Three Dimensional Interactive Application – 현재도 매우 유명한 CAD 프로그램으로 유명한 BIM 설계 소프트웨어인 DigitalProject의 커널이다)란 이름의 3D CAD 소프트웨어 프로그램 개발을 시작한다.

최초의 3D solid modeling 프로그램인 SynthaVision이 1972년 MAGI(Mathematics Application Group, Inc)에서 릴리즈 되었고, 이 프로그램은 전통적인 CAD 역할 뿐만 아니라 핵방사능 노출에 대한 3D분석에도 사용되었다. SynthaVisions의 3D 모델은 CSG(constructive solid geometry) 모델과 유사했다. MAGI는 3D 모델 렌더링을 위해 ray-casting을 개발하고, 1982년에 최초의 상업용 CG 영화 TRON을 만든다.

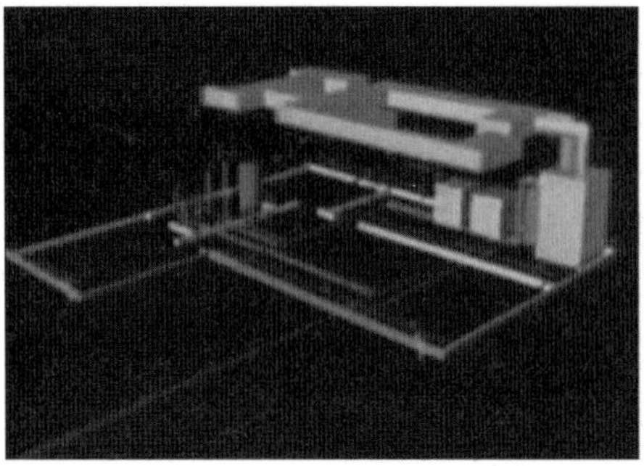

< **3-15** MAGI Synthavision demo 와 TRON >

Solid modeling에 대한 연구는 크게 두 갈래로 나뉘어지는데 1970년대에 시작한 Cambridge University의 Charles Lang 그룹과 Rochester University의 Herb Voelcker 그룹에서 각각 연구한 내용이 CAD 소프트웨어에 크게 영향을 준다.

Herb Voelcker 그룹은 CSG solid modeling에 초점을 맞춰 PADL(Part and Assembly Description Language)를 1978년에 발표하였고 1980년대 초에 몇몇 상업용 CAD 소프트웨어에 사용된다.

Charles Lang그룹에서 Ian Braid는 앞서 언급한 바와 같이 B-rep에 대한 연구를 시작하여 BUILD solid modeler를 개발하였고, 이 개념을 발전시켜 Stanford University의 B. Baumgart가 B-rep 자료구조를 제안한다. 이후 Ian Braid는 Charles Lang이 설립한 CAD 소프트웨어 컨설팅 회사인 Shape Data(오토캐드 3D 커널인 ACIS커널 개발)사에 들어간다.

1979년에는 Boeing, General Electric, NBS(National Bureau of Standrds, 현재는 NIST - National Institute of Standards)는 최초 표준 CAD 데이터 교환 포맷인 IGES(initial Graphic Exchange Standard)를 만들기로 동의한다.

1970년대에는 아직도 유명하게 사용되는 CAD소프트웨어 개발사가 설립되었는데, 1970년 M&S Computing(후에 Integraph가 된다)가 Dr.Hanratty이 MCS 설립한 후 바로 다음 해 설립된다. 1972년 MCS는 ADAM CAD 소프트웨어를 출시하고 Computervision, Gerber Scientific, United Computing(현재 UGS) 등 다른 CAD 소프트웨어사에 OEM형식으로 라이센스되었다.

이때 개발된 고수준 개발언어인 C와 고성능의 UNIX 시스템 및 그래픽 기능이 뛰어난 워크스테이션의 개발은 CAD발전을 더욱 촉진시킨다. 1980년대 M&S Computing은 Intergraph로 회사 이름을 바꾸고, Intergraph Graphic Design System(IGDS)를 개발하며, 1981년에 성공적으로 상장된다.

< **3-16** Intergraph Graphic Design System(IGDS) >

1983년 DEC VAX시스템 기반한 3D 복합곡면 모델링 CAD소프트웨어인 InterAct와 InterPro를 출시한다. 아울러 Avions Marcel Dassault사는 1981년 자사를 설립하면서 IBM이 CATIA를 판매하도록 하였다. CATIA1은 3D곡면 모델링과 NC코드를 생성할 수 있는 CADAM의 Add-on 프로그램으로써 1982년 출시되었고, 1981년 GE는 CALMA(1963년 설립)를 인수해 CAD사업을 시작하였다.

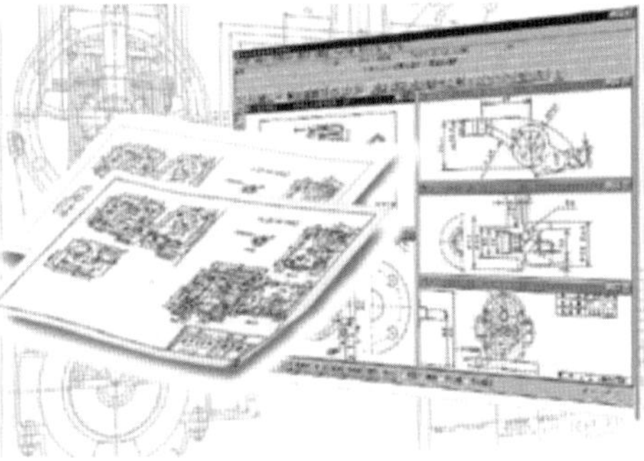

< **3-17** CADAM >

UNIX는 개방형 아키텍처였으므로, 이후 CAD 그래픽 작업에 맞는 워크스테이션이 개발되기 시작했는 데 Sun Microsystem(1981), Silicon Grraphics(1982) 등이 이때 설립되었다.

1981년에는 IBM이 첫 번째 PC를 개발하였으며, 1982년에 오토데스크사가 설립된다. AutoCAD Release 1은 1982년 11월에 출시되었고, 1984년 Bentley System이 설립되고 MicroStation이 출시된다. Apple이 1984년 맥킨토시 128을 출시하며, 1985년 Diehl Graphsoft사가 설립되고 MiniCAD가 출시되면서 맥에서 가장 많이 팔린 CAD 소프트웨어가 된다. AutoCAD는 2D CAD 소프트웨어에서 사용자 편의성과 PC 호환성을 기반으로 꾸준히 성장하기 시작한다.

1981년 Unigraphics사는 Voelcker의 PADL-2 CSG에 기반한 UniSolid CAD소프트웨어를 출시하고, 1982년 Ian Braid, Charles Lang, Shape Data 팀은 Romulus b-rep solid modeler를 출시하고, Romulus는 Siemens, HP와 같은 CAD벤더에 라이센스 되었다.

1985년 CADAM에 독립적인 프로그램으로 CATIA Version 2가 출시되었고 1980년에 설립된 Matra Datavision사는 Euclid-IS solid modeling 3D CAD 소프트웨어를 출시하였다. 그리고 1985년에 Parametric Technology Corp(현재는 PTC)사가 설립되고 1987년 Pro/Engineer가 출시된다. 이때 유명한 CAD소프트웨어 벤더는 Computer vision(CADDS), Intergraph(IGDS, InterAct), McDonnell-Douglas(Unigraphics), GE/CALMA, IBM/Dassault(CADAM, CATIA), SDRC(I-DEAS)였다.

Pro/engineer는 그 당시 매우 편리한 사용자 경험을 무기로 출시되었고, 풀다운, 팝업, 설계 중에 문맥에 즉각적으로 반응하는 메뉴, 아이콘, 사용자 친화적인(User-friendly) 기능들을 제공하였다.

Parasolid는 Shape Data사에서 John Owen팀에 의해 설계 되었고 이전 Romulus solid modeling 커널과 호환성을 가졌다. 이후 Parasolid는 Siemens-Nixdorf, General Dynamics, Fujitsu 등 다른 CAD 프로그램에 라이센스 되었다.

Charles lang과 Ian Braid는 Cambridge University에서 Three-Space Ltd를 설립하였고(Dick sowar의 Spatial Technology에 의해 인수됨), 이후 ACIS solid modeling 커널이 개발된다.

일본에서는 도쿄대 Fumihiko Kimura 교수팀에 의해 solid modeling이 연구되고, 이 팀의 Dr. Hiroaki Chiyokura가 Ricoh사에서 1980년 중반에 CAD 개발에 참여해 1987년 B-rep 방식의 DesignBase가 출시된다. Designbase는 빠르게 일본 CAD 소프트웨어 벤더에 적용되어 1989년 미국에 진출한다. ACIS(Spatial Technology), Designbase(Ricoh), Parasolid(EDS-Unigraphics)간의 "Kernel modeler 전쟁'이 시작된다.

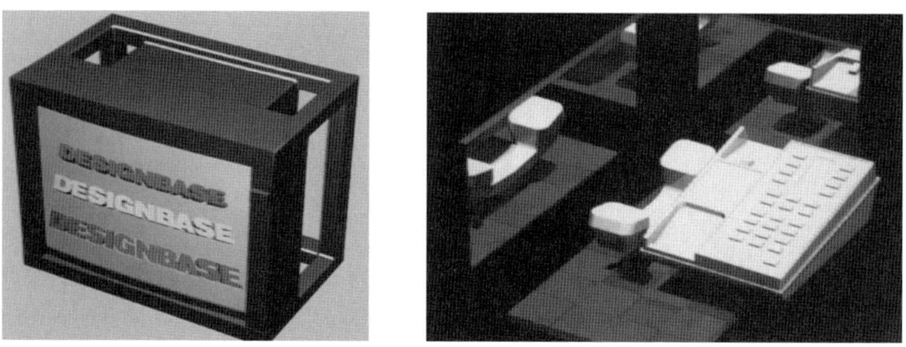

< 3-18 Designbase [19] **>**

1990년대 들어 Kernel modeler 전쟁은 공격적인 마케팅으로 가격을 크게 낮춰 저렴하게 공급하는 CAD 소프트웨어가 대부분 도입되었다. 예를 들어 1993년 ACIS는 Autodesk를 포함하여 70여 개의 3D CAD 소프트웨어에서 사용되며, AutoCAD release 13에 3D solid modeling 함수를 포함시켰다.

1990중반부터는 PC 3D CAD 소프트웨어가 폭발적으로 많아진다. 1995년에 "20% 가격으로 Pro/Engineer 기능의 80%"란 마케팅으로 SolidWork 95 3D CAD 소프트웨어가 SolidWorks에서 출시된다. 소프트웨어 개발사는 Windows OS에서 Visual C++, MFC Library와 같은 강력한 개발도구와 Intel기반 PC의 성능향상을 바탕으로 CAD를 포팅(Porting)하기 시작한다.

1996년 Intergraph는 windows에서 SolidWorks와 유사하고 ACIS 커널에 기반한 SolidEdge라는 3D CAD 소프트웨어 제품을 출시하게 된다. Autodesk는 Mechanical Desktop이라는 첫 번째 완전한 기능의 3D solid modeling CAD 소프트웨어를 출시한다.

1990년 말의 CAD 시장은 인수합병, PDM(Product Data Management), 인터넷이라는 키워드를 중심으로 발전된다. Dassult Systems는 SoidWork를 인수하고, EDS-Unigraphics는 SolidEdge를, Computervision은 Parametric Technology를 인수한다. 1997년에 Ricoh의 Designbase는 Parasolid (Unigraphics), ACIS(Spatial Technology)에 밀려 사라진다.

Dassault Systems는 Boeing 777 프로젝트에서 네트워크 협력업을 통한 CAD 소프트웨어 통합에 대한 경험을 바탕으로 인터넷을 통한 CATIA 3D 모델 검토가 가능한 PDM 개념의 Web 기반 CATWeb Navigator를 1997년에 출시한다.

Unigraphics또한 1999년 PDM 개념의 iMAN PDM 소프트웨어를 출시하였으며, Parametric Technology도 Windchill이란 PDM 소프트웨어를 발표했다.

1999년 말 Dassault Systems는 Windows 기반의 첫 번째 CATIA 버전을 출시하였으며, 이 때 대부분 CAD 선도 개발사는 대용량 모델 뷰잉(Viewing) 수행성능, 스케치 및 구속 조건관리, 특징, 형상, 기반 설계 및 히스토리(history) 설계관리 등을 지원하였다.

2000년대는 Web과 PLM *[필자주 - PLM은 BIM과 밀접한 관계가 있다.]* 의 영향이 컸다.

Autodesk는 Web에서 자료교환 및 Microsoft Net Meeting을 이용해 간단한 협업이 가능한 AutoCAD 2000i를 출시하였다. Ford는 CAD, CAM, CAE (Computer Aided Engineering)를 통합한 3D CAD(C3P) 소프트웨어와 지역에서 멀리 떨어져 있는 엔지니어 정보공유를 위한 인터넷 기반의 PDM 활용을 통해 다양한 비용 절감효과를 얻었으며, 이런 개념은 가상 제품개발(Virtual product development)로 이어져 Boeing은 이전보다 제품개발 시간을 줄이는 데 성공했다.

[필자주 - 이 과정은 건설에서도 비슷하게 나타나고 있다. Virtual Construction이나 BIM이 그것이다.]

< **3-19** 가상제품개발로써의 PLM >

1990년대 초 대학 연구에서 시작한 PLM(product Life-cycle management)는 1990년대 말에 유행하기 시작했으며, Dassault, Parametric, Unigraphics, SDRC와 같은 CAD 선도 벤더사는 재빠르게 CAD 소프트웨어에 그 개념을 적용하기 시작했다.

Ford는 SDRC의 Metaphase PDM 소프트웨어를 사용하였고, 2000년 말에 Unigraphics Solutions는 3D viewer 벤더인 EAI를 인수했다. 현대 PLM solution은 대용량의 설계 모델 및 속성정보를 네트워크로 연결된 데이터베이스에서 얼마나 빠르게 가시화 하는지가 핵심이 되었다. 2001년 Unigraphics solutions는 이름을 UGS로 바꾸고 SDRC를 합병한다.

3-5 AEC 개발 역사

상업용 그래픽 모델러와는 별개로 독특한 역사를 가진 AEC 분야 개발 역사를 이야기 해보도록 한다. 이 분야 역사는 건축과 토목으로 나뉘어져 있다. 건축 분야는 척이스트만 교수의 *BIM핸드북*에서 잘 다뤄져 있는 반면에 토목 분야는 뒷이야기가 잘 안 알려져 있지 않다. 척 이스트만 교수의 BDS(Building Description System)개념에서 개발된 초기 프로토타입 시스템 및 이런 개념에 영향을 받은 수많은 소프트웨어(Revit, ArchiCAD 등)에 대한 내용은 *BIM핸드북*을 참고 하길 바란다. 이 내용은 AEC IT specialist였던 Drew Kottke의 도움을 많이 받았음을 미리 밝힌다.

Civil engineering 소프트웨어 개발은 현재의 Civil engineering 시스템에 크게 영향을 미친 MIT의 Charles L.Miller 교수 주도아래 1950년 말부터 시작된 것으로 알려져 있으며, 1955년에 MIT 사진측량 연구소의 팀장으로 연구를 시작한다.

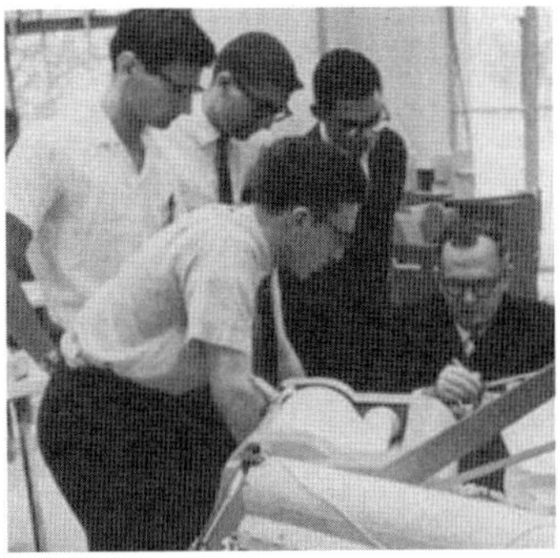

< **3-20** Professor Charles L. Miller and Students >

Miller는 연구를 시작할 때 크게 두 가지 영역을 고려했는데, 하나는 입체영상 기술을 이용한 공간 자료(Spatial data)의 좀 더 나은 획득방법이고, 다른 하나는 이 자료를 컴퓨터 기술과 결합해 응용하는 것이었다. 이런 목적으로 실체도화기(stereoplotter)를 설치하고 1950년대 말에 항공 사진을 이용하여 지형의 3차원 좌표를 추출해 이 자료를 컴퓨터에 입력한 후 토공량을 계산하는 시스템을 개발하기 시작한다.

< **3-21** MIT Photogrammetry Laboratory Stereoplotter Being Operated by Bob LaFlamme [32] >

1956년에 컴퓨터로 취토장(Borrow Pit) Volume 계산 프로그램을 만든 Paul O. Roberts는 후에 MIT와 같이 작업을 하게 되고, 측량된 좌표점 데이터를 이 프로그램을 사용해 입력받아 이중 단면 평균법에 의해 횡단 토공을 계산할 수 있었다. Miller는 수치지형모델(Digital Terrain Model - DTM)을 바탕으로 고속도로 설계 프로그램 개발을 시작하였고, 등고선 디지타이징을 이용해 수치지형자료를 획득할 수 있는 도구를 만든다.

전통적인 도로설계 프로세스는 선형을 기준으로 단면을 만들고 등고선 지도나 측량을 통해 지표면 높이를 획득하는 것이다. 이 때 개선된 DTM에 의한 방법은 매우 큰 3D 데이터 좌표점들을 이용해 지형 표면을 표현해 표면 위의 원하는 지점의 높이점을 얻는 것다. 이를 이용해 첫 번째 도로설계 프로그램이 MIT에서 Digital Terrain Model System이란 이름으로 개발되었다. IBM 650 컴퓨터에서 실행되는 이 소프트웨어는 지형 데이터 편집, 평면선형, 종단선형, 토공계산 등의 패키지가 포함되어 있다. 당시 메모리 제약 때문에 각 단계에 필요한 프로그램과 데이터는 동적으로 로딩되었다.

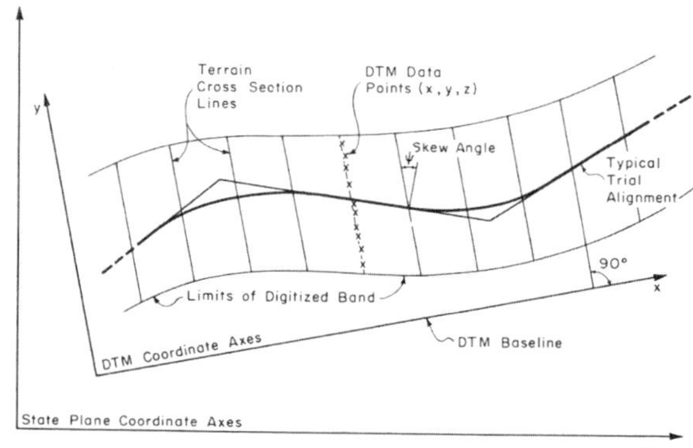

< 3-22 Digital Terrain Model System Manual of Electronic Computer Programs for Highway Location and Design[November 30, 1960] **>**

Miller는 문제 중심 컴퓨터 기술 언어(problem-oriented computer language)를 최초로 고안하였다. 측량과 도로설계 소프트웨어의 핵심인 COGO(Coordinate Gemetry)라는 좌표 기하학 계산 기술 최초 개발자로 그 자신의 개인 프로젝트였고 이로 인해 Civil engineering 커뮤니티에서 유명해졌다. COGO의 목적은 점, 선, 각, 커브 자료에 대한 상호관계 정의를 통해 광범위한 기하학적 문제를 사용자가 손쉽게 해결하는 것이다. COGO는 다음과 같은 좌표기술언어를 제공한다.

LOCATE POINT 2 FROM POINT 4, DISTANCE 125.16, BEARING N45 15 20 E

이런 문제 중심 언어 기반의 시스템은 다루기는 복잡해도, 거의 대부분 건설관련 문제들을 파라메트릭하게 기술하고 배치실행으로 효과적인 모델링 결과를 쉽게 얻을 수 있었다.

1960년대에 Miller는 현재 연방고속도로관리국(Federal Highway Administration)으로 알려진 곳에 첫 번째 COGO버전을 설치한다. Miller는 1961년부터 1969년까지 토목공학부 회장으로 있었고, 그 동안 새로운 도로설계 방법론을 개발하기로 하고 ROADS, STRESS, STRUDL(John Biggs와 Robert Logcher가 개발한 COGO와 유사한 STRUctural Design Language)가 포함된 ICES(Integrated Civil Engineering System11) 프로젝트를 시작했다. ICES프로제트 팀원인 Daniel Roos와 Joe Sussman은 civil engineering 소프트웨어 지향적인 자체 프로그래밍 언어 ICETRAN을 개발한다.

이렇게 개발된 각 애플리케이션 프로그램을 이용해 엔지니어가 Civil engineering 작업시 문제를 적절히 처리할 수 있게 되었다. 예를 들어 COGO언어는 구조, 토목, 도로설계 문제에 맞게 정의되어 사용된다. 각 프로그램의 결과는 배치 처리방식으로 각 분야에 적절히 응용될 수 있었다. 이 프로젝트에 포함된 또 다른 프로그램은 차량 성능 시뮬레이션으로, 차로, 교통신호, 교차로를 포함한 도로 정보 기술이 가능하였고 사용자는 시간별 교통량을 입력할 수 있다. 이 프로그램은 예산된 차량 운영비용 및 속도를 계산할 수 있다. 점차 ICES시스템에 교통망 분석을 위한 TRANSET, 토질공학용 SEPOL/LEASE, 교량설계용 BRIDGE, 프로젝트 관리용 PROJECT 프로그램이 추가되었다.

1977년 Miller는 MIT를 떠나 Civil engineering 컨설팅 회사인 CLM/System 을 설립하고, COGO, TOPO, ROADS등 다양한 Civil engineering 소프트웨어를 개발하고, 이 프로그램은 1986년 CLM CEAL(Civil Engineering Automation Library)로 통합된다. 이 시스템은 주고속도로국과 토목엔지니어링 회사에 사용된다. 1980년대 중반 CLM/Systems는 Intergraph와 관계를 맺고 Microstation과 CEAL을 통합한 CEALstation을 개발한다.

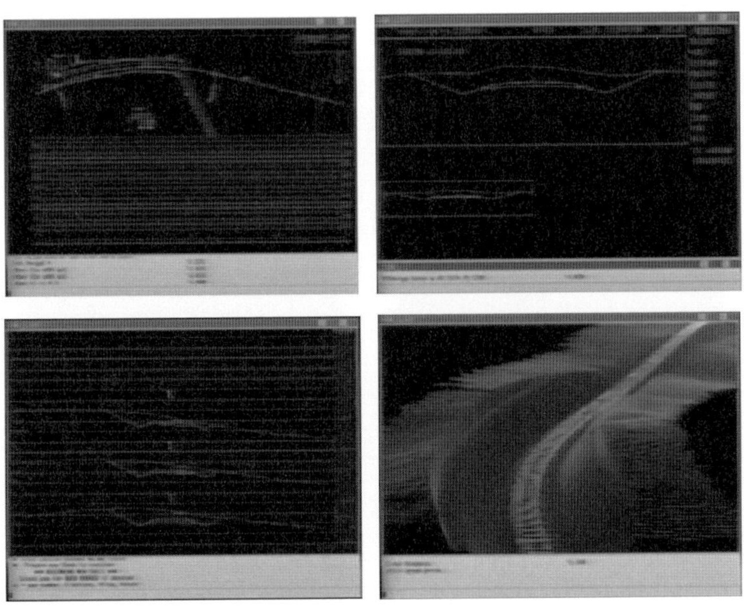

< **3-23** CEAL [57] >

1990년 중반 CEAL은 워크스테이션과 PC에서 사용할 수 있는 가장 광범위하게 사용할 수 있는 Civil engineering application이 되었다. McAuto는 ICES서비스의 가장 큰 판매회사였고, ICES의 각 프로그램을 개선해 나간다. 이 중에 SEWER는 ICES에 우 · 오수설계를 추가한 제품이며, FASTDRAW라는 그래픽 기반의 프로그램으로 개선한다. 이렇게 Miller가 개발한 Civil engineering 시스템은 여러 Civil engineering software에 강한 영향을 미친다.

GEOPAK(Geometry Package)은 1984년 Beiswenger, Hoch에 의해 Intergraph 기반 Civil engineering 소프트웨어 개발 및 마케팅을 위해 설립되었다. 1990년 Gabe Norona에 의해 이 회사는 운영되었고, 1995년 Intergraph의 InRoad란 Civil engineering 소프트웨어에 대한 Bentley의 대안이 되었다. GEOPAK은 디지털 지형 모델링(Digital terrain modeling), 측량, 도로 설계, 단지 설계, 교량 설계, 배수설계, 철근 콘크리트 설계 및 시공 관리와 같은 다양한 영역에서 활용된다.

Intergraph의 InRoads는 측량에서 도로설계, 수리계산 및 설계에 광범위하게 사용되는 프로그램으로 개발되었으며, Civil engineering 업계에서 광범위하게 사용되었다. 1997년도에는 12,000 시트(seats)이상의 InRoads 소프트웨어가 전세계에서 사용된다. IRAS B와 I/RAS Engineer는 래스터(Raster)에서 벡터(vector)변환 소프트웨어로 개발되었었다. 2000년 초에 이 제품군들은 Microstation의 Bentley사에 인수되며, Bentley는 InRoads, InRail, site, survey, bridge, storm, sanitary등의 강력한 Civil engineering 솔루션을 갖게 된다.

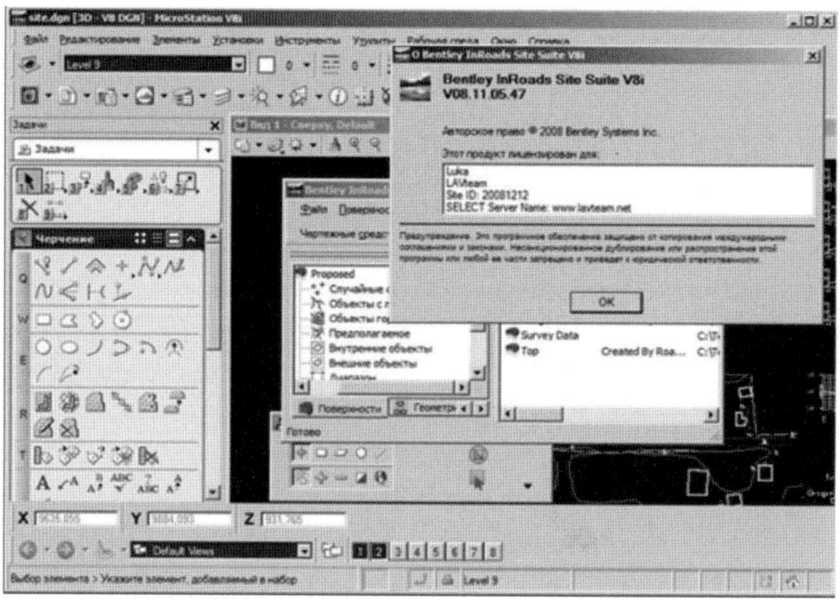

< 3-24 InRoads [39] **>**

또 다른 Bentley의 Civil engeering 솔루션으로 Infrasoft의 MOSS를 빠트릴 수 없다. Bentley는 2003년에 Infrasoft를 인수하였다. MOSS 시스템은 1973년 영국 정부에서 고속도로 설계 소프트웨어로 개발 되었다. 1975년 첫번째 출시 이후에 이 패키지는 MOSS로 명명되었고, 1983년에 최초 개발자중 5명이 이 정부기관에서 나와 MOSS 시스템사를 설립한다. 이후 몇 년 동안 영국 50개 주에서 49개 주가 이 프로그램을 사용한다. 1980년대에 McDonnell Douglas가 미니컴퓨터 버전으로 판매하였고, 1990년 초에 50여 나라에서 판매가 시작된다. MOSS를 지원하던 Richard Fiery라는 애플리케이션 엔지니어는 Civil engineering을 공부해 박사와 MBA를 획득하고 Infrasoft사를 설립하고 MOSS를 북아메리카에 배포, 판매하는 사업을 시작한다. 이후 Infrasoft는 1996년 MOSS Systems를 인수하고 Dave Arnold(이후 Softdesk CEO가 됨), James Burnley(US Secretary of Transportation 설립자), Viggo Butler(Airport Group International CEO)를 이사회로 조직한다. 최초의 MOSS 개발자는 다른 Civil engineering 시스템과 다른 접근방법으로 개발하였는데, 지형 · 선형 · 배수라인 등 모든 기하학 모델을 표현하기로 결정하고 3D string이라는 3D point 연결 집합을 적용한다. 이 개념을 이용해 매우 유연한 Civil engineering 설계 결과를 얻을 수 있게 된다. Infrasoft는 MOSS를 MX series로 변경하고 도로설계는 MXROAD, 포장 개선은 MXRENEW, 철도 엔지니어링은 MXRAIL, 단지 엔지니어링은 MXSITE로 모듈을 나눈다. 2003년 Bentley는 infrasoft를 인수하고 Bentley의 3개 Civil engineering 제품은 Gabe Norona에 의해 관리된다.

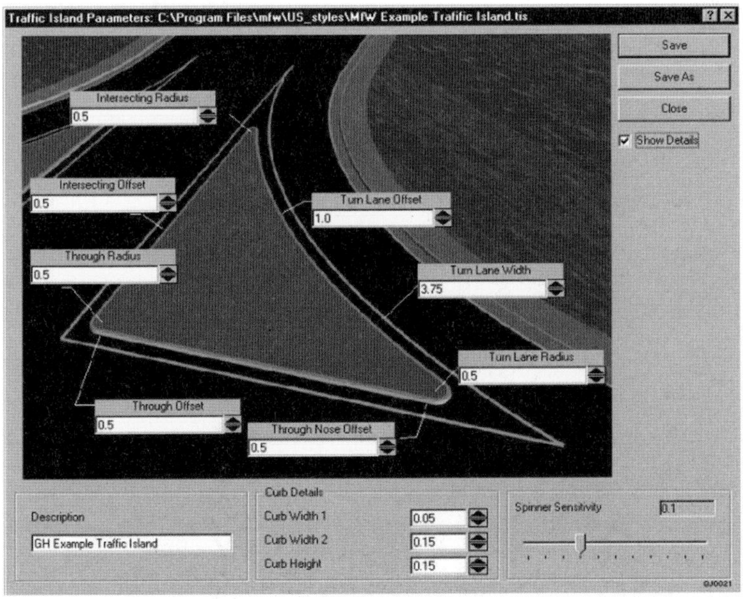

< **3-25** MOSS [39] >

Civil engineering 소프트웨어의 또다른 축인 Autodesk의 Civil3D는 Autocad Release 11에서 전략적 개발자 프로그램을 수용할 수 있게 지원하면서 개발된 DCA 소프트웨어의 Civil engineering package가 근원이다. Henniker에 civil engieering 회사인 DCA에서 David Arnold와 David Paine은 1987년에 AutoCAD 사용자였으며, civil engineering과 surveying 소프트웨어 패키지 개발을 시작한다. 1991년 회사는 Softdesk로 사명을 변경하고 AutoCAD의 가장 큰 third party 개발사가 되었으며, civil engineering 소프트웨어 분야에 빈 간극을 메우기 위해 크고 작은 인수합병을 시작하였고, 1993년 Softdesk는 AEC 애플리케이션을 개발하던 Archisoft Group(ASG)를 인수한다. 이후 Softdesk는 Autodesk에 인수되고 AEC 마켓에 진출한다. 이로써 Autodesk는 third party 개발사의 직접적인 경쟁자가 된다. 2002년 말에는 Civil engineering 소프트웨어 개발사인 CAiCE 소프트웨어사를 인수한다. Softdesk 프로그램은 현재 사용되고 있는 Civil3D로 Autocad와 좀 더 밀접하게 통합되었다.

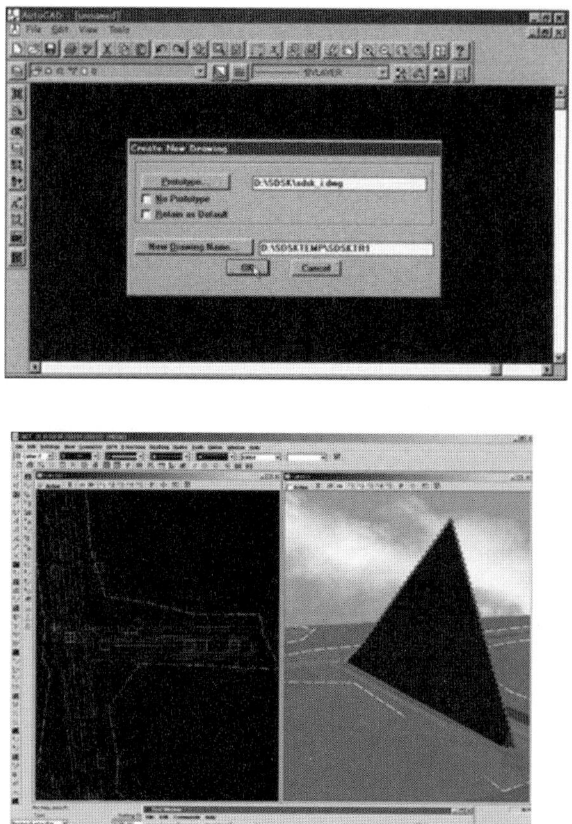

< 3-26 Softdesk와 CaiCE [13, 38] **>**

제4장

정보Information 모델링

4-1 개요

모델링의 역사를 통해 보았듯이, 캐드와 같은 모델 설계 시스템은 그래프론, 위상수학, 그래픽 정보를 처리하는 정보처리 시스템이다. 그러므로 캐드를 구성하는 요소를 이해하기 앞서, 그 요소를 구성하는 최소 입자이며 DNA구조인 정보는 어떤 방식으로 구조화 되는지, 어떻게 만들어지는 지를 알아 보도록 한다.

우리는 CAD라는 도구와 대화하면서 자료를 도구에 주고 CAD는 주어진 정보보다 더 의미 있는 정보를 우리에게 돌려준다. CAD같은 정보처리 시스템은 사용자가 자료나 정보를 입력하고 원하는 정보를 시스템이 처리해 출력 받도록 만들어져 있다.

1943년에 개발되기 시작한 정보처리 시스템의 효시인 에니악(ENIAC, Electronic Numerical Integrator And Computer)은 중량이 30톤이나 되는 시스템이었지만, 초당 5000회의 계산을 할 수 있는 그 당시에는 획기적인 시스템이었다. 이 시스템의 역할은 탄도계산으로 정보는 진공관으로 표현되고 이 정보를 전달하고 처리하는 방식은 전선 배선이었다. 만약 탄도계산의 정보처리모델(방식)이 변경되면 전선 배선을 다시 해야했다.

< 4-1 에니악 시스템 [51] **>**

이런 하드웨어적인 정보모델링 방법으로는 다양한 문제를 유연히 프로그래밍 하는데 한계가 있을 수 밖에 없음을 인식하면서, 60년대에는 정보모델에 대한 처리방식을 메모리에 프로그래밍하여 처리할 수 있는 프로그램 기억식(내장메모리 기반 프로그래밍) 방식이 개발되어 사용되기 시작한다. 이때부터 프로그래밍 언어라는 것이 개발되어 사용되기 시작했다. 이전까지는 스위치 On · Off를 통해 기계에 명령을 내리던 것을 사람이 좀 더 쉽게 이해할 수 있는 심볼언어로 이를 손쉽게 할 수 있는 방법이 개발된 것이다. 이 심볼언어로 개발된 프로그램은 메모리에서 소프트웨어적으로 관리되므로 손쉽게 수정할 수 있다.

모델링은 일종의 정보처리구조를 결정(프로그래밍)하는 것인데, 그럼 정보모델이란 무엇이고 프로그래밍이라는 것이 어떤 의미인지 한번 생각해보자.

우선 정보모델을 설명하기 위해 예를 들어 아래와 같은 덧셈 계산문제를 가정한다.

$$4 = 1 + 3$$

그런데 이 덧셈이라는 문제를 1과 3이 아닌 다른 숫자에서도 적용하고 싶다면, 어떻게 해야 할까? 우선 분석해 보면 덧셈은 '+'라는 연산자를 가지고 있다. 이 연산자는 왼쪽과 오른쪽에 있는 숫자를 더하는 역할을 한다. 이 결과는 '='이란 연산자를 통해 다시 왼쪽으로 결과가 보내지는 것이라 볼 수 있다. 연산자를 함수라고 정의해 보면 덧셈 연산자와 결과값 할당 연산자로 분해해 볼 수 있다. 그리고 만약 1과 3 이외에 숫자에도 적용할 수 있도록 한다면 이 함수의 연산 대상이 상수가 아닌 특정 기억공간의 값을 가지고 올 수 있는 변수가 되면 될 것이다. 그래서 각 상수 자리에 변수 A, B, C로 대치한다. 그래서 아래와 같은 덧셈 모델을 얻는다.

$$C = A + B$$

이를 정보모델이라 한다. 정보모델은 우리가 어떤 문제를 해결하려고 할 때 필요한 요소와 그 요소와의 구조관계라고 정의해 볼 수 있다. 그 요소라는 것이 결국은 함수와 데이터가 되는 것이다.

그렇다면 프로그램밍이란 무엇인가? 에니악적으로 프로그램밍을 표현해 본다면 그림 4-2와 같이 진공관에서 보관된 데이터 상태를 배선을 통해 특정 목적의 처리 로직(-> 함수)을 만들어 놓고 특정 진공관에 출력 상태를 변경하는 것(-> 변수)이다.

이 함수와 데이터를 담는 변수라는 개념은 30년 동안 정보를 어떻게 모델링하면 효과적인지 수많은 논쟁속에서 서로 싸우면서 소프트웨어 공학이란 분야를 발전시킨 중요한 개념이다. 두 녀석은 서로 본인이 프로그래밍시 주도를 하면 정보 모델링에 효율적이라고 주장했지만, 최근 10년 동안 얻은 결론은 사실 둘 다 중요하다는 것이었고, 결론적으로 객체 지향 모델링이 많이 사용되고 있다. 이 용어는 모델링시 BIM 분야에서도 광범위하게 사용된다.

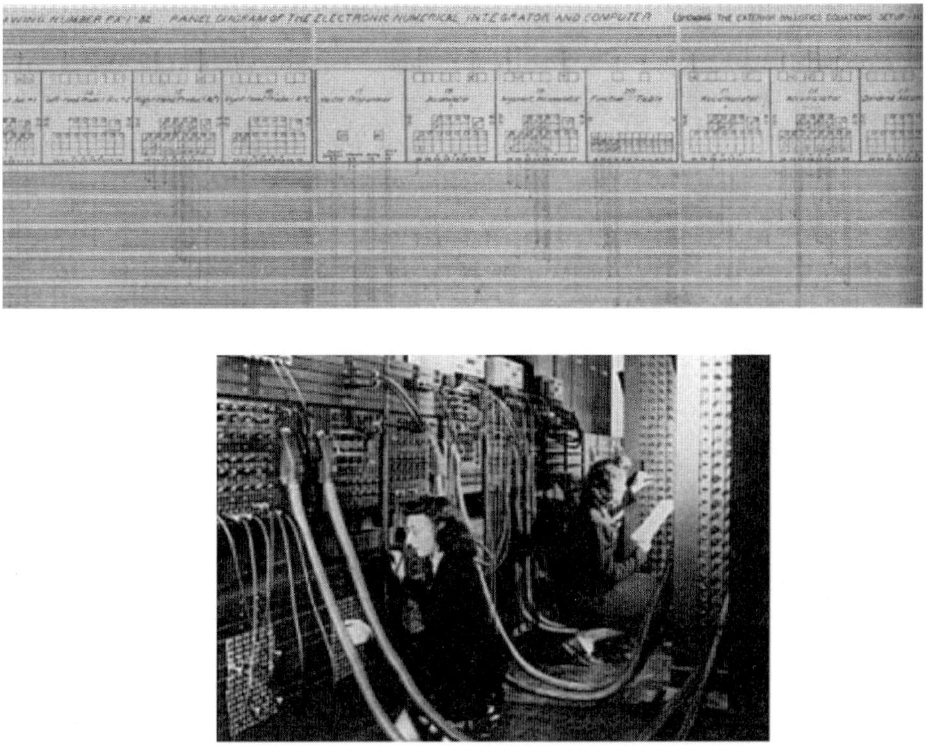

< **4-2** Programming (위) – programming chart for wiring,
(아래)- 실제 programming) [51] **>**

이렇게 보면 정보모델링은 매우 단순하다. 함수와 변수 개념을 포함한 객체를 잘 모델링해서 구조화 하여 사용하면 된다. 하지만, 실제로는 모델링 하기가 쉽지 않다. 정보라는 것은 엔트로피 특성이 있다. 우리는 정보가 많아질 수록 정보를 다루기 어려워 진다는 사실을 알고 있다. 물론 머리가 비상해 수 많은 정보를 위상 구분없이 평평하게 테이블 위에 펼쳐 놓고 필요한 것만 집어낼 수 있는 사람도 있을 수 있으나, 그것은 영화에서나 가능한 일이고, 우리는 정보를 잘 다룰 수 있도록 체계화 하고 구조화시켜 묘사(Description) 효과적으로 기억한다. 이런 정보 묘사과정이 모델링이다. 앞서 예를 들었듯 아래 왼쪽과 같이 정보를 나열하는 것보다 오른쪽과 같이 정보 구조를 묘사하는 것이 더 유용하다.

0 = 0 + 0

1 = 0 + 1 □ C = A + B

2 = 1 + 1

...

99999 = 99998 + 1

...

CAD와 같은 정보처리 구조 결정은 차후 시스템의 유연성, 성능, 재활용성에 큰 영향을 미친다. 특히, 재활용성은 필요한 정보모델 구조를 쉽게 사용하고 심지어 구조를 쉽게 수정할 수 있는 것까지 포함하는 개념이다. CAD 분야는 장기간 모델 연구 및 전개가 이루어지는 분야로 지속적 발전을 위해서는 확장성 높은 시스템 구조가 매우 중요하다(유명한 CAD제품 중 20년 이상 개발되는 제품이 수두룩하다). 만약 정보모델링이 잘못 된다면 다음과 같은 문제가 발생한다.

1) **기능 확장 문제** - 비슷한 기능을 추가하거나 이미 만들어진 모듈을 재활용하려고 해도 스파게티같이 짜여진 코드에서 기능확장이 불가능하다.

2) **시스템 유지보수 문제** - 한 기능을 추가하거나 수정하면 고쳐야 하는 부분이 최소 7개 이상이다. 과연 이 부분을 수정할 수 있는 용기 있는 개발자가 있을까? 대부분은 유지보수가 불가능하다.

3) **시스템 지속성 문제** - 신입이 들어왔다. 그런데 설계도가 없어 이 시스템을 이해하고 유지보수하기까지 2년 이상이 걸린다. 그전에 신입개발자는 이 상황에 좌절하고 다른 곳으로 이직한다. 시스템의 구조를 가시적으로 볼 수 있는 설계도가 없다.

이런 문제를 해결하기 위해 정보모델링 방법론이 존재하고 있다. 현재의 정보모델링 방법론은 모델링과 동시에 소스코드가 자동 생성되거나 기존에 검증된 아키텍처를 자동 적용하는 단계까지 발전했다. 예전처럼 종이에 플로차트를 그리거나 머리 속으로 로직을 구상하면서 프로그램 코딩하는 시대는 지난 상태다.

다음에는 정보모델링 방법 중 모든 분야에 광범위하게 적용되고 있는 객체 지향이 무엇인지에 대한 이야기를 하도록 하겠다.

4-2 객체지향

객체 지향은 기존에 정보모델링 방법으로 많이 사용되던 구조적 방법론(Structured Programming Methodology)이 입력-처리-출력 관점만을 갖고, 시스템을 기능 분해적인 접근법을 갖는 것과 많은 차이를 갖고 있다. 기능 확장시 재활용이 가능한 정보표현의 최소단위도 구조적 분석은 모듈(Module - 처리과정을 함수로 표현한 로직 재사용 단위)이고 객체 지향 분석은 클래스이다. 클래스란 처리과정에 관련된 함수와 이와 관련된 변수를 하나의 재사용 단위로 묶은 개념으로, 정보를 묘사하는 모델 틀(Template)이다. 이 틀을 이용해 그림 4-3과 같이 정보를 가지는 여러 개의 객체(인스턴스)를 붕어빵처럼 찍어낼 수 있다.

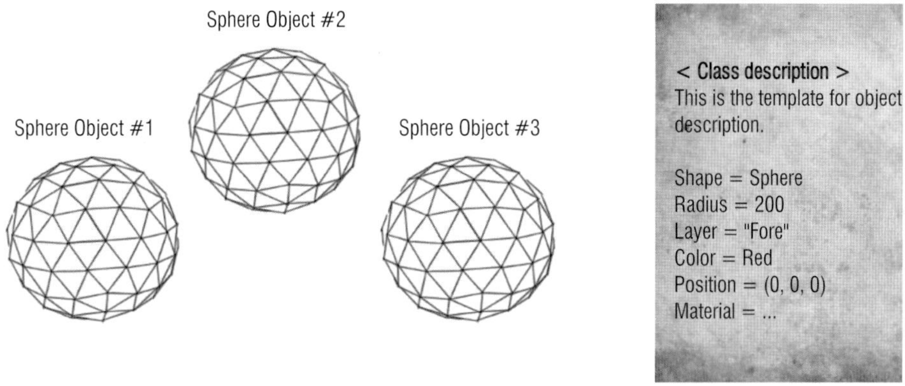

< 4-3 Object 와 Class의 관계 **>**

몇 가지 대표적인 정보모델링 방법을 비교해 보면 다음과 같다.

1) 구조적 방법론

구조적 분석 방법론의 문제점은 시스템을 모형화 하는데 있어서 데이터 흐름의 논리적인 중복이나 제어정보 등을 표현할 수 없고, 현재 주어진 표기법 만으로 정형적인 시스템 표현에 제약이 있다. 그러나 가장 큰 문제점은 분석 및 설계시 데이터 중심이 아니라 프로세스 처리중심으로 모델을 작성하기 때문에, 설계모델과 구현 모델의 불일치성을 내포하고 있다는 것이다. 소규모 패키지 개발에서 많이 사용된다.

2) 정보공학 방법론

데이터를 중심으로 모델링하여 명세화 하는 특징이 있어, 객체 지향 방법의 모태라고 할 수 있으나 표기법의 한계로 시스템의 여러 측면 즉, 전체적인 관점을 나타낼 수 없어 복잡한 시스템을 분명하게 지원할 수 없다. SI(시스템 통합) 프로젝트에서 주로 사용된다. 보통 규모가 큰 관계형 데이터베이스를 사용하기 때문에 시스템 구조가 데이터베이스에 고정되는 경우가 많다. 데이터 안정성을 중요시 여기는 금융권 등에 주로 사용된다.

3) 객체지향 방법론

시스템 개발을 위해 실 세계의 대상물들을 컴퓨터로 사상시켜 객체 형태로 관리하여 상속성과 정보 은닉성을 통해 소프트웨어의 재사용 및 확장성을 기대할 수 있다. 그러나 재사용 단위가 클래스로 재사용성의 단위가 작고, 개발 언어에 종속적인 문제점이 있다. 대규모 패키지 개발에서 많이 활용된다. 개발시 C++, C#, Java와 같은 언어를 사용한다.

4) 컴포넌트 기반 개발방법론

객체 지향 방법론과 개념에 있어서 전혀 다른 방법은 아니며, 객체 지향 방법론의 문제점을 극복할 수 있는 개발방식이나, 시스템 아키텍쳐를 개발하는 노력이 객체 지향 방법론에 보다 많은 부분을 요구한다. 주로 금융같은 대규모 시스템 설계에 사용된다. 개발시 4GL(4 세대 언어, VISUAL BASIC 등)를 사용한다.

다음 표는 구조적 방법론에서 발전한 기술 중 하나인 정보공학(Information Engineering)과 객체 지향 모델링을 비교한 표이다. 모든 개발 방법론(프로세스를 포함한)은 분석, 설계, 구현, 테스트로 나뉘어진다. 각 단계마다 나오는 산출물은 설계도와 같은 역할을 한다.

구분	항목	정보공학 모델링	객체지향 모델링
분석	**프로세스 모델링**	기능차트 이벤트 시나리오	사용례 모델링 (use case modeling)
	비즈니스 개념 모델링	데이터 모델링	클래스다이어그램 (class diagram)
	비즈니스 프로세스 모델링	없음	활동(activity) 다이어그램 상태차트(state chart) 다이어그램
설계	**아키텍처 설계**	없음	협동 다이어그램 (collaboration diagram)
	S/W 동적 모델링	없음	순차 다이어그램 (sequence diagram)
	컴포넌트 모델링	없음	컴포넌트 다이어그램 (component diagram)
	프로그램 상세 설계	프로그램 사양서	클래스 다이어그램 (class diagram)
설계	**화면 설계**	화면 레이아웃	화면 레이아웃
	데이터베이스 설계	테이블 정의서	테이블 정의서
개발	**개발**	프로그램 코딩	프로그램 코딩
	테스트	테스트	테스트

< 표 4-1 _ 구조적 분석과 객체지향 분석의 차이점 >

구조지향 분석은 분석과 설계에서 시스템을 모델링하기 위한 몇몇 관점들이 객체 지향 기법에 비해 빠져 있음을 알 수 있다. 객체 지향 기법은 시스템에 대해 좀 더 깊은 수준의 이해를 할 수 있도록 해 준다. CAD는 그래픽 분야 시스템이고 그래픽 표현 성능이 매우 중요하다. 게다가 정보모델의 구조가 매우 복잡하다. 보통 이런 시스템은 객체 지향 방법론이 적당하다.

객체 지향적으로 개발된 소프트웨어는 사용자 인터페이스에서도 많은 차이를 가진다. 이런 시스템에서는 보통 모델링을 하기 위해 객체를 먼저 선택하고 객체의 속성이 나타나며, 관련된 명령을 팝업 메뉴나 컨텍스트 메뉴를 통해 실행할 수 있다. 구조적으로 개발된 소프트웨어는 반대로 메뉴들을 먼저 실행하고, 대상을 선택하는 경우가 많다.

4-3 EXPRESS & UML 객체 모델링

정보모델링은 언어를 통해 쉽게 구조적으로 모델링될 수 있다. 여기서 구조를 모델링한다는 것은 구조를 구성하는 요소와 관계를 묘사한다는 말이다.

ISO-STEP 기구에서 개발된 EXPRESS 언어(1986년 Douglas Schenck가 개발, 1994년 ISO에서 표준화)는 실세계 객체, 속성, 아이디어 등을 정보모델로 매핑하는 언어 문법을 제공한다. 이 모델링 언어는 제품 자료 교환 모델인 STEP 등에 활용되었다. EXPRESS는 특수화, 통합, 모듈화와 같은 객체 지향적인 특성을 제공한다. 다음은 EXPRESS 언어로 기술된 좌표점의 예이다.

```
                        <-- 객체 타입을 정의하기 위한 선언자 ENTITY
ENTITY point;           <-- point 객체를 정의
   x, y, z : REAL;      <-- 실수형 변수(REAL)인 x, y, z 로 정보구성을 정의
END_ENTITY              <-- 객체 타입을 정의 선언을 마침
```

만약 중심좌표와 반경을 가지고 있는 원(Circle)을 EXPRESS로 정보 모델링하면 다음과 같다.

```
ENTITY circle;
   Center : point;      <-- 앞서 정의한 객체 point 타입을 이용해 선언
   R : REAL;            <-- 반지름 변수 정의
END_ENTITY
```

EXPRESS는 ENTITY 구조체를 이용해 원하는 객체의 정보구조를 정의할 수 있다. ENTITY 정보간 관계를 정의하기 위해 circle 예와 같이 집합관계(1:1, 1:n, n:n)를 사용할 수 있다. 다음은 점으로 구성된 폴리라인(polyline)을 EXPRESS 언어로 정의한 예이다.

point 의 LIST 타입인 points변수를 정의한다. LIST는 최소한 2이상의 point를 가진다.

```
ENTITY polyline
   points : LIST[2 : ?] of point;
END_ENTITY
```

객체 지향적 특성인 개념 일반화를 통한 상속관계는 다음과 같이 표현된다. 예를 들어 위 폴리라인 ENTITY를 상위 개념으로 재활용하고, 파생된 개념으로 등고선(contour_line)를 정보모델링 한다면 다음과 같다.

SUBTYPE OF는 polyline의 하위 개념 관계를 표시한다.

```
ENTITY contour_line
   SUBTYPE OF (polyline);
   Elevation : REAL;
END_ENTITY
```

이와 같은 정보모델링은 텍스트 기반이라 객체 관계를 명확히 표현해 주는데 불편함이 있다. 이런 이유로 그래픽 기반 모델링 언어인 EXPRESS-G가 개발되었다.

[필자주 - EXPRESS-G언어를 이용하기 위해서는 VISIO같은 편집 도구가 필요한데 무료로 제공되는 도구도 사용할 수 있다. 아래 사이트를 참고바란다.

http://www.jsdai.net/download] http://www.steptools.com/support/stdev.docs/devtools

다음은 EXPRESS-G 언어 기본 문법이다.

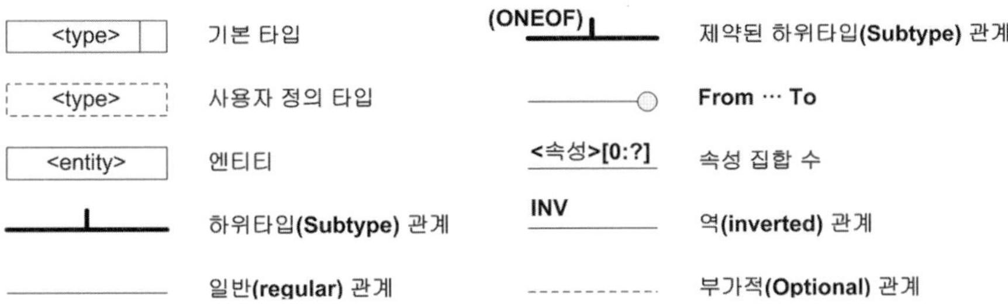

< **4-4** EXPRESS-G 문법 기호 >

이를 이용해 앞에서 언급한 객체를 모델링하면 다음과 같다.

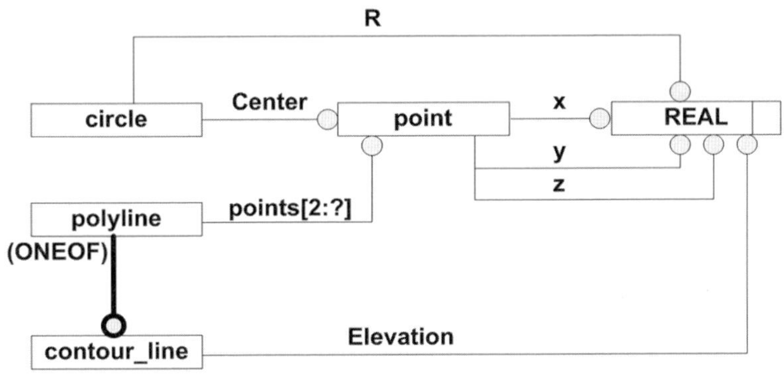

< **4-5** 객체 모델링(EXPRESS-G) >

또 다른 모델링 언어인 UML(Unified modeling language)은 객체 지향 모델링 산업계 표준언어이다. UML은 객체 지향 분석, 설계, 구현을 동일한 심볼 기호로 컴퓨터 코드 수준까지 자세히 표현할 수 있게 해 준다. 엔지니어도 같은 식으로 설계언어를 사용해 설계도를 표현한다. 기계설계 분야는 설계를 통해 바로 형상을 구현해 낼 수도 있다. UML도 마찬가지로 표현된 설계도에서 소스 자동 생성 및 구현이 가능하다. 이 책에서는 객체 모델링을 위해 엔지니어링 및 소프트웨어 업계에 표준적으로 사용되고 있는 UML을 사용하도록 한다.*[필자주 –UML 모델링을 위한 무료도구는 다음 사이트를 참고하기 바란다. http://www.staruml.sourceforge.net/ko]*

UML의 사용목적은 다음과 같다.

1) 사용자에게 즉시 사용 가능하고 표현력이 강한 시각적 모델링 언어를 제공
2) 핵심적인 개념을 확장할 수 있는 확장성과 특수화 방법을 제공
3) 특정 비즈니스 프로세스와 언어에 종속되지 않음

4) 모델링 언어를 이해하기 위해 공식적인 기초를 제공

UML은 요구사항(사용자 니즈)을 추출할 때 use case를 사용한다. 각 use case에서 추출된 객체를 바탕으로 정적 구조를 클래스 다이어그램을 이용해 설계하는 데 이때 정보모델링의 최소단위인 클래스간에 서로의 관계성(relationship)을 설계할 때는 추출된 클래스들 간의 집합관계, 포함관계, 개념 일반화 관계, 의존관계를 고려해 설계한다. 사실 우리가 세상을 표현할 때 이 관계들만 이용하면 세상을 모델링할 수 있다. 즉, 세상이 돌아가는 원리를 정보요소와 그 요소간의 관계(역할)로 분석해 낼 수 있다.

UML은 범용적인 모델링 언어이기 때문에 문법이 많으나, 기본적으로는 매우 단순하다. 많이 사용되는 문법만 살펴보면 다음과 같다.

클래스는 사각 박스로 표현된다. 맨 위에 칸은 클래스 이름, 그 다음 칸은 해당 클래스 속성을, 그 다음 칸은 해당 클래스의 함수(연산자)를 넣는다. 속성은 속성타입을 지정할 수 있으며, 정수(integer), 실수(float, double), 문자열(string) 등이 될 수 있다. 오퍼레이터(함수 혹은 메소드-Method로 불리움)는 입력 페러미터(parameter)와 리턴 타입(return type)을 지정할 수 있으며, 입력변수는 괄호 안에 콤마로 구분한다.

Class name
Attribute name : Type
Operator name(Parameter : Type) : Return Type

다음은 원(Circle)클래스의 속성과 함수를 UML형태로 표현한 예이다.

Cirle
Radius : double CenterPoint**X** : double CenterPoint**Y** : double
SetRadius(Radius:double) : void GetRadius( ) : double Draw( ) : void

클래스는 캡슐처럼 직접 내부에 있는 속성을 직접 건드릴 수 없는 게 일반적이다. 속성은 모두 연산자를 통해 값을 변경하여 얻어낸다. 직접 접근 권한을 표현하는 접근자 심볼은 그림에서 표시된 바와 같다.

클래스 관계는 다음과 같이 표현된다.

1) **연관(Association) 관계 :** 클래스 끼리 서로 필요한 정보가 있다.

2) **방향성 있는 연관(Directed Association) 관계 :** 한 클래스가 화살표가 가리키는 클래스 정보가 필요한 관계다.

3) **집합(Aggregation) 관계 :** 다이어몬드 표시가 붙은 클래스는 다른 클래스를 집합의 부품처럼 포함해 사용한다.

4) **일반화(Generalization) 관계 :** 삼각형 표시가 붙은 클래스로부터 속성과 연산자를 파생해 재사용하거나 재정의할 수 있는 관계다. 재활용되는 클래스를 일반(General) 클래스, 베이스(Base) 클래스라고 말하며, 재활용을 하는 클래스를 파생(Derived) 클래스라 한다.

5) **의존(Dependency) 관계 :** 연관관계보다 약한 관계로, 영구적인 관계가 아니며, 필요할 때만 가리키고 있는 클래스 정보를 의존해 사용한다.

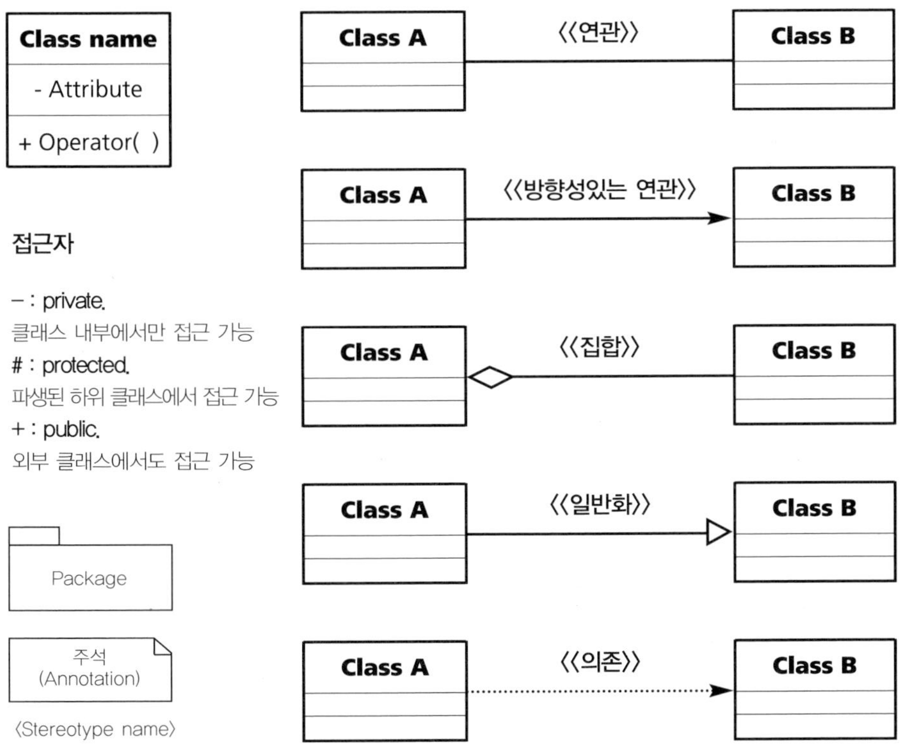

< 4-6 _ UML 문법 **>**

이와 더불어 클래스나 관계에 좀더 명확한 의미를 구분하기 위해 스테레오타입(Stereotype)이란 문법을 사용한다. 이 문법은 단순히 해당 기호에 “《”, “》”기호 사이에 의미를 단순한 단어로 표시해 주면 된다. 스테레오타입은 비즈니스 영역마다 사용되는 용어이나 관계의 의미를 명확하게 해 주기 위해 도입되었다.

그 외 의미를 보조해 주는 기호로 주석(Annotation) 심볼이 있으며, 클래스를 하나의 그룹으로 묶어 의미를 부여할 때 사용하는 패키지(Package)가 있다.

클래스간 관계는 대부분 연관관계의 일종이며, 연관관계는 다음과 같이 집합관계를 포함된 요소 개수와 함께 표현할 수 있다. 아래 관계는 Class A가 1개 존재하고, Class B는 Class A와 0 에서 무한대까지 맺어질 수 있다는 것을 의미한다.

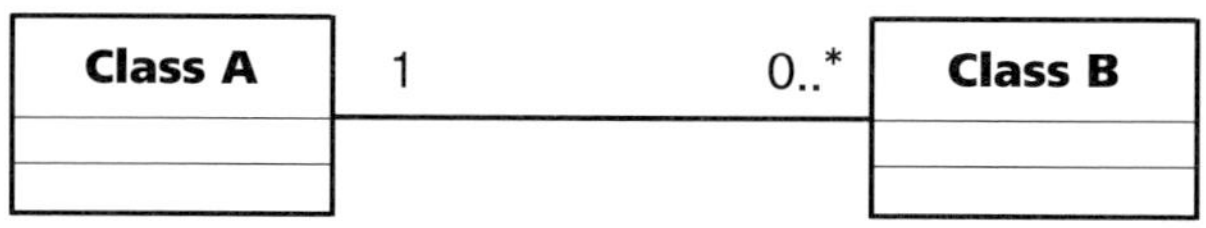

< 4-7 _ 집합관계 표현 **>**

만약 안경이 안경알 2개를 가지고 있는 것을 모델링하면 다음과 같다. 참고로 관계에서 1인 경우는 숫자를 생략해 표현한다.

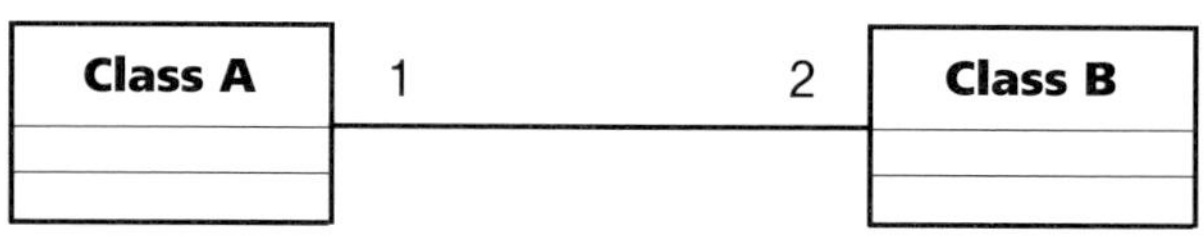

< 4-8 _ 집합관계 모델링 예 **>**

아래 그림은 자동차(Vehicle)클래스를 모델링한 차종 3개를 표현한 것이다.

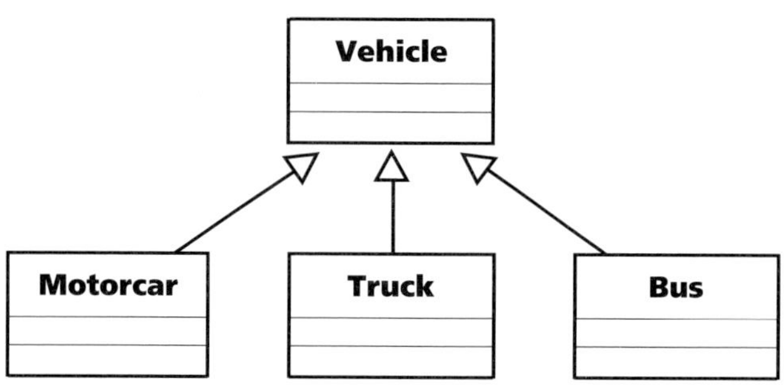

< 4-9 _ UML 표기법의 예(상속 관계) **>**

이렇게 정보 구조를 모델링하면, 모델링 그대로 소프트웨어 코드로 매핑할 수 있다. 아래의 예는 C++ 언어로 매핑한 예이다. Java, C#과 같은 객체 지향 언어 또한 큰 차이는 없다.

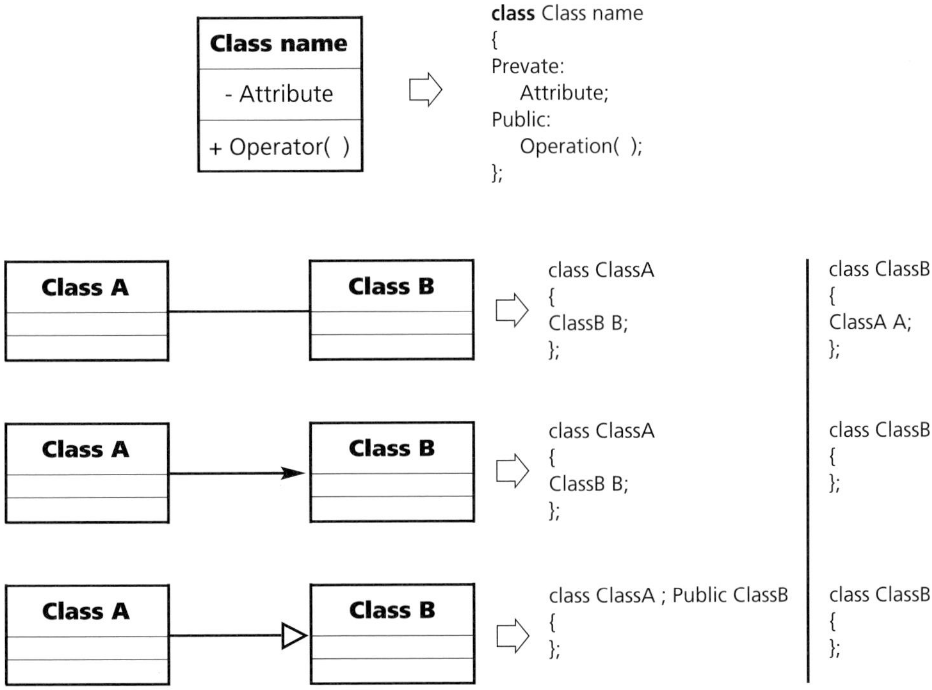

< 4-10 _ UML 과 소프트웨어 코드 매핑 **>**

세상 사물을 모델링하는 객체 지향 패러다임은 마치 실세계를 그대로 소프트웨어란 가상 세계에 1:1로 묘사하는 듯한 효과를 얻는다. 그럴 것이 사실 객체 지향 개념은 생물학인 세포 개념에 영향을 받았기 때문이다. 생물학적 관점에서 개별적인 세포는 객체로 1:1 매핑될 수 있으며, 특정 세포 설계도를 담고 있는 DNA는 클래스다.

이런 접근법은 정보모델 설계시 재활용성을 높일 수 있다. 모델 디자인인 아키텍처(구조)는 특정 분야안에서는 유사성을 띌 수 밖에 없다. 비즈니스 분야별로 잘 디자인된 정보모델 아키텍처를 카테고리별로 모아서 구조를 재활용할 수 있다. 이를 디자인 패턴(Design Pattern)이라 한다.

[필자주 – 디자인 패턴은 건축가 크리스토퍼 알렉산더가 제안한 패턴언어에 영향받은 것이다. 건축요소와 구조 관계에 따라 고객에게 정형화 된 효과를 주기 위해 고안된 방법이다. 건물, 도시 설계시 몇 가지의 설계 구조를 패턴으로 조합해 아키텍처를 디자인한다. 각각의 패턴을 '패턴 언어'를 통해 기술하여 정리한 것이다. 건축이 소프트웨어 공학에 영향을 준 또 하나의 사례이다.]

객체 지향 모델링이 잘 된 구조는 다음과 같은 특징이 있다. 앞으로 설명할 소프트웨어 아키텍처는 이런 원칙을 부합해 모델링될 것이다.

1) 지역화

소프트웨어 공학에서 정보모델간 응집도는 높고, 결합도는 낮게 설계되어야 재활용성과 유지보수성이 뛰어난 시스템 구조를 얻을 수 있다. 응집되지 않으면 계란의 핵이 밖으로 흘러나와 다른 계란의 핵과 섞여 있는 상태와 같다. 서로 계란이 섞여 있으면 각각 재활용 되는 것은 불가능하다. 하나의 계란이 상했다면, 어느 계란이 상했는지 알 수 없다. 이와 같은 원리를 시스템 구조설계시 고려해야 한다.

2) 캡슐화

객체 지향에서는 서로 깊게 관련된 정보의 모음을 캡슐화란 기법을 통해 함께 묶는다. 지역화와 이유는 비슷하다. 감기 알약 캡슐이 깨져 200개의 약품알갱이가 두통제 알약의 캡슐내용과 섞여 버린다면 우리는 감기 알약을 복용하기 위해 200개의 약품 알갱이와 두통제의 약품 알갱이를 분리해야 한다. 이런 문제를 미연에 방지해야 한다.

3) 정보은닉

정보은닉 기법은 모듈의 동작 세부사항을 다른 모듈이 접근할 수 없도록 숨긴다. 구조적 기법은 모듈의 동작을 다른 모듈이 간섭해 호출할 수 있다.

4) 상속성

상속성은 한 객체의 정보를 파생 받아 재활용할 수 있는 기법이다. 구조 지향에서는 재활용을 위해 모듈간 호출만 가능했지만, 객체 지향에서는 상속을 통해서 데이터와 기능의 구조까지 재활용이 가능하다. 서론에서 언급한 함수와 변수에 대한 이야기를 기억하는가? 결국 둘 다 하나의 정보모델 단위로 재활용되는 것이 효과적인 것이다. 상속은 호랑이와 사자의 기능을 받아 태어난 라이거와 같은 개념이다. 이런 유전공학적 재사용 개념을 상속성이라 표현한 것이고, 이는 언어차원에서 지원된다.

5) 추상화

추상화는 설계자가 하위 수준의 세부사항에 대해 신경 쓰지 않고 프로그램 구성요소의 근본적인 내용에 초점을 맞출 수 있게 해 주는 기법이다. 추상화는 소프트웨어 공학에서 매우 전통적인 개념이면서 중요하다. 추상화는 우리가 사물이나 눈에 보이지 않는 문제를 개념이라는 한 덩어리로 다룰수 있게 해 준다. 이를 시스템 설계시 고려해야 한다.

앞으로 처리 알고리즘을 명확히 기술할 필요가 있을 때 C++ 형식 소프트웨어 코드를 사용할 것이다. 사전 이해가 없다면, 단순히 아래와 같은 원칙으로 코드를 읽어나가면 이해하는 데 큰 무리가 없을 것이다. 이해 편의성을 위해 아래에 언급된 문법만 사용한다.

1) 알고리즘 실행은 항상 위에 소프트웨어 코드 문장부터 아래로 읽어나가면서 실행된다. 코드 문장 끝을 표시하기 위해 반듯이 ' ; ' 문자를 마지막에 붙인다.

2) 순서대로 코드 문장을 실행하지 않고, 실행 흐름을 변경하고 싶을 때는 조건문(if 문)을 사용한다. 예를 들면 다음과 같다.

```
if(number > 100)
        OutputMessage("number 변수값은 100 보다 크다");
else
        OutputMessage("number 변수값은 100 보다 크지 않다.");
```

3) 코드 문장을 반복해 실행하고 싶을 때는 반복문(for 문, while 문)을 사용한다. 반복문이 실행되는 문장들은 {, }괄호로 묶는다. 예를 들면 다음과 같다. 이 반복문은 처음 i변수를 0으로 대입하고(i = 0), i가 10보다 작을 때(i < 10)까지, {} 사이에 있는 코드를 실행한다. 반복될 때마다 i를 계속 1씩 증가(i += 1)한다.

```
for(i = 0; i < 10; i += 1)
{
        total = total + i;
}
```

이 문장은 다음 반복문과 동일하다.

```
i = 0;
while(i < 10)
{
        total = total + i;
        i += 1;
}
```

4) 변수는 다음과 같이 타입을 지정해 생성할 수 있다. 타입은 정수, 실수부터 클래스일 수도 있다. 예를 들면 다음과 같다. 정수타입 변수 count, 실수타입 변수 Radius, 클래스 Circle 타입 변수 circle 1을 생성하는 예이다.

[필자주 – 사실 객체지향형 언어에서는 변수가 객체 개념이 서로 크게 차이 않는다.]

```
int count;
double Radius;
Circle circle1;
```

5) 실행되지 않는 주석문은 // 기호를 코드 맨 앞에 사용한다. 코드 설명을 붙일 때 사용한다.

6) 소프트웨어 코드를 하나로 묶어 함수로 둘러쌈으로써 코드를 호출로 간단히 재활용할 수 있다. 예를 들면 다음과 같다. 이 코드는 항목 3의 total 계산 소프트웨어 코드를 함수화한 것이다. 코드 실행은 main( ) 함수 예처럼 단순히 함수 이름을 불러주면 된다.

```
double CalculateTotal(int InputNumber)
{
    for(i = 0; i < InputNumber; i += 1)
    {
            total = total + i;
    }
    return total;
}

void main()
{
    TotalReturnValue = CalculateTotal(10);
}
```

7) 객체의 속성이나 함수를 사용하거나 호출할 경우 아래와 같이 점(dot) 문자를 사용해 접근하기로 한다. 아래는 앞서 언급한 Circle 클래스 객체인 CircleObject의 Draw()함수를 호출하는 예이다.

```
CircleObject.Draw( )
```

8) 이해 편의성 및 코드 단순화를 위해 포인터('*')와 같은 문법은 사용하지 않는다. 최근 개발된 java나 c#과 같은 언어도 포인터 사용을 배제하는 경향이다. 제시된 코드에서 변수나 객체는 참조(레퍼런스)방식으로 함수에 전달된다고 가정한다.

이 장에서는 정보모델링 개념과 정보모델링에서 많은 영향을 주고 있는 객체지향 패러다임에 대해 이야기하였다. 이 장은 객체의 정적 모델링만 다루고 있다, 좀 더 관심이 있다면 동적 모델링(기능에 대한 처리순서, 로직, 알고리즘 모델링)에 대해 객체지향 고전인 'UML DISTILLED (Addision-Wesley) 등을 참고하기 바란다.

제5장

BIM 컴포넌트

5-1 개요

BIM과 같이 다양한 정보를 묘사하는 데 사용하는 Autocad, Microstation, Revit, AllPlan 과 같은 모델러는 그 내부에 대해 알려진 바가 별로 없다. 당연히 CAD를 이루는 핵심 부품들은 그 회사들 입장에서는 기술적 비밀에 속한다. 이를 이해하기 위해서는 제품 역공학(Reverse engeering)기술이 필요하다. 상당한 인내력이 요구되는 이 기술을 통해서 얻은 내용을 정리해 보도록 한다.

CAD를 명확히 이해하기 위해 전통적인 방법인 사물을 분해해 바라보는 방법(Divide & Conqour)을 취하겠다. 이를 위해 우선 이해의 시각을 기계공학이란 틀에서 바라본다.

그림과 같이 기계공학에서 자동차는 다음과 같은 요소로 크게 나뉠 수 있다.

1) 엔진 : 계산기하 모듈, 메쉬처리, 공간 데이터베이스, 솔리드 모델러, 가시화(Visualization) 모듈 같은 설계 소프트웨어 핵심 구성요소를 말한다. 자동차를 예를 들면, 구동엔진, 변속기, 조향장치, 제동장치 같은 것이다.

2) 프레임워크 : 각 엔진들을 하나로 묶어 주는 역할을 한다. 사용자 인터페이스를 통한 3D 모델의 구성, 계산, 보관, 가시화, 히스토리 처리(Undo/Redo) 등을 유기적으로 연결시켜 준다.

3) 애플리케이션 : 프레임워크를 재활용하여, 특정 목적에 맞게 개발된 프로그램 모듈을 말한다. AEC 분야라면, 도로, 철도, 단지, 교량 설계 등의 모듈이다.

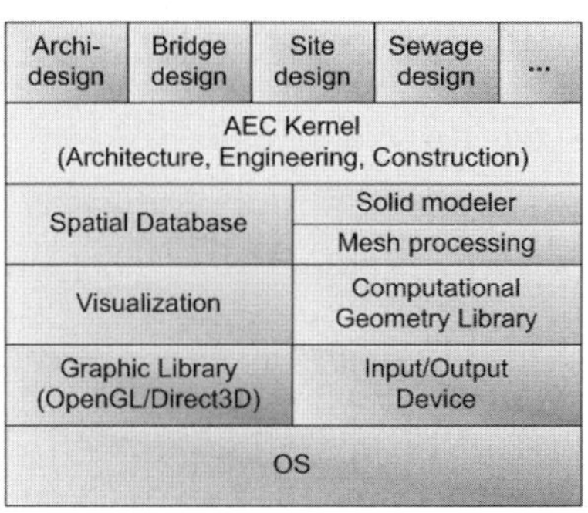

< 5-1 프레임워크의 구조도 비교(Vhicle framework, CAD software framework) **>**

5-2 소프트웨어 아키텍처

BIM 소프트웨어 아키텍처는 일반적으로 아래와 같은 컴포넌트들로 구성되어 있다.

개발사는 생산선을 높이기 위해 CAD platform으로 표시된 영역내 컴포넌트들을 아웃소싱해 장착한다. 예를 들어 Visualization은 HOOPS와 같은 상용 엔진을 사용하거나, Solid modeler는 ACIS, Parasolid, smlib와 같은 엔진을 사용한다. 일부는 OpenCASCAD, VTK, OSG, Ogre3D, OpenMesh, OpenCV 같은 오픈소스(Open source)로 대치 가능하며, 해외 유명 솔루션들은 대부분 품질이 검증된 상용 엔진을 사용한다. *[필자주 – 무료인 오픈소스보다 1년 라이센스 비용만 5000만원 이상인 상용 컴포넌트 엔진을 사용하는 이유는 품질이 좋기 때문인데, 품질에는 기술지원, 사용성, 문서화 등도 포함된다. 오픈소스는 개발되다 중지된 경우도 많으며, 내부구조가 효과적으로 짜여져 있지 않는 경우가 종종 있다. 지원팀이 별도로 없기 때문에 문제가 발생하면, 모래사장에서 바늘 찾는 것처럼 인터넷에서 찾아 헤해야 한다. 알려지지 않은 버그도 있으며 이는 사용자가 고쳐서 사용해야 한다. 성능은 상용 엔진에 비해 떨어질 수 밖에 없다. 그럼에도 불구하고 잘 선택해 적절히 사용한다면 ROI면에서 좋은 대안이 될 수 있다.]*

각 컴포넌트가 무엇인지 다음에 차례대로 이야기될 것이다.

엔지니어링 작업시 다양한 문제를 해결하기 위해서는 범용 모델링 프로그램이 제공하는 기능만으로 어려운 경우가 많다. 이런 이유로 엔지니어가 손쉽게 개발언어로 프로그램이 제공하는 기능들을 이용해 사용자화(Customization)할 수 있는 확장기능을 지원한다. 이때 모델링 프로그램은 이런 사용화 프로그램에 대해 플랫폼처럼 동작된다.

써드파티(Third party) 프로그램들은 이런 플랫폼 바탕에서 이런 컴포넌트에서 제공되는 API(Application Program Interface)를 이용해 개발된다. API는 VBA(Visual basic application)와 같은 IOP(Interoperability) 호출 형태로 다양한 언어로 개발될 수 있다. IOP는 서로 다른 프로그램 환경끼리 정보를 교환하기 위한 방식으로 중간 정보 가공과정이 들어가기 때문에 직접 호출해 개발하는 것보다 처리 성능이 느려진다. 보통 API는 해당 개발사가 SDK(Software Development Kit) 형태로 사용하기 편리하게 제공한다.

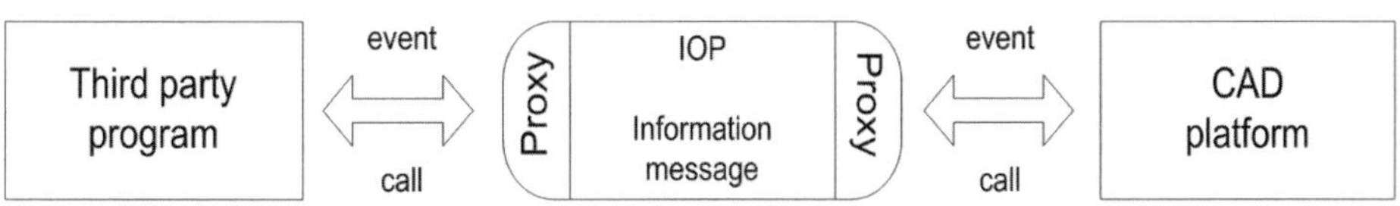

< 5-2 IOP **>**

다음은 오토캐드 VBA를 이용해 기능 확장한 코드의 예이다. 오토캐드의 도구중 Visual Basic Editor를 실행해 소스 파일 모듈을 하나 추가하고 코드를 입력한 후 실행하면, 캐드 화면에 생성된 선을 볼 수 있다. 이런식으로 다양하게 모델링 기능을 확장해 나갈 수 있다.

```
Sub AddLine( )                                    VBA 힘수 선언
    Dim Line As AcadLine                          라인 객체 선언
    Dim StartPoint(0 To 2) As Double
    Dim EndPoint(0 To 2) As Double                시작점과 끝점 선언. 점은 0, 1, 2 세개의 x, y, z
                                                  요소로 구성된 1차원 배열로 취급될 수 있다.
                                                  시작점과 끝점 변수에 좌표 x, y, z 값을 넣는다.
    StartPoint(0) = 0: StartPoint(1) = 0: StartPoint(2) = 0
    EndPoint(0) = 9: EndPoint(1) = 9: EndPoint(2) = 0
                                                  현재 도면 객체(This Drawing)의 모델 스페이스에 시작점과
                                                  끝점 변수를 AddLine 함수에 전달해 Line 객체를 생성한다.
    Set Line = ThisDrawing.ModelSpace.AddLine(startPoint, endPoint)
End Sub
```

CAD platform은 범용적인 API, 예를 들어 Line, Arc, Circle, 3D solid와 같은 일반적인 Geometry부터 Alignment, Boundary와 같은 AEC Geometry에 대한 생성, 수정, 삭제 기능을 모두 제공하며, Spatial database를 통해 검색, 저장, 파일 로딩 등을 제공한다. Civil 3D, InRoad와 같은 프로그램은 이런 기능을 이용해 개발된 것이다.

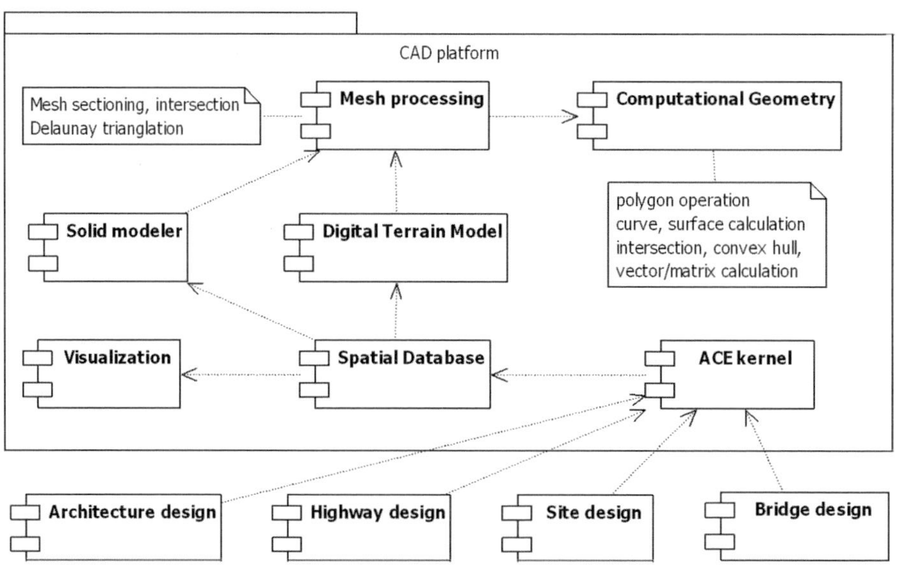

< **5-3** CAD Platform components >

위에 언급된 CAD Platform을 이루는 것 중 대표적 컴포넌트에 대해 간략히 요약하도록 한다.

항 목	내 용
Computational Geometry	계산 기하학은 모양을 표현하기 위한 계산 알고리즘이나 모델을 제공한다. 예를 들어 경계요소인 선, 면을 효과적으로 표현할 수 있는 스플라인이나 자유곡면상의 특정 지점위치를 계산한다.
Visualization	2D 및 3D 좌표 기하학과 주어진 공간상의 도형을 실제 컴퓨터 화면상에 효과적으로 표현하는 기술을 모두 다룬다. 이 분야는 은선제거 · 텍스처 처리 · 3D에서 2D로 사상변환 · 레이트레이싱(Raytracing) 등 많은 알고리즘을 제공한다.
Solid modeler	3차원 물체(Solid)를 효과적으로 표현하는 자료구조 및 알고리즘을 다룬다. 위상 기하학과 관련된 분야이며, 물체를 구성하는 면 · 선 · 점에 대한 상호 위상구조와 관리방식을 제공한다.
Mesh processing	경계로 둘러싸여진 2D 혹은 3D 공간 안에 삼각형이나 사각형요소로 공간을 분할한다. 유한요소 해석할 때 유한 격자망을 생성할 때 사용되거나, 수치지형(Digital Terrain Model)을 생성할 때 사용하며, 생성된 수치지형은 GIS 지형 분석에 효과적으로 사용된다. 이외에 공간상에 측정한 환경적인 영향도를 가시화할 때 등 매우 다양한 곳에 사용 된다.
Spatial database	공간에서 주어진 공간 객체를 효과적으로 탐색하고 관리하고자 할 때 사용한다. 이 부분은 공간에 포함된 객체들을 어떻게 효과적으로 탐색할 수 있는지 인덱싱(Spatial indexing)하는 것과 관련이 있다. GIS 엔진 및 게임 지형 엔진 등을 개발할 때 필수적으로 활용된다.

이와 같은 핵심 컴포넌트 외에도 엔지니어링 전생애주기 지원을 위해서 PLM(Product Lifecycle Management)과 같은 프로세스 차원의 지원이 필요하다.

현재 출시된 BIM 솔루션은 위와 같은 컴포넌트들을 포함하고, 특화된 기능들을 제공한다. 컴포넌트를 사용하는 방법에 따라, 소프트웨어도 특성이 달라지기 마련인데, 예를 들면 다음과 같다.

1) 독립형 프로그램 : BIM 기능이 CAD platform과 완벽히 통합된 프로그램이다. 컴포넌트 외부 API를 이용해 platfor기반으로 개발된 써드파티 프로그램과는 차이가 있으며, 모델러와 개념적으로 긴밀하게 통합되어 있으므로 기능 배치가 논리적이고, 사용성이 부드럽다. Revit, ArchiCAD와 같은 프로그램이다.

2) 써드파티 프로그램 : CAD platform에서 제공하는 컴포넌트 API를 IOP기능을 이용해 우회적으로 호출하여 개발된 프로그램이다. 일반적으로 처리 성능이 독립형 프로그램에 비해 좋지 않다. Civil3D, InRoad와 같은 프로그램이다.

5-3 소프트웨어 품질 요소

BIM 모델러 사용시 품질 평가를 위한 요소를 살펴보도록 한다. 각 BIM 제품은 개발 과정, 사용된 컴포넌트 종류 및 구조, 국내 시장 특성 반영 여부 등에 따라 강점과 약점을 지닌다.

1. 사용성

사용성은 말 그대로 사용하기 편리하게 기능이 제공되는 정도이다. 사용성은 사용자 인터페이스 및 다양한 기능이 풍부한 해외 솔루션이 뛰어나다. 오토데스크 제품은 일반적으로 사용자 인터페이스의 통합성, 일관성에 신경을 많이 쓰고 접근성이 쉽게 소프트웨어를 설계한다. 국내 솔루션들은 법규, 규칙, 사용 관습에 토착화 되어 있어 국내 규정에 맞는 편리한 기능을 제공하고 있으며, 산출물이 실시설계에 맞게 자동산출되므로 후속작업이 적다. 해외 솔루션은 이런 점이 약해서 주로 기본설계에 많이 사용되며, 일부분은 써드파티 형식으로 재개발되어야 한다.

2. 모델 호환성

아직 데이터 호환성을 완벽히 지원하는 프로그램은 없으며, 특정 벤더에 의존된 파일 형식이 모델정보 교환을 위해 주로 사용된다. 예를 들어 3D모델이 마이크로스테이션 같은 설계 프로그램과 연동되려면 DGN 포맷을 지원해야 한다.

국내 건설 설계 환경의 80~90% 이상은 오토데스크사 제품을 사용하는 것으로 보이며, 이로 인해 dwg 파일 호환성이 요구된다. 대부분 발주처 납품 파일은 아직 DWG나 DXF이며, CALS 표준도 마찬가지다.

IFC는 앞서 언급한 바와 같이 각 벤더사 제품의 모델링 정보를 완벽하게 반영하지 못하며, 최소한의 모델정보교환을 지원한다.

3. 처리속도 및 용량

모델링 소프트웨어 품질요소 중 가장 중요한 것 중 하나가 처리속도와 용량이다. 대부분의 유명 솔루션들은 처리속도 개선을 위해 공간 인덱싱, LOD(Level of detail), 디스플레이 리스트(Display list)와 같은 방법을 적절히 사용한다.

처리용량은 일반적으로 모델을 모두 메모리에 띄워 놓고 처리하는 메모리 기반 방식보다 필요할 때 HDD같은 보조기억장치에 모델을 보관했다가 사용하는 페이지(Page) 기반 방식이 뛰어나다고 알려져 있다.

예를 들어 GIS나 플렌트 등에 많이 활용되는 마이크로스테이션 기반 소프트웨어는 3D 모델을 표현할 때 페이지(Page) 기반 가상 메모리를 최대한 활용한다. 실제 메모리 용량에 기반하지 않음으로 대용량 모델을 표현할 수 있다. 모델은 디스크에서 캐쉬 메모리로 페이지 단위 교체(Swap)를 하면서 표현된다. 메모리 기반 설계 시스템은 실제 메모리 용량에 모델 표현이 제약된다. 메모리 기반인 오토캐드는 보통 엔티티(Entity) 종류 및 PC 성능에 따라 차이는 있으나 300~500만개 이상의 3D Face를 화면에 띄우면 작업하기 어려울 만큼 속도가 느려지고 엔티티 개수가 계속 증가할 경우 다운된다.

4. 확장성

유명 해외 솔루션은 대부분 컴포넌트 엔진 및 프레임워크를 재활용할 수 있도록 애플리케이션과 데이터를 주고 받을 수 있는 API(Application Program Interface)를 제공한다. 이를 이용해 써드파티(Third party)나 플러그인 프로그램을 개발·확장할 수 있다. 개발언어는 VB(Visual Basic), C#, C++로 다양하다. 국내 대부분의 설계 프로그램은 재활용성을 고려한 해외 유명 설계 프로그램에 비해 확장성을 제공하지 않는다.

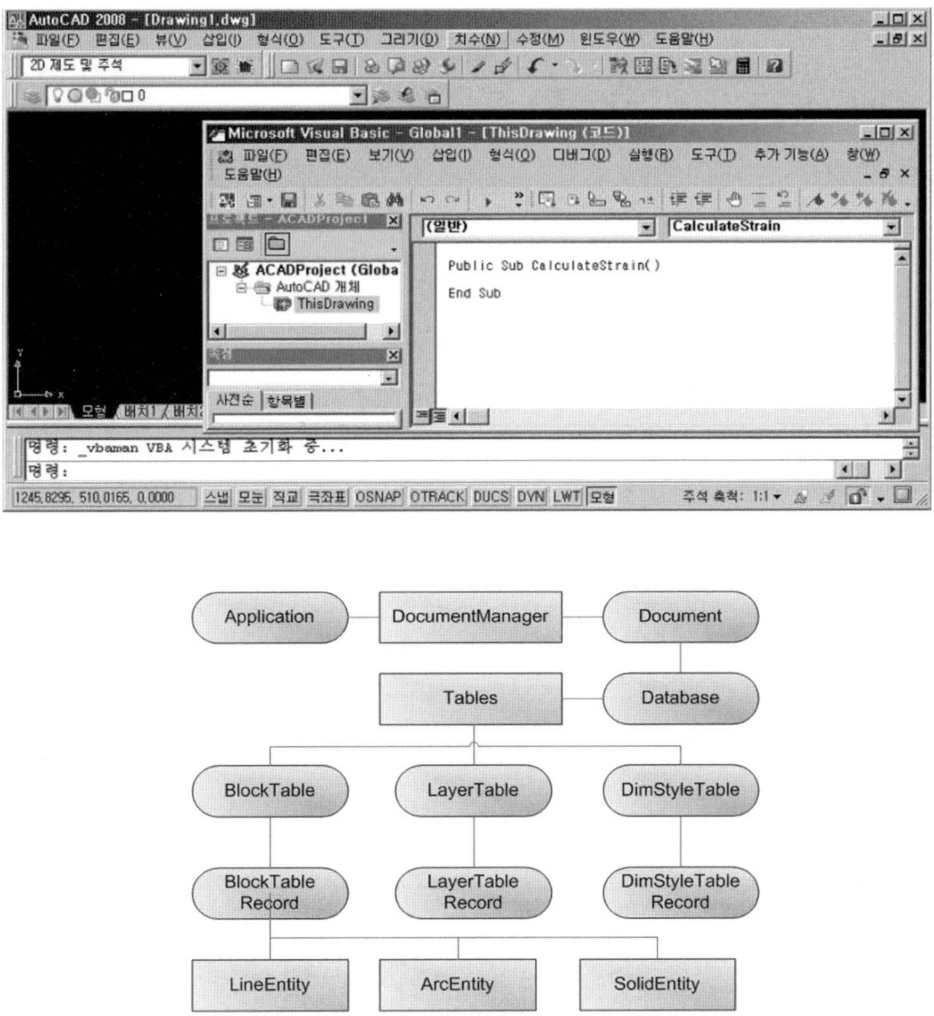

< 5-4 오토캐드 VBA 개발환경과 ARX(AutoCAD Runtime Extension) 계층도 **>**

확장성을 제공한다는 것은 소프트웨어 아키텍처 설계가 견고하게 설계되었다는 것으로 설계 전에 기능적 확장성을 염두에 두고 각 구성요소를 그림 5-5처럼 레고블럭처럼 조립할 수 있는 컴포넌트화를 하였다는 것을 의미한다. 이 부분이 뛰어나다면 지속적인 개발 · 확장 · 유지보수가 가능하다.

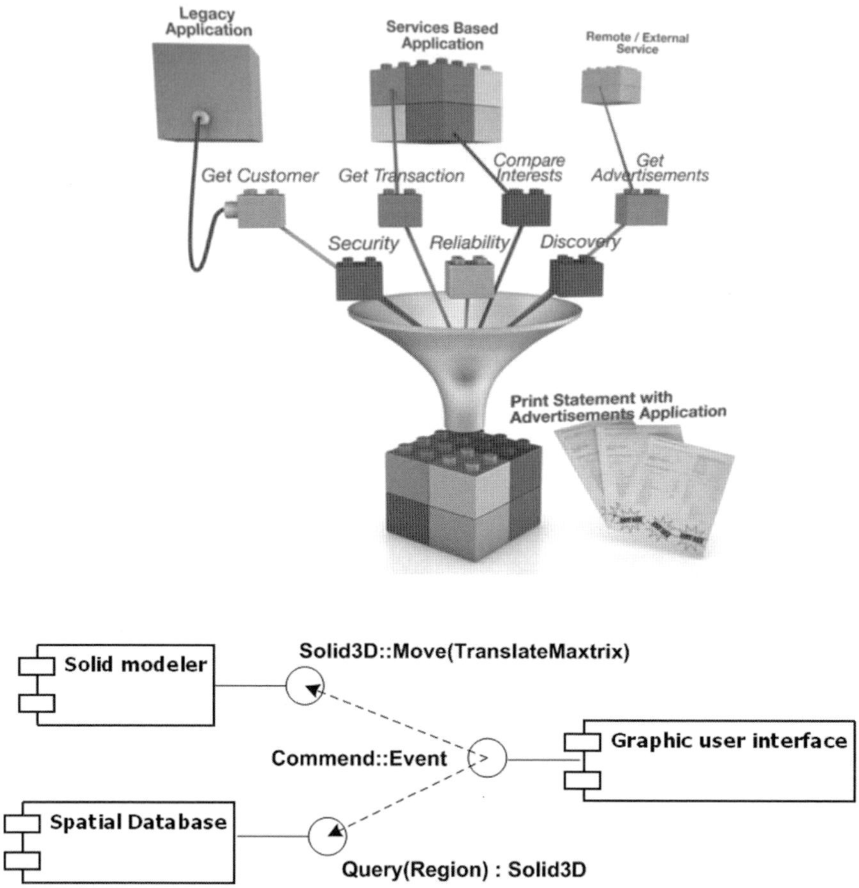

< **5-5** 레고블럭과 재활용 가능한 소프트웨어 컴포넌트 >

5. 신뢰성

신뢰성은 모델링시 입력된 정보가 무결성을 유지하며 관리되고 사용자가 의도한 대로 처리되는지에 대한 것이다.

해외 유명 프로그램 기반 애플리케이션은 보통 수 많은 사용기간과 사용자에 의한 검증에서 통과되어 소개되므로, 시스템이 어느 정도 안전성을 보장하고 있다. 특히 대용량 모델을 이용해 다양한 연산(예 – Boolean, Trim, Extend, Intersection 등)을 수행할 때 다운되지 않고 안정적인 성능을 보여준다. 다만, 써드파티 프로그램을 합병함으로 인해 시스템이 무거워지고 복잡해지면서 불안정해지는 경향이 있다.

6. 안전성

시스템이 오랜 기간 동안 활용될 때 다운이나 에러가 발생하지 않고 사용될 수 있는 정도이다. 대부분 복잡한 모델링 소프트웨어 구조상 이를 완벽히 지원할 수는 없으므로 되돌리기(Undo)나 자동 파일 백업 및 복구 등 부가기능을 지원하고 있다.

7. 보안성

대부분이 기본적으로 파일 암호 같은 기능을 통해 자료 보안을 지원하지만 설계자료 보안에 관련된 문제는 특정 설계 솔루션의 문제라기 보다는 프로세스 차원에서 사용자 권한별로 지원되는 것으로 PDM(Product Document Management)나 PLM (Product Lifecycle Management)과 같은 시스템을 통해 전사적으로 관리되어야 한다.

5-4 정리

이 장에서는 BIM 시스템의 하부구조를 이루는 컴포넌트와 품질에 관련 내용을 이야기 하였다. BIM은 정보모델 교환을 위해 네트워크 기반의 PLM 형태로 발전하고 있다. 이런 컴포넌트들이 모여 BIM 개념을 지원하고 있다. 각 컴포넌트는 BIM에 필요한 정보들을 처리하고 생산한다. 이제 각 모델정보와 이를 생성하는 컴포넌트에 대한 이야기를 해 보도록 한다.

제6장
모델 시각 정보
Visual information

6-1 Geometry의 본질

모델링된 그래픽 정보는 사람이 보면서 모델을 다룰 수 있도록 가시화 해 줄 수 있어야 한다. 가시화 된 정보는 최종적으로는 픽셀로 구성된 이미지로 모니터상에 렌더링되어 나타나며, BIM을 사용할 때 가장 먼저 접하는 사람이 직관적으로 인식할 수 있는 정보다.

가시화(Visualation)는 모델에 빛을 렌더링(Rendering) 하는 작업이다. 이것은 '우리가 어떻게 사과의 모양(형태)을 인식할 수 있을까? 빛에 어떤 특성이 있어 표면이 다양한 빛의 색깔로 나타나지는가?' 라는 질문과 관련된다.

< **6-1** 현실속의 사과와 상상속의 사과(르네 마그리트) >

그래픽스 이론에서 사물형태의 본성은 기하학이란 분야에서 연구하고, 빛의 묘사는 렌더링이란 분야에서 연구한다.

우리는 사과의 형태를 인식할 때 원이나 구라는 형태로 개념화 해서 인식하고, 인식할 때 사과의 각 부분을 원자 단위로 쪼개서 인식하지는 않는다. 사과는 중심을 가지고 있는 하나의 원으로 추상화 될 때 형태의 본성을 극적으로 표현할 수 있다. 본성을 극적으로 표현하다는 말은 그 사물의 속성 중 사물의 본성을 가장 잘 나타낼 수 있는 속성 이외의 속성은 제거한다는 것을 의미한다. 그러면 우리는 사과의 형태를 가장 잘 인식하고 머리 속에서 다룰 수 있다. 게다가 추상화 된 사물뿐만 아니라 다른 유사한 세상 만물의 특성도 쉽게 인식하고 공통점과, 차이점 등을 유추하며 활용할 수도 있다.

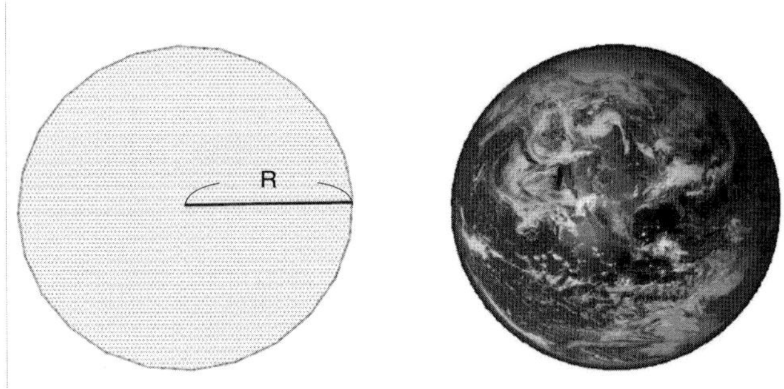

< 6-2 사과의 기하학적 형태와 지구의 모습 **>**

이런 방식의 추상화를 기하학이라 한다. 유클리드 기하학은 점·선·면과 같은 기하학적 원소로써 세상 만물을 인식할 수 있다고 보았다.

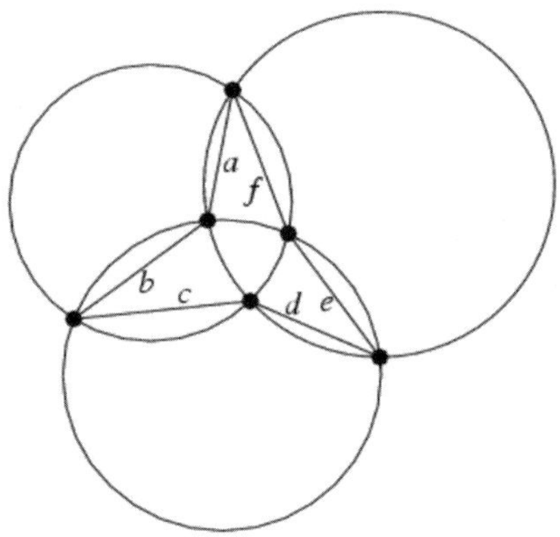

< 6-3 유클리드 기하학에서 형태의 인식방법 **>**

이런 기하학은 데카르트를 통해 좌표와 수치적 개념을 도입한 해석 기하학의 영향을 받는다. 그 이전까지 기하학은 우주 공간에 펼쳐진 별들 사이를 연결하는 선과 원의 관계를 추구하는 철학적 학문이었다면, 해석 기하학은 그 별들의 관계를 좌표란 개념에 의해 수치적으로 표현할 수 있는 도구를 제시해 준 기계론적 우주론의 기초가 되었다. 즉 모든 사물의 관계를 좌표계가 설정된 바탕면 위에 기하학적으로 표현하고 그 관계를 모델링하면, 한 기하학적 요소가 변할 때 다른 기하학적 요소의 영향을 수치적으로 정확히 얻어낼 수 있다고 믿었다. 해석 기하학은 좌표계, 기하학 요소, 기하학 요소간의 관계를 식으로 표현한 대수학을 통해 이를 해석할 수 있다.

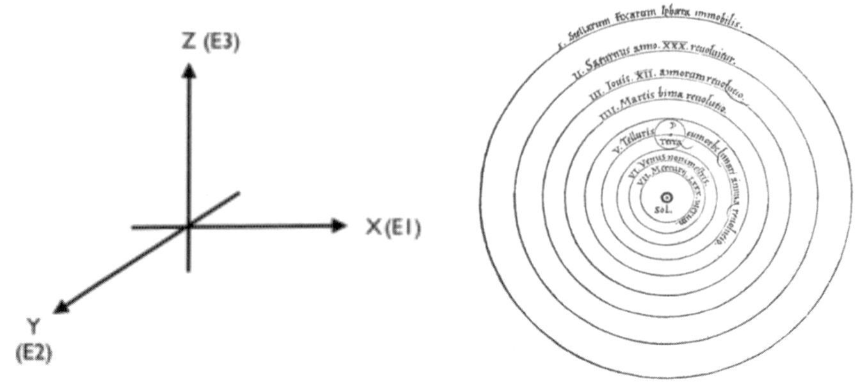

< 6-4 데카르트 좌표계와 코페르니쿠스의 우주관 **>**

지금까지의 이야기를 보면 알겠지만, 기하학적 형태의 본질은 결국 수학적 모델로 표현된다. 본질은 변하지 않는다. 하지만 사물은 우리가 보는 방향과 거리에 따라 다양한 장면(Scene)으로 나타난다. 그림 6-5와 같은 사물의 형태는 본질적으로 직사각형의 기하구조로 표현할 수 있지만, 실제로 우리가 인식하는 것은 우리가 보는 지점에서의 거리가 반영된 왜곡된 모양으로 보여진다.

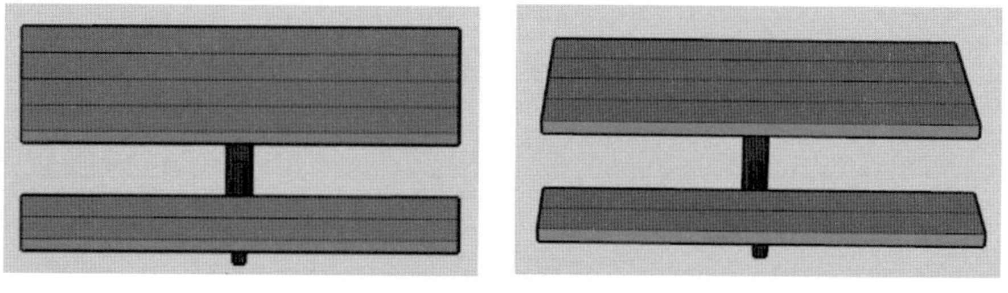

< 6-5 벤치가 눈에서 시각화되는 모습. 어떤 모습이 사물의 본질일까? **>**

이런 왜곡을 표현하기 위해 선형대수학을 사용한다. 기하학적 요소는 선형 대수학을 이용해 이동변환, 크기변환, 회전변환, 원근변환 등을 효과적으로 계산할 수 있다.

선형 대수는 이런 변환을 하나의 행렬로 표현하고 처리할 수 있기 때문에 컴퓨터 고속계산 처리에 매우 효과적이다. 실제 그래픽 카드의 GPU(graphics processing unit)에서는 OpenGL, Direct3D와 같은 3D 렌더링 엔진에서 사용되는 행렬 처리의 실수연산을 병렬로 처리함으로써 획기적으로 속도를 개선하고 있다. 원한다면 GPU에서 제공하는 쉐이더(Shader) 언어를 이용해 우리가 원하는 장면을 고속으로 만들어 낼 수 있다.

3차원 공간에서 사물 표현은 데카르트 좌표계를 사용한다. 우리는 렌더링 엔진 표준인 OpenGL 기준으로 오른손 좌표계를 사용하도록 한다.

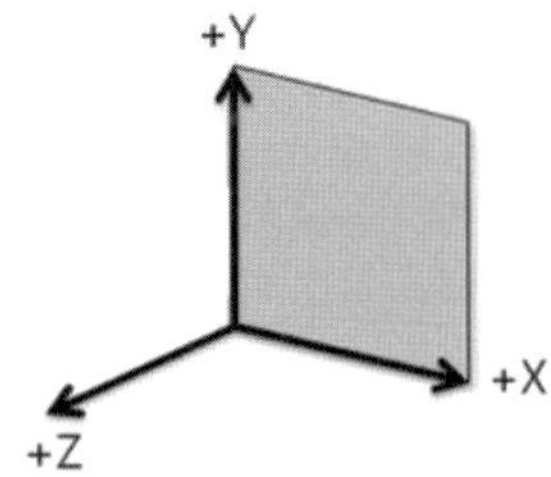

< **6-6** 오른손 좌표계 >

3차원 회전변환은 3x3 행렬로만으로도 표현할 수 있으나, 이동변환을 한 행렬에서 표현하기 위해 4x4 동차 행렬을 사용한다. 이 행렬은 형상을 구성하는 각 정점에 행렬곱으로 적용된다.

$$\begin{bmatrix} A & B & C & 1 \\ D & E & F & 1 \\ G & H & I & 1 \\ J & K & L & S \end{bmatrix}$$

< 수식 **6-1** 동차 좌표계에서 4x4 행렬 >

동차 행렬은 다음과 같이 분할되는데, 3x3 부행렬은 크기변환(Scaling), 반사변환(Reflection), 전단변환(Shearing) 및 회전변환(Rotation)을 표현하고, 최하단의 1x3은 이동변환(Translation), 우하단의 1x1 부행렬은 전체 크기 변환(Uniform global scaling), 우상단의 3x1 부행렬은 동차 행렬(homogeneous element) 표현의 한 부분으로 사용된다. 이 동차 행렬과 기하요소의 정점 좌표값에 행렬 곱을 적용하면 변환 결과를 쉽게 얻을 수 있다.

$$\begin{bmatrix} A & B & C & 1 \\ D & E & F & 1 \\ G & H & I & 1 \\ J & K & L & S \end{bmatrix}$$

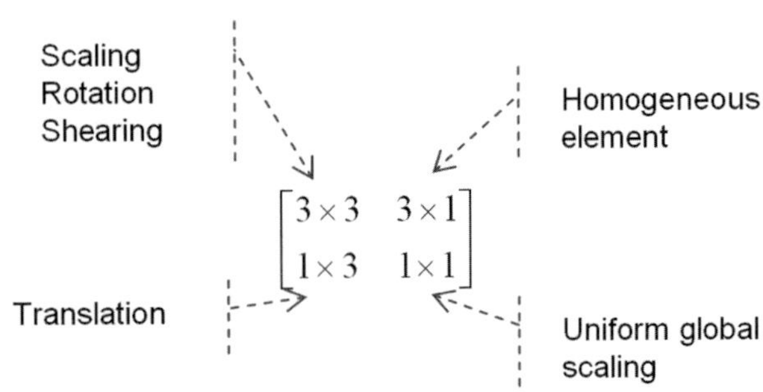

< 수식 **6-2** 동차좌표계에서 4x4 행렬 >

이 주제는 이미 CAD & 그래픽스에서 많이 언급된 것이라 이 정도만 기술하고자 한다. 실제 OpenGL 렌더링 엔진에서는 이 수학적 도구를 그대로 사용해 다양한 변환을 수행한다. 아래는 크기변환에 관한 것으로 A, E, I가 다르면 형상이 찌그러진다.

$$[x^* \quad y^* \quad z^* \quad 1] = [x \quad y \quad z \quad 1]\begin{bmatrix} A & 0 & 0 & 0 \\ 0 & E & 0 & 0 \\ 0 & 0 & I & 0 \\ 0 & 0 & 0 & 1 \end{bmatrix}$$

< 수식 **6-3** 크기변환에 관한 행렬곱 >

이런 이동, 축소, 회전과 같은 행렬 변환을 이용해 카메라에서 보는 시점에 따른 물체 모양의 변화나 원근감을 표현해 줄 수 있다. 이를 투영(Projection)이라 한다. 투영을 위해서는 투영 행렬을 만들어 물체의 각 부분, 제어점이나 절점에 위와 같이 행렬곱을 적용하면 된다. 투영은 그림 6-7의 왼쪽 그림과 같이 3차원 공간상의 모델이 카메라 관점에서 카메라 렌즈에 물체의 그림자가 투시되는 것처럼 만들어진다. 그 결과로 오른쪽 그림과 같은 식으로 그림을 보게 된다.

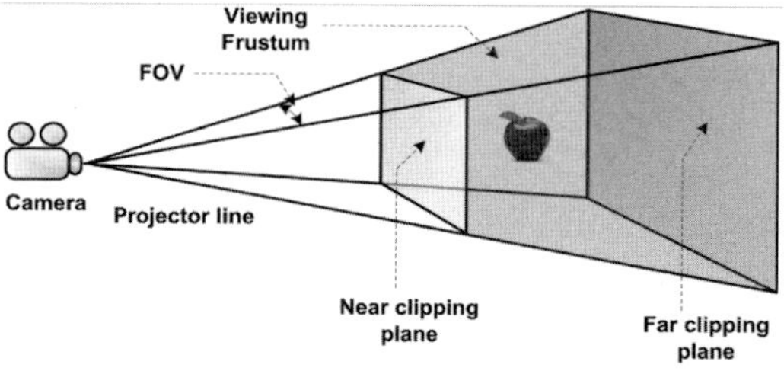

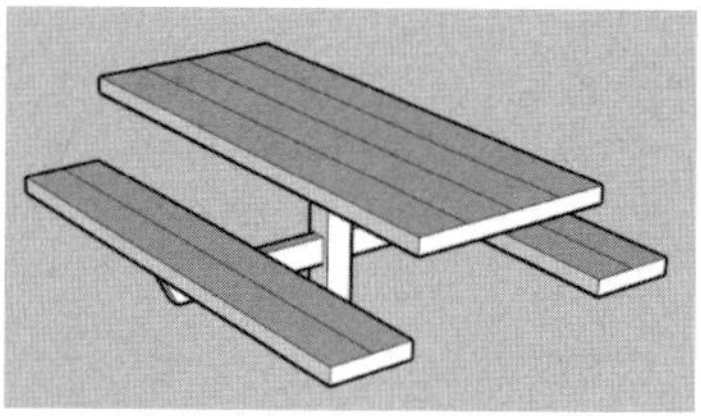

< **6-7** 회전, 원근 변환행렬이 적용된 사물의 모습 >

지금까지는 형상을 표현할 때 형상의 경계인 선, 면에 대한 형태를 고려하지 않았다. 이를 고려하기 위해 선과 면 각각에 대해 자유곡선(자유 곡선 curve)과 자유곡면(자유 곡선 surface)을 사용한다(계산기하학에서 곡선, 곡면 계산학은 많은 이슈를 다루고 있는 분야이므로 여기서는 개념만 기술하도록 하겠다).

그림 6-8을 보면 (a) 물체와 (b) 물체의 차이점은 자유곡선인가, 아닌가의 차이만 있을 뿐이다. 사실상 위상학적으로는 거의 동일하다. 위상학적으로 동일하다는 말은 다음 장에서 좀 더 자세히 기술되겠지만, 물체를 표현하는 정보의 구조가 동일하다고 생각하길 바란다. 이를 기하학적으로 표현되는 양식(style)만 다를 뿐이다.

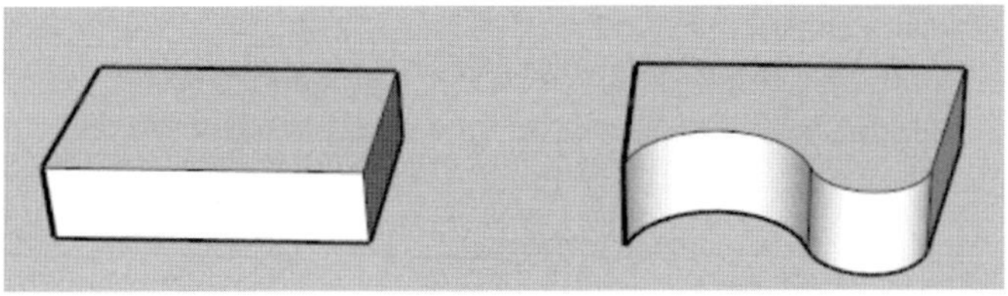

< 6-8 직선과 평면을 가진 물체 (a)와 곡선과 곡면을 가진 물체 (b) **>**

이런 공간의 경계를 표현하기 위해서는 보간이라는 기법을 사용한다. 보간은 이미 알고 있는 점의 좌표값을 이용해 그 사이에 있는 값을 추정하여 계산하는 것이다. 그러므로 추정을 할 때 추정 구간을 여러 개로 나누고 각 구간마다 가중치(weight)를 다르게 하면 곡선이 되게 할 수 있다. 가장 간단한 보간 형태는 선형 보간으로 다음과 같은 식으로 나타낸다.

$$f(x) = f(x_0) + \frac{f(x_1) - f(x_0)}{x_1 - x_0}(x - x_0) = f(x_0) + a(x - x_0)$$

< 수식 **6-4** 선형보간식 **>**

가중치는 변수 1의 변화에 대한 변수 2의 변화의 비율이므로, 위식에서 a에 해당하며, 이를 이용하기 쉽게 매개 변수식으로 변환해 3차 다항식 형태로 표현하면 아래와 같다.

$$x(t) = a_{3x}t^3 + a_{2x}t^2 + a_{1x}t + a_{0x}$$
$$y(t) = a_{3y}t^3 + a_{2y}t^2 + a_{1y}t + a_{0y}$$
$$z(t) = a_{3z}t^3 + a_{2z}t^2 + a_{1z}t + a_{0z}$$

< 수식 **6-5** 3차원 곡선 매개변수식 **>**

이 a 상수는 가중치(weight)가 포함되어 있는 값이므로 변화시켜 나가면 다양한 3차원 곡선을 얻을 수 있을 것이다. 이 식은 기하학적 조건(곡선에 접한 접선벡터 등)을 이용해 정의하기 어려워 조금 더 더 편리하게 이용할 수 있는 보간식이 개발되어 사용되고 있다.

6-2 Graphic rendering

우리는 빛을 통해 색상을 지각한다. 색상이 구분되어 인지되는 이유는 잘 알려진 바와 같이 광원에서 빛이 전파되어 물체에 닿으면, 물체가 일부 색의 파장은 흡수하고 나머지 색의 파장이 반사되어 눈의 망막을 자극하기 때문이다.

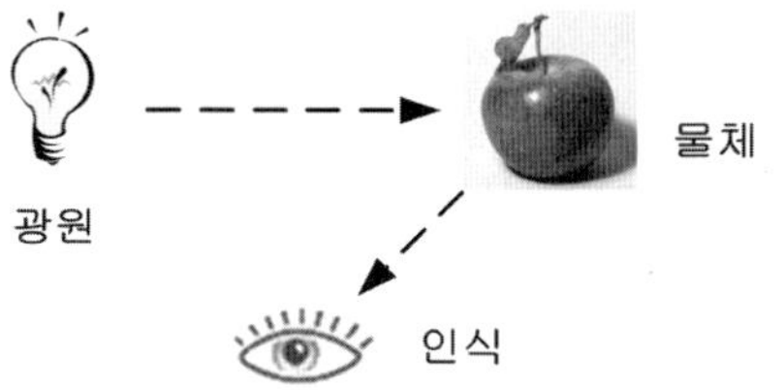

< 6-9 색상의 인식 **>**

이를 간단히 모니터 스크린(Screen)에 표현할 수 있는 방법을 생각해 보자. 복잡한 물체를 렌더링할 때는 자유 곡선을 유한한 요소로 분해해 근사화하여 표현했던 것 처럼 물체의 경계를 구성하는 최소의 입자인 삼각요소나 사각요소으로 분해해 렌더링을 한다. 아래의 그림을 보면 구를 렌더링할 때 최소 요소 단위로 렌더링을 수행했다는 것을 알 수 있다.

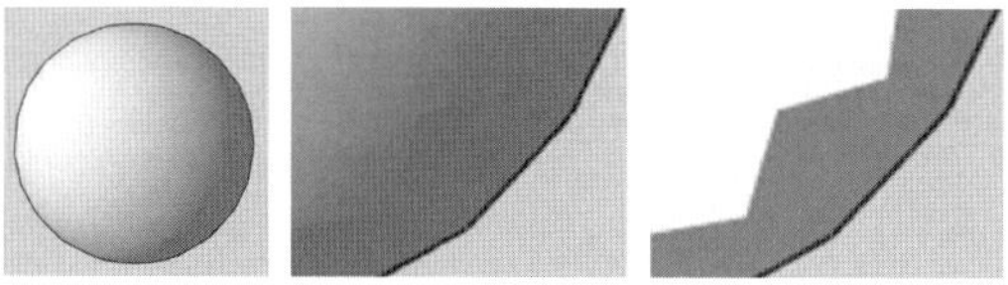

< 6-10 구와 구의 일부를 확대한 모습 **>**

이제 아래와 같이 광원에서 물체로 입사광이 표면에 비춰진다고 가정해 보자. 그림을 보면 면에 대한 빛의 강도를 결정하는 것은 입사각과 면의 법선벡터와 관계가 있다는 것을 알 수 있다. 즉 입사각과 면 법선벡터의 사이각은 면에 렌더링되는 색의 강도와 반비례관계에 있다.

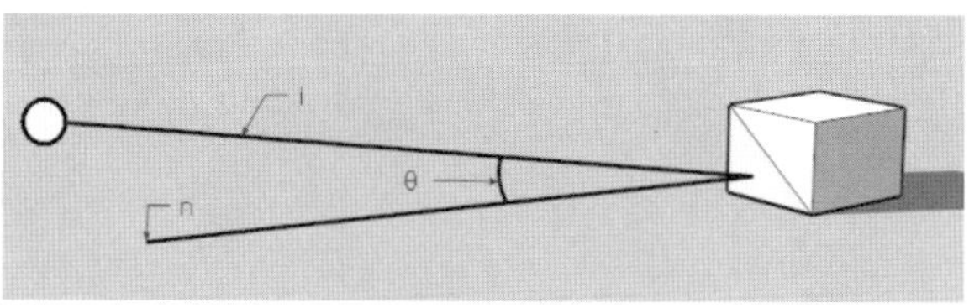

< 6-11 입사각과 법선벡터와의 관계 **>**

큐브가 빛을 받는 노란색 삼각면을 기준으로 광원을 향하는 방향을 단위벡터 i, 면의 법면벡터를 n이라 정의하고, 강도와의 반비례 관계를 cosine을 취한 값으로 나타내면 다음과 같은 식을 얻을 수 있다.

$$I = n \cdot i$$

< 수식 **6-5** 렌더링면에 대한 빛의 강도식 >

이 강도는 광원의 강도와 표면의 반사율에 비례한다. 강도수식에 곱하면, 면에 대한 가장 단순한 Shading 기법을 적용할 수 있다.[Lambert 법칙] 이런 원리를 적용해 물체를 색칠(렌더링)하게 되며, 좀 더 사실적인 shading 효과를 얻기 위해, Gouraud shading 및 Phong shading 등이 사용될 수도 있다. 광원이 색상을 가지고 있거나, 면이 색상 재질(Material)이 있다면 이 강도에 RGB색상 채널 중 특정 채널의 강도만큼 가중치를 줘서 면 안에 Pixel을 채워 나가면 될 것이다.

빛의 성질을 고려한 렌더링을 위해 직진, 반사, 굴절, 회절, 산란 등을 묘사할 필요가 있다.

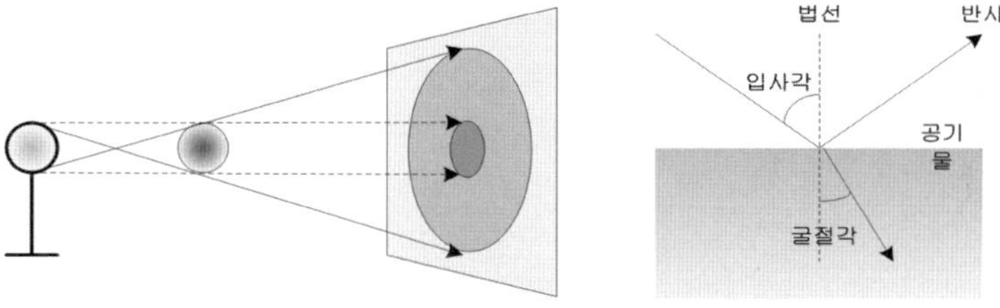

< **6-12** 빛의 직진성과 굴절 >

빛의 직진성은 우리에게 물체의 앞면만 볼 수 있고, 다른 물체와의 공간적 차이를 인식할 수 있도록 한다. 빛의 반사를 통해 우리는 물체의 질감을 느껴볼 수 있다. 위 그림에서 전등에서 나온 각 빛 입자와 파동은 물체에서 반사되어 우리 눈에 도착하게 된다. 빛은 물체의 표면에 부딪히면서 특정 파장의 에너지가 손실되는 데, 손실되지 않고 반사되어 나온 파장이 우리 눈에 색상으로 인지된다.

굴절은 빛이 매질이 다른 두 영역을 지나갈 때 발생한다. 이때는 빛의 직진성이 굴절되어 나타나므로 연못의 물고기가 실제로는 멀리 있어도, 굴절된 빛이 인식되므로 가깝게 보인다.

이런 효과들을 우리는 렌더링 기법을 사용해 얻을 수 있다. 그럼 빛의 성질 중 직진성에 대한 구현을 생각해 보자. 앞에서 보이지 않는 숨은면제거(Hidden surface removal)를 통해 우리는 물체 앞면만 보는 효과를 얻을 수 있다.

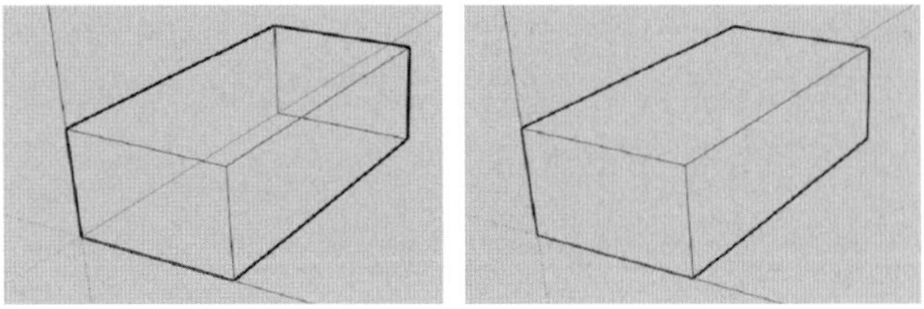

< **6-13** 숨은면제거가 되지 않았을 때 형상과 숨은면제거가 되었을 때 형상 >

숨은면제거는 그림 6-14와 같이 관찰점으로부터 각 면의 가시성을 결정하는 뷰벡터 V와 각 면의 법선 벡터 n의 내적으로 계산한다.

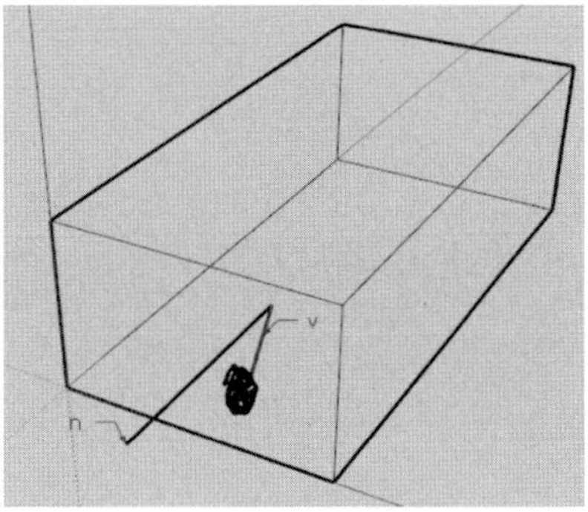

< **6-14** 뷰벡터v와 면의 법선 벡터n >

벡터 내적의 성질로 이면, 면은 보인다고 판단할 수 있다. 이렇게 가시성을 판단하면 가시성이 있는 면만 화면에 표현해 주면 된다. 하지만, 이렇게 화면에 표현해 준다고 아래의 많은 물체가 서로 겹쳐져 있어, 시각적인 차원에서 간섭을 일으킬 때 문제가 쉽게 해결되는 것은 아니다. 이런 경우에는 물체가 많아질 수록 숨은면제거로는 빛의 직진성을 표현하기 어려워진다.

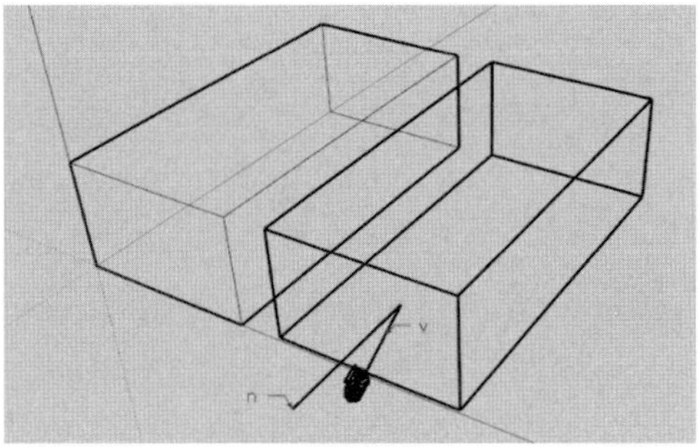

< **6-15** 상호 간섭된 물체 >

이 때문에 Z-Buffering 기법을 사용한다. 컴퓨터 그래픽스에서는 그림 6-16과같이 면을 픽셀 단위로 색을 채워 넣는다(즉, 렌더링한다). 픽셀은 화면 스크린을 구성하는 최소단위 점이다.

이 픽셀을 각 면에 채워 넣을 때 뷰 원점을 기준(사람의 눈 기준)으로 좌표변환된 각 면에서 픽셀들의 Z값을 얻은 후, 화면 해상도와 동일한 버퍼에 채워진다. 이 Z값을 이전 값과 비교해 만약 동일한 픽셀위치에 Z-buffer의 Z값이 새로운 픽셀의 Z값보다 작다면, 화면에 픽셀을 쓰도록 한다.

좀 더 이해를 돕기 위해 8x8 Screen에 아래와 같은 3차원 공간상 삼각형을 렌더링한다고 가정해 보자. 우선 Screen과 동일한 크기의 Buffer를 준비하고, Buffer의 2차원 Cell 값을 ∞값으로 채워 넣는다. 그 다음 카메라 관점에서 각 삼각형 안에 그려질 위치의 Pixel Z값을 계산해서 이 Z값이 Z-Buffer의 해당 위치의 Cell에 있는 값보다 크면, 해당 Pixel을 Screen에 출력하도록 한다.

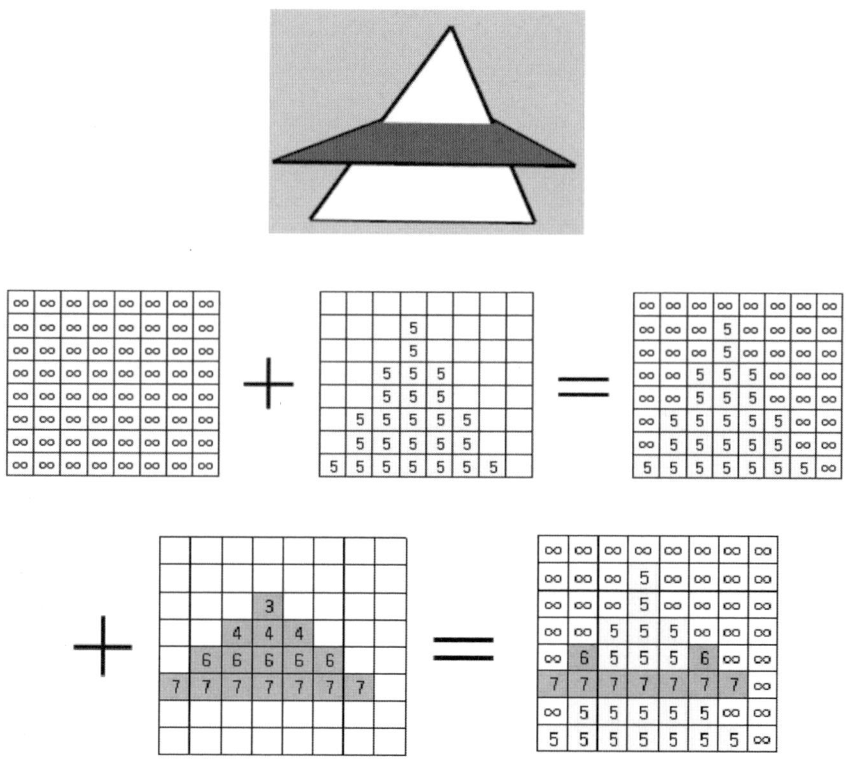

< 6-16 3차원공간상 표현된 삼각형과 이에 대한 Z-Buffering 과정 **>**

이렇게 모든 면에 대해서 반복하면, 빛의 직진성이 고려되어 사물 간에 공간적으로 구분된 그래픽을 얻을 수 있다.

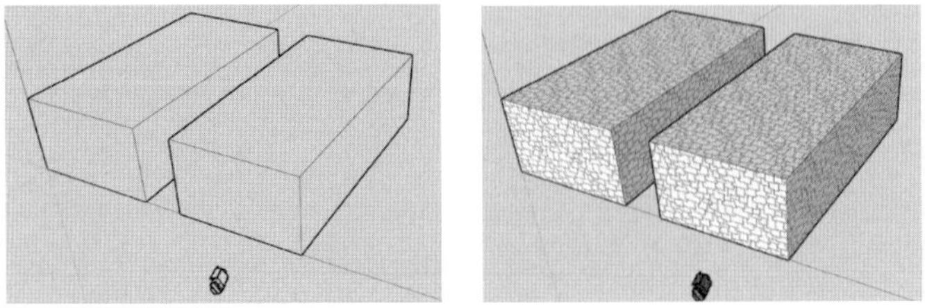

< 6-17 Z-buffering 적용된 물체와 텍스처 처리된 물체의 모습 **>**

여기에 빛의 벡터를 고려해 음영처리하고 각 면에 이미지(텍스처)를 입히면 좀 더 현실적인 사물을 표현할 수 있다. 나머지 빛의 성질에 대한 구현도 사실상 광원과 면의 법선에 대한 관계를 조정하거나 면의 재질을 렌더링시 반영함으로써 빛의 강도를 결정하는 개념으로 처리된다. 이런 모든 렌더링에 관련된 부분, 선형 대수에 의한 기하학적 행렬변환 등은 OpenGL이나 Microsoft Direct 3D와 같은 3차원 렌더링 엔진에 의해 모두 구현되어 있으며, 대부분의 상용 CAD 엔진이나 게임들은 이 엔진들을 이용해 그래픽의 한 장면을 표현한다.

가시화는 입력으로 기하학적 형상과 형상에 표현되는 이미지, 그리고 빛의 속성을 입력받아 형상을 눈에서 보이는 것처럼 원근변환하고 빛의 특성을 고려하여 음영처리, 숨은면제거, Z-Buffering 기법 등을 고려해 화면상에 하나의 픽셀 색상 및 밝기를 결정하는 프로세스를 제공한다.

이를 렌더링 파이프라인(Rendering pipeline)이라고 한다.

CAD는 도형(Entity)을 화면에도 표시하지만, 그 외의 출력장치(Device)에도 도형을 표시할 수 있어야 한다. 렌더링 엔진은 이런 이유로 한 단계 더 추상화 될 필요가 있다. 프린트나 플로터 같은 하드웨어 장치 뿐만 아니라 DWG, DXF, DGN, VRML, LandXML, Autocad Automation, EXCEL Automation과 같은 다양한 출력 디바이스에 대한 포맷을 생성할 수 있어야 한다(이와 비슷한 예를 Windows Graphic Device에서 찾아볼 수 있다. 이 기술은 위지윅-WYSIWYG이라 알려져 있다). 또한 추상화 된 그래픽 엔진은 그래픽 정보를 압축하여 고속출력을 가능하게 기능을 개선할 수 있다.

다양한 장치에 동일한 모양으로 미리보기에 나오는 것과 동일하게 출력하고자 하면, 그래픽에 입력되는 좌표와 정보가 특정장치에 의존하면 안 된다. 즉, 좌표와 정보를 가상화를 시켜야 한다. 가상화된 정보는 출력 디바이스에 맞게 모델링 좌표계(CAD 좌표계)에서 출력 좌표계로 좌표 매핑을 해야 함으로, 출력 디바이스를 일반화 할 필요가 있다. 그림6-18은 오토캐드와 같이 Layer를 지원하는 아키텍처 일부를 표현한 것이다.

GraphicRender는 현재 도면 변수(Layer, Linetype, Color 등)를 설정받아, 도면 속성을 반영한 선, 곡선, 치수 등을 출력하는 역할을 한다.

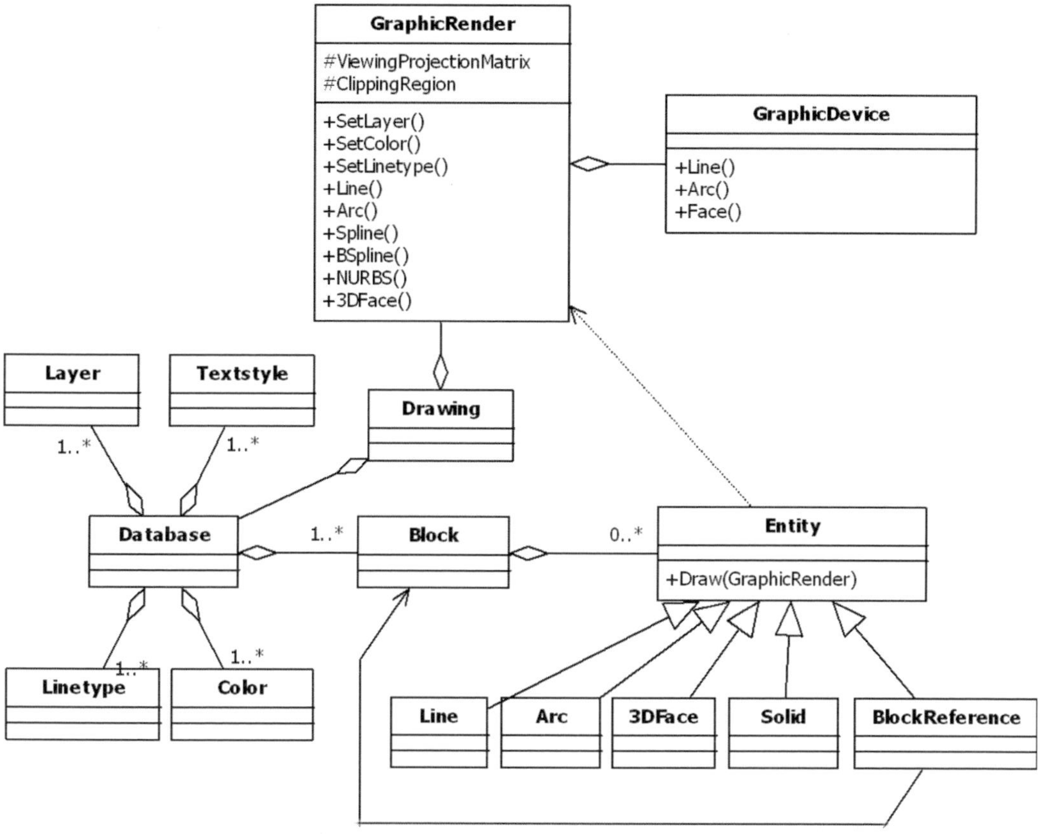

< 6-18 그래픽과 다른 요소와의 관계 >

도형은 GraphicRender에서 적절한 제도기능을 호출하면, CAD 좌표계와 장치 좌표계를 매핑하는 변환행렬 ViewingProjectionMatrix를 통해 좌표가 변환되어 그래픽 디바이스(Graphic Device)에 전달된다. 이때 그래픽 디바이스가 표현가능한 제도기능이 제한적일 수도 있으므로 이를 고려해야 한다. 예를 들어, 어떤 디바이스는 선만 제도할 수 있는 기능이 지원된다면, 곡선 등을 모두 선분으로 분해한 후 그래픽 디바이스에 전달되기 때문이다.

그래픽을 사용하는 도형은 사실 그래픽의 디바이스가 화면인지, DWG 파일인지, 플로터인지 알 필요가 없다. 그래픽이 이런 부분을 모두 추상화 하고 가상화 하고 있기 때문에 도형은 그래픽에 설정된 좌표계에 따라 Line, Arc, Polyline, Face를 호출해 그리게 된다.

제7장

모델 기하 정보

Geometry

7-1 개요

BIM의 그래픽 정보모델은 기하학적인 정보와 위상학적인 정보로 나뉘어진다. 우리는 BIM 도구를 사용해 모델링할 때 알게 모르게 이런 수학적 정보를 모델이란 개념을 통해서 쌓아나가고 있다. 기하학적인 정보는 계산 기하학적으로 표현된다. 컴퓨터는 계산 기계이기 때문에 순수 수학 모델인 기하학으로 문제를 계산할 수가 없다. 이 장에서는 BIM을 구성하는 기하 정보모델과 정보 처리방식을 다루도록 한다.

계산 기하학(Computational Geometry)은 기하학에 관련된 계산문제를 컴퓨팅(Computing)할 수 있도록 수치를 해석하는 기법에 의해 처리할 수 있는 알고리즘을 연구하는 분야이다. 이 용어는 1978년 Shamos가 Computational Geometry란 제목의 박사 논문을 작성한 이후, 사용되기 시작했고, 이 전에도 유사한 연구가 있었으나 이 계기로 연구결과가 통합된 자료가 출간되기 시작하였다.

기하학에 관련된 컴퓨팅 문제들은 대부분 계산 기하학에 포함될 수 있다. 아울러 알고리즘과 그래프 이론을 주로 다루는 이산수학(Discrete Mathematics) 내용도 일부 포함될 수 있다. 계산 기하학에서 가장 대표적인 문제는 기하학적 탐색(Geometry Searching), 교차계산(Intersection), 보로노이 다각형(Voronoi diagram) 및 볼록 다각형(Convex Hull) 계산문제 등이다. 이 부분은 각각 상당히 깊게 연구되어 공간 인덱싱(Spatial Indexing), 곡선과 곡면의 교차계산, 표면 삼각화(Trianglation)를 포함한 솔리드 메쉬요소 분할 등으로 분화된다. 이 중 일부분은 다른 장에서 좀 더 깊게 다룰 것이다.

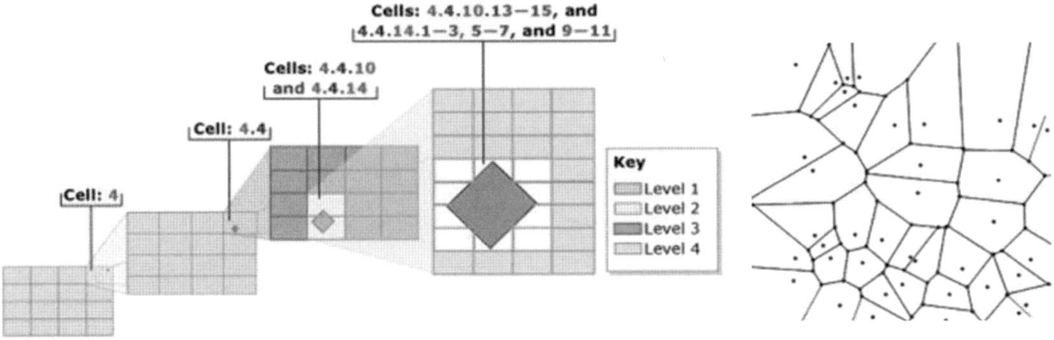

< 7-1 계산기하학 문제 중 하나인 LOD(Level of detail)별 공간 인덱싱 및 보로노이 다각형 처리 [4] **>**

이 장에서는 BIM 그래픽 처리와 관련된 부분인 형상을 표현하기 위한 곡선 곡면과 관련된 계산 처리 및 교차 계산문제에 대해서 다루도록 하겠다. 공간 인덱싱 및 메쉬처리와 관련된 부분은 모델 처리시 매우 중요한 부분을 차지하고 있으므로 다른 장에 별도로 다루도록 한다.

7-2 곡선과 곡면

1. 개요

BIM에서 다루는 형상은 다양한 곡면이나 곡선을 포함한다. 이를 위해 매개변수 형식으로 함수를 표현해 다양한 계산한다.

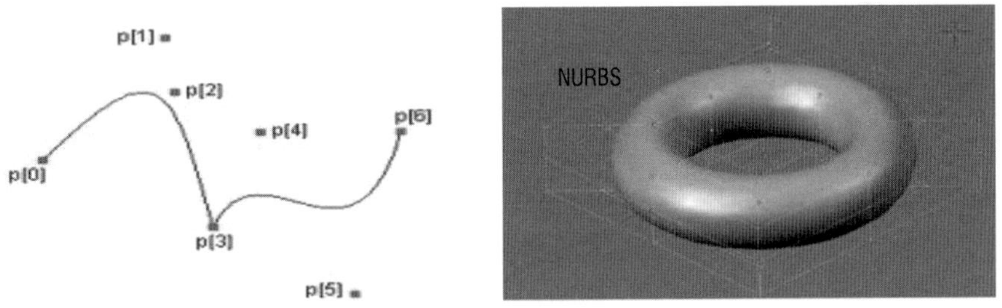

< **7-2** 곡선과 곡면 >

곡선은 직선을 포함해, 베지어, 스플라인, NURBS(Non-uniform rational B-spline)와 같은 제어점(Control point)와 곡선 가중치(Weight)를 이용한 보간(Interpolation) 함수를 포함한다.

보간 함수를 이용하면 직선 뿐만 아니라 복잡한 곡선을 표현할 수 있으며, 곡선 조각(Segment Piece) 조합(Combination)을 통해 복합곡선(Composite curve)을 만들 수 있다. 이는 곡면에서도 동일하게 적용된다.

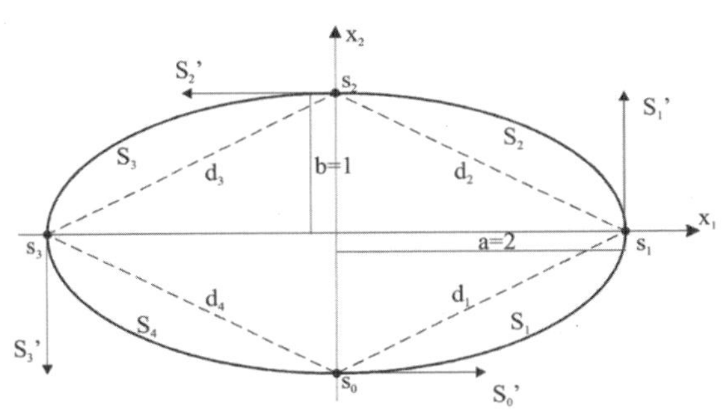

< **7-3** 여러 개의 곡선 조각으로 이뤄진 복합곡선 >

보간은 이미 알고 있는 점의 좌표값을 이용해 그 사이에 있는 값을 추정하여 계산하는 것이다. 그러므로 추정을 할 때 추정구간을 여러 개로 나누고 각 구간마다 가중치(weight)를 다르게 하면 곡선이 되게 할 수 있다.

곡선, 곡면에 기술되는 모든 수식은 계산 편의상 벡터(vector)와 행렬(Matrix)를 사용할 것이므로 이에 주의한다.

2. 곡선

가장 간단한 곡선인 선형 보간곡선(직선)은 식 7-4와 같은 식으로 표현된다.

$$f(x) = f(x_0) + \frac{f(x_1) - f(x_0)}{x_1 - x_0}(x - x_0) = f(x_0) + a(x - x_0)$$

< **7-4** 선형보간식 >

가중치는 변수 1의 변화에 대한 변수 2의 변화의 비율이므로, 식 7-4 에서 a에 해당하며, 이를 이용하기 쉽게 매개변수식으로 변환해 3차 다항식 형태로 표현하면 식 7-5와 같다. 매개변수 *t*는 일반적으로 0에서 1 사이의 값을 가진다.

$$P(t) = \sum_{i=0}^{3} a_i t^i, 0 \le t \le 1 \quad \Rightarrow \quad \begin{aligned} x(t) &= a_{3x}t^3 + a_{2x}t^2 + a_{1x}t + a_{0x} \\ y(t) &= a_{3y}t^3 + a_{2y}t^2 + a_{1y}t + a_{0y} \\ z(t) &= a_{3z}t^3 + a_{2z}t^2 + a_{1z}t + a_{0z} \end{aligned}$$

< **7-5** 3차원 곡선 매개변수식 >

이를 곡선을 이루는 첫 번째와 마지막 점의 위치와 기울기( )를 이용해 제어할 수 있도록 변형한 것을 Hermite 곡선이라 한다. 이 식 7-6에서 볼 수 있는 것처럼 곡선이나 곡면식은 파라메터 벡터 *t*, 가중치 요소 B(Blending), 기하학적 제약요소 G(Geometry)로 구성할 수 있다. 이는 행렬 표기법으로 간편하게 나타낼 수 있다.

$$P(t) = [t^3 \quad t^2 \quad t \quad 1]\begin{bmatrix} 2 & -2 & 1 & 1 \\ -3 & 3 & -2 & -1 \\ 0 & 0 & 1 & 0 \\ 1 & 0 & 0 & 0 \end{bmatrix}\begin{bmatrix} P(0) \\ P(1) \\ P'(0) \\ P'(1) \end{bmatrix}$$

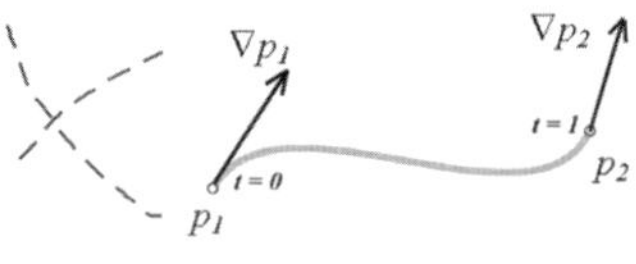

$$\Rightarrow P(t) = [t][B][G]$$

< **7-6** Hermite 곡선과 곡선 모델 수식 >

곡선의 특정 지점 *t*에 대한 지점은 위와 같은 계산모델을 이용해 쉽게 얻을 수 있으며, 이를 C++형태의 간단한 의사코드로 알고리즘을 표현하면 다음과 같다. 단, 곡선 양쪽 끝점인 제어점 P1, P2와 접선 벡터 T1, T2는 사용자에 의해 입력 받았다고 가정한다.

참고로 pow(*t*, 3) 함수의미는 *t*의 3제곱과 같다.

```
struct vector
{
    double x, y, z;
};


vector GetCurvePoint(double t)    <--- 이 함수는 매개변수 t 를 갖고 계산된 곡선상의 점을 vectorfh 리턴한다.
{
    h1 =  2 * pow(t, 3) - 3 * pow(t, 2) + 1;  <-- Hermite 곡선 Blending 함수계산
    h2 = -2* pow(t, 3) + 3 * pow(t, 2);
    h3 = pow(t, 3) -  2* pow(t, 2) + t;
    h4 = pow(t, 3) -  pow(t, 2);              <-- Hermite 기하학적 제약요소 계산
                                                  벡터값이 p1, p2, T1, T2는 외부입력 받음
    vector p = h1 * P1 +  h2 * P2 + h3 * T1 + h4 * T2;
    return p;
}
```

NURBS와 같은 곡선 모델도 유사한 과정을 거쳐 계산되며, 모델이 구성되는 요소 또한 유사하다. 다만, 제어점에 대한 가중치를 계산하는 블렌딩 함수(Blending function)가 다르며, B-spline 곡면의 경우, 곡면 파라메터 매듭 백터(Knot vector)를 이용해 파라메터 구간을 나눠 적용될 블렌딩 함수를 선택적으로 계산할 수 있다. NURBS의 경우에는 원, 호와 같은 해석적인 곡선을 처리할 수 있도록, 분수 표현의 유리식(Rational expression)을 사용하기도 한다. 이런 곡선을 지원하는 CAD 소프트웨어는 보통 각 모델에 대한 속성을 조절할 수 있는 기능을 사용자 인터페이스로 제공하고 있다. NURBS에 대한 내용은 차후 더 자세히 기술해 보기로 한다.

우선 상대적으로 간단한 곡선이며 많이 사용되는 베지어 곡선을 살펴보자.

베지어 곡선(Bezier curve)은 다음과 같은 곡선 모델을 사용한다.

$$Q(t) = \sum_{i=0}^{n} B_{i,n}(t) V_i$$

여기서 V는 베지어 곡선을 이루는 제어점이며, B는 가중치를 표현하는 Blending 함수로 다음과 같이 조합함수(Combination)로 표현된다. 이 형식을 번스타인 다항식(Bernstein polynomial)이라 한다. 가중치의 값은 0보다 크게 계산되며, 이 모델의 매개변수는 0에서 1까지 범위 안에서 올바르게 표현된다.

$$B_{i,n}(t) = \binom{n}{i}(t)^i(1-t)^{n-i}, 0 \le t \le 1$$

$$\binom{n}{i} = \frac{n!}{i!(n-i)!}, i = 0,\ldots,n$$

$$B_{i,n}(t) \ge 0$$

$$0 \le t \le 1$$

이 다항식은 각 제어점의 가중치를 주위의 제어점 가중치와 가중 조합해 적용할 수 있는 특징이 있다. 이런 특징은 다음 그림과 같이 이 가중치 Blending 함수를 t에 대해서 그래프로 표현하면 쉽게 이해할 수 있다.

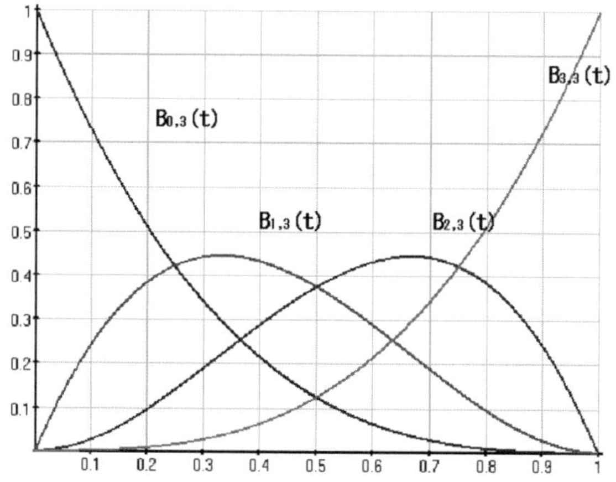

< 7-7 베지어 커브 모델의 가중치 함수(Blending function) 그래프 표현 **>**

아래는 베지어 곡선의 블렌딩 함수를 표현한 의사코드이다.

```
double GetFactorial(int n)
{
      double Result = 1.0;
      for(int i = 1; i <= n; i++)
            Result = Result * (double)i;
      return Result;
}
double GetBezierBlend(int i, int PointCount, double t)
{
      double Blend = 0.0;
      Blend = GetFactorial(PointCount) / (GetFactorial(i) *
                              GetFactorial(PointCount - i));
      Blend = Blend * pow(t, i) * pow(1 - t, PointCount - i);
      return Blend;
}
```

이 곡선식을 전개하면 행렬 형식 모델을 얻을 수 있다. 다음의 경우에는 3차(Qubic) 베지어 곡선 표현이다. 베지어 3차식을 전개하면 다음과 같다.

$$Q(t) = (1-t)^3 V_0 + 3t(1-t)^2 V_1 + 3t^2(1-t)V_2 + t^3 V_3$$

이를 행렬 형식으로 전개한다.

$$Q(t) = [(1-t)^3, 3t(1-t)^2, 3t^2(1-t), t^3]\begin{bmatrix} V_0 \\ V_1 \\ V_2 \\ V_3 \end{bmatrix}$$

$$Q(t) = [1-3t+3t^2-t^3, 3t-6t^2+3t^3, 3t^2-3t^3, t^3]\begin{bmatrix} V_0 \\ V_1 \\ V_2 \\ V_3 \end{bmatrix}$$

매개변수, 가중치, 제어점이 포함된 기하 정보를 분리해 정리하면 다음과 같다.

$$Q(t) = [t^3, t^2, t, 1]\begin{bmatrix} -1 & 3 & -3 & 1 \\ 3 & -6 & 3 & 0 \\ -3 & 3 & 0 & 0 \\ 1 & 0 & 0 & 0 \end{bmatrix}\begin{bmatrix} V_0 \\ V_1 \\ V_2 \\ V_3 \end{bmatrix} \Rightarrow Q(t) = [t][M]_B[V]_B$$

이 형식을 보면 앞서 언급한 바와 같이 곡선의 일반적인 행렬 형식에서 가중치와 기하 정보만 변경되었다는 것을 알 수 있다. 그래서 가중치 부분과 기하학적 제약 조건만 변경하면, 동일한 형식으로 다양한 곡선을 표현할 수 있다는 것을 알 수 있다. 이는 곡면도 마찬가지다. 아울러 이렇게 행렬 형식으로 표현하는 이유는 이해가 쉬운 것 뿐만 아니라, 프로그래밍하기도 편하며, 행렬 계산의 특징상 계산 성능을 개선할 수도 있기 때문이다. 아울러 위에 언급한 블렌딩 함수 소스 코드를 이용하면, 다양한 차원의 베지어 곡선을 위한 블렌딩 함수 값을 얻을 수 있다. 특정 곡선 파라메터의 좌표값을 얻는 것은 단순히 각 제어점 마다의 블렌딩 함수 값을 제어점 별 x, y, z 값에 곱해 누적하면 된다.

$$Q(t) = \sum_{i=0}^{n} B_{i,n}(t)V_i$$

```
struct vector
{
	double x, y, z;
};

vector GetCurvePoint(vector Points[], int n, double t)
{
	vector v;

	v.x = v.y = v.z = 0.0;
	for(int i = 0; i < n; i++)
	{
		double BlendWeightT = GetBezierBlend(i, n - 1, t);
```

```
            v.x = v.x + BlendWeightT * Points[i].x;
            v.y = v.y + BlendWeightT * Points[i].y;
            v.z = v.z + BlendWeightT * Points[i].z;
        }

        return v;
    }
```

베지어 곡선은 다음과 같은 특징이 있다.

첫째, 볼록 다각형(Convex Hull) 특성이 있다. 이는 블렌딩 함수 성질에 기인한 것으로 베이저 곡선을 이루는 모든 블렌딩 함수 값의 합은 1.0이 되기 때문에 그림과 같이 곡선이 제어점에 둘러싸여 표현된다.

$$\sum_{i=0}^{n} B_{i,n}(t) = 1, 0 \le t \le 1$$

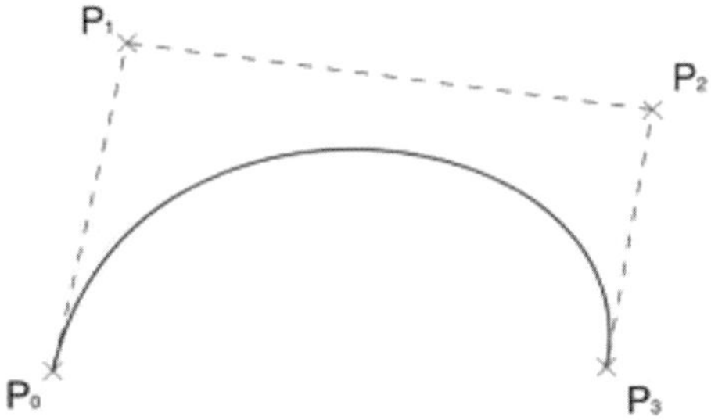

< 7-8 ConvexHull 특성 **>**

둘째, 전역적 제어(Global control) 특성이 있다. 그러므로 곡선 한 부분의 조정이 다른 부분에도 영향을 미쳐 특정 곡선 구간만 제약해 곡선의 모양을 제어할 수 없다. 이 문제를 해결하기 위해 곡선이 적용되는 구간을 나눠 블렌딩 함수를 적용하는 B-spline 곡선이 사용된다.

앞서 언급한 바와 같이 곡선을 이용해 복잡한 형상을 만들기 위해서는 복합 곡선을 사용할 수 밖에 없다. 이 때 형상을 만드는 각 부분을 곡선 조각이라 하고, 이 조각은 연결부의 기하학적 연속성(부드러움)을 위해 시작과 끝지점에서 1차 미분치(접선 기울기)가 같도록 조정할 필요가 있다. 이를 C^1(연속성 – Conintuity)라 한다.

참고로 2차 미분치(곡률)가 같도록 조정되는 것을 C^2라 하며, 상위 차원 연속성은 하위 차원 연속성을 포함한다. 제일 낮은 단계의 연속성은 C^0는 두 곡선 조각의 시작과 끝지점 위치가 같음을 말한다.

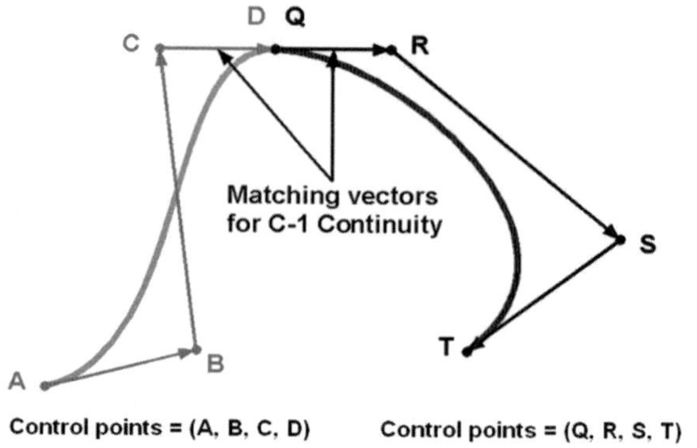

< 7-9 C-1 연결성이 만족된 복합곡선(berkeley) **>**

위 그림에서 보는 바와 같이 C^1 연속성은 시작과 끝 지점의 접선 기울기가 같도록 각 곡선 조각의 시작과 끝 지점의 제어점이 직선이 되도록 조정하면 된다. 복합곡선이나 곡면을 만드는 원리는 대부분 이와 유사하다. 즉, 각 조각의 시작과 끝 지점의 기울기나 곡률을 같도록 한다.

B-spline 곡선은 베지어 곡선과는 다르게 지역적 제어(Local control)의 특성이 있다. 이 곡선은 다음과 같이 표현된다. 베지어 곡선과는 다르게 다음 그림과 같이 블렌딩 함수가 적용되는 구간을 매개변수로 선택할 수 있도록 하는 재귀함수 *N*이 정의되어 있다.

Recursive blending function　　Vertex

$$P(t) = \sum_{i=0}^{n} N_{i,k}(t) V_i$$

Order k. degree (k-1)

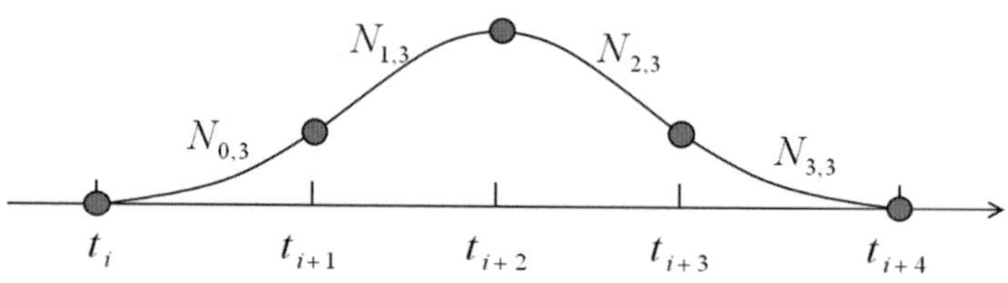

< 7-10 B-spline 블렌딩 함수 **>**

좀 더 자세히 살펴보면, 함수 *N*은 재귀함수 형태로 정의되며, 여기서 i는 제어점 인덱스(index)이며, k는 Order라고 하며 이 곡선의 차수(Degree)와 관련이 있고 차수는 (k − 1)로 표현된다. 예를 들어 k가 4라면 3차식(Cubic) B-spline 곡선이다. 함수 *N*은 각 매개변수 구간별로 적용여부가 아래의 수식으로 계산된다. 여기서 t_i는 매개변수 구간을 표현하기 위한 매개변수 벡터로 이 벡터를 매개변수 매듭 백터(Knot vector)라 한다.(예 – [0 1 2 3 4]) 매듭(Knot)이라고 굳이 표현한 것은 위의 그림을 보면 이해할 수 있다. 매개변수를 매듭처럼 구간을 줘서 벡터로 표현했기 때문이다. 이런 이유로 매개변수 매듭 벡터는 이전 곡선에서 다루었던 매개변수 범위인 0.0 ~ 1.0까지가 아닌 그 이상의 값을 가질 수 있다.

$$N_{i,1}(t) = \begin{bmatrix} 1 & condition : t_i \le t \le t_{i+1} \\ 0 & condition : otherwise \end{bmatrix}$$

재귀함수는 아래와 같이 나타낸다.

$$N_{i,k}(t) = \frac{(t - t_i)}{(t_{i+k-1} - t_i)} N_{i,k-1}(t) + \frac{(t_{i+k} - t)}{(t_{i+k} - t_{i+1})} N_{i+1,k-1}(t)$$

이 매개변수 매듭 백터는 매개변수 값이 증가하는 방향으로 사용되어야 한다.

$$t_i \le t_{i+1}$$

매듭 벡터 전체 개수는 다음과 같이 정해진다.

$$m = n + k$$

여기서 n은 제어점 개수와 관련된 변수로 제어점 개수는 (n + 1) 임에 주의   한다.

마찬가지로 C++ 코드 구현을 살펴보자. 곡선은 실수 연산이므로 등식을 비교할 때 수치해석적으로 문제가 발생할 수 있다. 허용 정밀도 0.0001이 사용되었음에 주의한다.

참고로 fabs( ) 함수는 입력값을 절대값으로 리턴한다.

```
double GetBSplineBlend(int i, int k, int PointCount, double Knots[], double t)
  {
      if(k <= 1)
      {
        if((Knots[i] <= t && t < Knots[i + 1])
          || fabs(Knots[i] - t) < 0.0001
```

```
            || (i == PointCount && fabs(Knots[i + 1] - t) < 0.0001))
            return 1.0;
        return 0.0;
    }

    double dN1 = GetBSplineBlend(i, k - 1, PointCount, Knots, t);
    double dN2 = GetBSplineBlend(i + 1, k - 1, PointCount, Knots, t);

    double dBlend1 = 0.0;
    if(Knots[i + k - 1] - Knots[i])
      dBlend1 = (t - Knots[i]) / (Knots[i + k - 1] - Knots[i]) * dN1;
    double dBlend2 = 0.0;
    if(Knots[i + k] - Knots[i + 1])
      dBlend2 = (Knots[i + k] - t) / (Knots[i + k] - Knots[i + 1]) * dN2;
    double dBlend = dBlend1 + dBlend2;

    return dBlend;
}
```

이런 매개변수 매듭 벡터의 종류에 따라 곡선은 균일/주기적(Uniform / periodic), 비주기적(Nonperiodic), 비균일(Nonuniform) 세 가지로 구분된다. 아래는 각각에 대한 매듭 벡터 예를 나타낸다.

Uniform/periodic	Nonperiodic	Nonuniform
[-0.5 0.0 0.5 1.0]	[0 0 1 2 3 3]	[0 1 2 3 3 4]

< 7-11 매듭 벡터의 종류 **>**

각 매듭 벡터 종류별로 만들어지는 곡선의 특성은 다음과 같다.

첫 번째로 균일/주기적 매듭 벡터는 매개변수 벡터의 요소간 간격이 동일해야 한다. 예를 들어 아래는 간격이 1.0인 균일/주기적 매듭 벡터이다.

[0 1 2 3 4]

블렌딩 함수가 영향을 받는 제어점은 B-spline 모델의 *k* 값에 영향을 받는다. 예를 들어 *k* = 2(1차-Linear 곡선)이면 곡선은 다각형(Polygon)처럼 표현된다. 즉, 선형 곡선이다. *k* = 3이면(2차-Quadratic 곡선) 곡선의 첫 번째 조각과 마지막 조각의 중간점에서 곡선의 시작점과 끝점이 시작된다. 이와 관련된 그림 7-12를 참고하라.

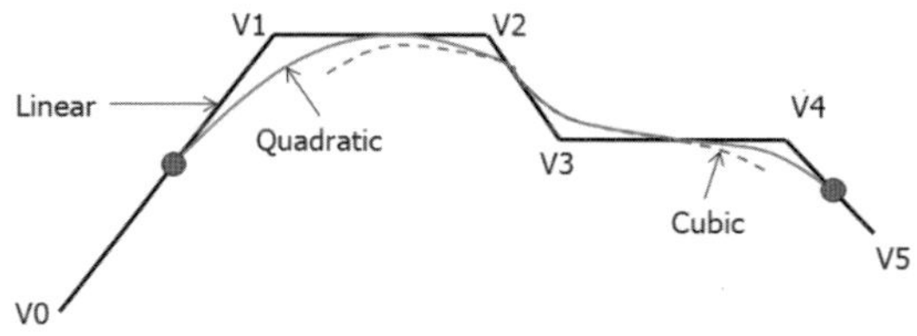

< 7-12 균일/주기적 B-spline **>**

두 번째로 비주기적(Nonperiodic) 매듭 벡터는 각 매개변수 요소가 주기적으로 반복되지 않는다. 예를 들면 다음과 같다.

[0 0 1 2 3 3]

이런 매듭 벡터를 이용해 곡선의 시작과 끝이 제어점 시작과 끝에서 시작되는 곡선을 만들 수 있다. 이때는 *k* 값과 매듭 벡터 개수인 *m* 값을 고려해 매듭 벡터를 만들어야 하며, 이와 관련된 수식이 다음과 같다.

$$i_i = 0 \rightarrow i < k$$
$$i_i = i - k + 1 \rightarrow k \le i \le n$$
$$i_i = n - k + 2 \rightarrow i > n$$

이 수식으로 만들어진 매듭 벡터의 예는 다음과 같다.

Order (k)	No. of knots (m = n + k)	Nonperiodic knot vector
2	6	[0 0 1 2 3 3]
3	7	[0 0 0 1 2 2 2]
4	8	[0 0 0 0 1 1 1 1]

< 7-13 비주기적 매듭 벡터의 예 **>**

위의 예로 B-spline을 그리면 다음과 같이 표현된다.

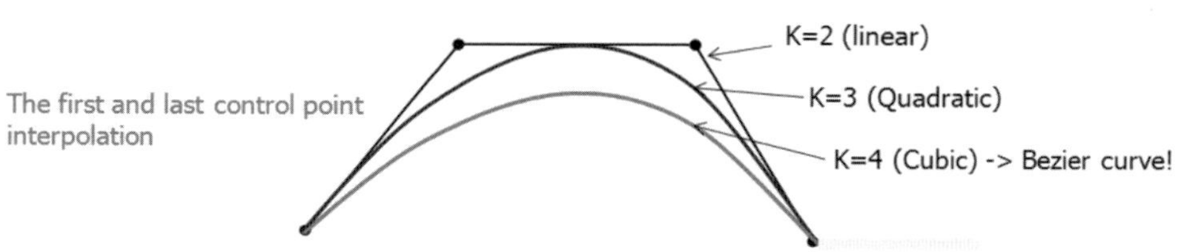

< 7-14 비주기적 매듭 벡터를 가지는 B-spline 의 예 **>**

그림 7-14에서 보는 바와 같이 k = 4일 경우 베지어 곡선과 동일한 곡선을 만들 수 있다. 즉, 집합관계에서 보면 B-spline 곡선은 베지어 곡선의 슈퍼세트(Superset)이다.

세 번째로 비균일(Nonuniform) 매듭 벡터의 경우에는 비주기적이며, 매듭 간격이 균등하지 않다. 예를 들면 다음과 같다.

[0 1 2 3 3 4] 다중 내부 매듭 값(Multiple interior knot value) 포함
[0 0.20 0.55 0.75 1.0] 불균등한 매듭 간격

이런 매듭 벡터로 생성된 B-spline곡선은 다음과 같다. 다중 내부 매듭값을 여러번 사용하면 제어점으로의 곡선 가중치를 좀 더 세밀하게 조정할 수 있으나, 진동이 발생할 수도 있어 사용에 주의가 필요하다.

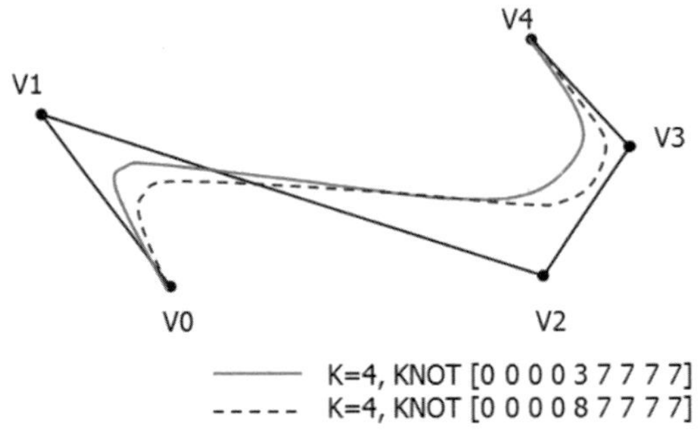

< 7-15 비균일 매듭 벡터를 가지는 B-spline의 예 **>**

드디어 NURBS - nonuniform rational B-spline을 이야기할 순서가 왔다. NURBS가 개발된 목적은 해석적 곡선, 즉 선, 원, 호, 포물선과 같은 원추곡선을 하나의 곡선식으로 함께 다루기 위함이다. 위에 언급된 곡선식은 이런 해석적 곡선(Analytic curve)을 근사화해서 표현할 수는 있으나 정확하지는 않다(오차가 존재한다).

유리식 B-spline(Rational B-spline)곡선은 이런 문제를 해결하기 위해 유리식(분수로 표현된 식 - Rational expression)을 도입한다. 그리고 4차원인 동차 좌표계(Homogeneous coordinate system)을 사용해 마치 그림자 투영(Projection)하듯이 곡선의 형태를 제어할 수 있도록 하여 언급한 해석적 곡선을 다룰 수 있게 하였다. 동차 좌표계는 다음과 같이 표현된다.

$$Q^w = (wx, wy, wz, w), w \ge 0$$

이때 마지막 요소 w 는 투영을 위한 값으로 사용할 수 있다. 이를 각 제어점 별로

조정할 수 있도록 한다. 유리식 곡선모델은 다음과 같이 표현된다.

$$P(t) = \frac{\sum_{i=0}^{n} N_{i,k}(t) w_i V_i}{\sum_{i=0}^{n} N_{i,k}(t) w_i}$$

만일 위에서 모든 w 값이 1이면 분모가 1이 되므로 비유리식이 된다. 이와 더불어 비균일 매듭 벡터를 사용하여 NURBS를 표현한다. NURBS는 B-spline과 베지어 곡선을 포함하므로 다양한 형상을 표현할 수 있다.

NURBS를 이용해 원추곡선을 표현하는 경우 제어점이 3개인 유리식 2차 B-Spline 곡선을 그림과 같이 사용하면 된다.

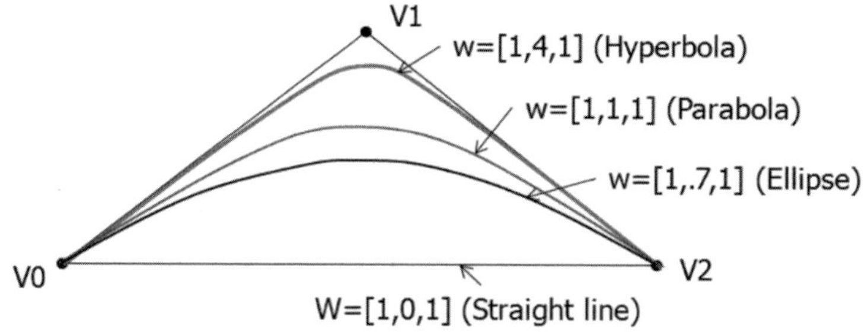

< 7-16 원추곡선 표현을 위한 비균일 유리식 2차 B-spline 곡선 **>**

NURBS는 B-spline의 블렌딩 함수를 그대로 사용하므로, 이 곡선을 나타내기 위한 코드에는 단순히 해당 함수를 호출해 주기만 하면 된다.

```
vector GetCurvePoint(int k, vector Points[ ], int n, double KnotsT[ ],
                                    double Weights[ ], double s, double t)
{
    double dBlendFactor[MAX_BLEND_FACTOR];

    vector v;
    v.x = v.y = v.z = 0.0;

    for(int i = 0; i <= n - 1; i++)
    {
        double BlendWeightT = GetBSplineBlend(i, k, n - 1, KnotsT, t);
```

```
            dBlendFactor[i] = BlendWeightT * Weights[i];
            v.x = v.x + dBlendFactor[i] * Points[i].x;
            v.y = v.y + dBlendFactor[i] * Points[i].y;
            v.z = v.z + dBlendFactor[i] * Points[i].z;
        }

        vector vBase;
        vBase.x = vBase.y = vBase.z = 0.0;
        for(int i = 0; i <= n - 1; i++)
        {
            vBase.x = vBase.x + dBlendFactor[i];
            vBase.y = vBase.y + dBlendFactor[i];
            vBase.z = vBase.z + dBlendFactor[i];
        }

        v.x = v.x / vBase.x;
        v.y = v.y / vBase.y;
        v.z = v.z / vBase.z;

        return v;
    }
```

이런 자유곡선 식을 계산하여 우리는 아래와 같은 형태의 그림을 얻을 수 있다. 사실 자유 곡선식은 실수집합에 포함되어 있으므로, 특정구간인 $t1 \sim t2$ 사이에는 무한 개의 점이 있는 것과 마찬가지다. 무한을 유한한 화면상에 표현하기 위해서는 부드럽게 표현할 수 있는 최소한의 해상도를 가지는 선분 단위로 미분을 한다. 즉, t를 이 해상도를 만족하는 간격으로 증가하면서 형태를 그려나간다. 이를 간단한 의사코드(pseudocode)로 나타내면 다음과 같다. 이 과정은 곡면의 경우도 별반 다르지 않다.

```
p1 = GetCurvePoint(0.0);
for(t = 0.05; t <= 1.0; t += 0.05)
{
    p2 = GetCurvePoint(t);
    DrawLine(p1, p2);
    p1 = p2;
}
```

- p1 = GetCurvePoint(0.0); ← 곡선식 입력 파라메터 t = 0.0의 위치 p1(x, y, z)를 획득
- for(t = 0.05; t <= 1.0; t += 0.05) ← *t* 를 0.05 에서 1.0까지 0.05간격으로 증가하면서 { } 블럭안 문장을 반복해 수행
- p2 = GetCurvePoint(t); ← 곡선식 입력 파라메터 t 위치의 p2(x, y, z)를 획득
- DrawLine(p1, p2); ← p1과 p2 변수를 이용해 직선 생성/출력
- p1 = p2; ← p2 변수 값을 p1 변수에 대입

이 결과로 보통 캐드에서 곡선을 Zoom을 하면 선분으로 끊겨 있는 것을 볼 수 있다. 곡선이나 곡면의 부드러움은 얼마나 곡선 매개변수를 작게 나눠 그리는 것과 관련된 것으로 해상도 개념으로 정의할 수 있다.

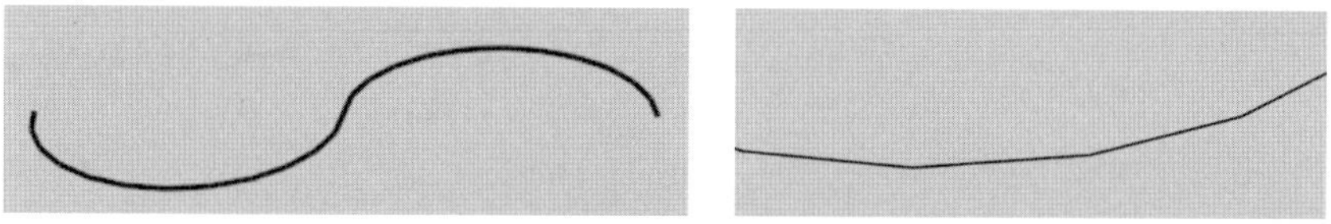

< 7-17 곡선을 확대한 모습 **>**

3. 곡면

곡면도 이와 유사한 과정을 거쳐 제어점에 의해 곡면 형상을 제어할 수 있는 형식으로 변환해 사용한다. 곡면은 곡선을 2차원으로 확장한 것이므로 곡선을 표현하는 매개변수 s가 하나 더 추가되고 곡선에서 언급한 블렌딩 함수를 그대로 사용하여 표현할 수 있다.

가장 단순한 곡면을 설명하기 위해 Hermite 곡면 먼저 이야기해 보도록 한다.

곡면은 수평과 수직방향 두 개의 파라메터 축으로 좌표를 결정하므로 s, t 두개의 곡면 파라메터를 도입한다.

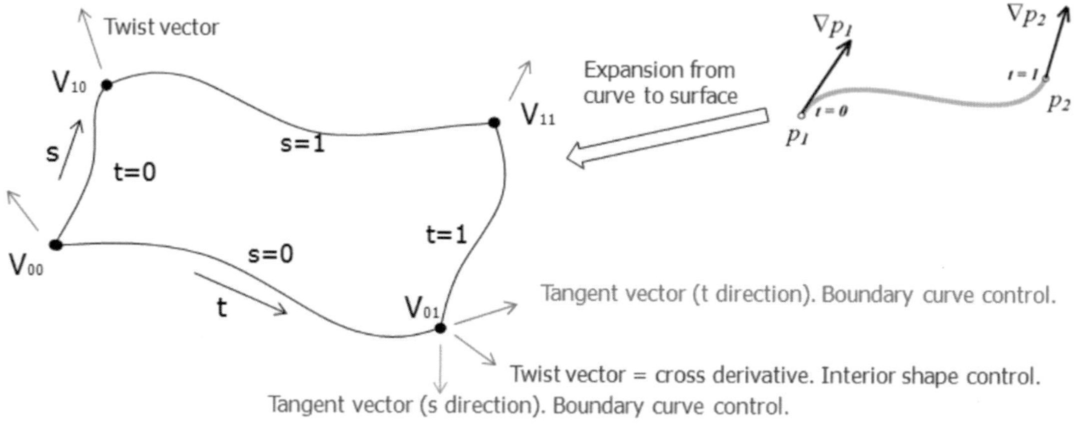

< 7-18 Hermite곡면 **>**

그림 7-18은 Hermits 곡면 모델이다. 행렬 형식에서 위첨자 T는 전차 행렬(Transpose Matrix)을 의미한다. 블렌딩 함수 B는 Hermits 곡선과 동일하다. 마찬가지로 다른 곡면도 해당 곡선식의 블렌딩 함수를 사용한다.

$$P(s,t) = \sum_{i=0}^{n} \sum_{j=0}^{m} V_{i,j} B_{i,n}(s) B_{j,m}(t)$$

$V_{i,j}$ = 곡면 제어점(Control point)

$B_{i,n}$ = 블렌딩 함수(Blending function)

$$P(s,t) = [s][B]_H \, [G]_H \, [B]_H^T [t]^T$$

< 7-19 Hermite 곡면모델(다항식 표현, 행렬식 표현) **>**

Hermite 곡면 모델의 행렬 표현식에서 기하요소 행렬은 다음과 같다.

$$[G]_H = \begin{bmatrix} P(0,0) & P(0,1) & P_t(0,0) & P_t(0,1) \\ P(1,0) & P(1,1) & P_t(1,0) & P_t(1,1) \\ P_s(0,0) & P_s(0,1) & P_{st}(0,0) & P_{st}(0,1) \\ P_s(1,0) & P_s(1,1) & P_{st}(1,0) & P_{st}(1,1) \end{bmatrix}$$

이 기하요소 행렬은 크게 다음 그림 7-20과 같이 4가지로 나눠지는 데, 곡면의 끝부분 제어점 네 개의 위치, 매개변수 t 방향으로 끝부분 네 개의 미분값, 매개변수 s 방향으로 끝부분 네 개의 미분값, 곡면 끝부분의 교차 미분값을 포함한다.

각 방향의 미분값은 위 그림의 각 방향 Tangent 벡터를 표현하며, 교차 미분값(Cross derivative)는 Twist 벡터를 표현해 곡선 내부 모양을 제어할 수 있다.

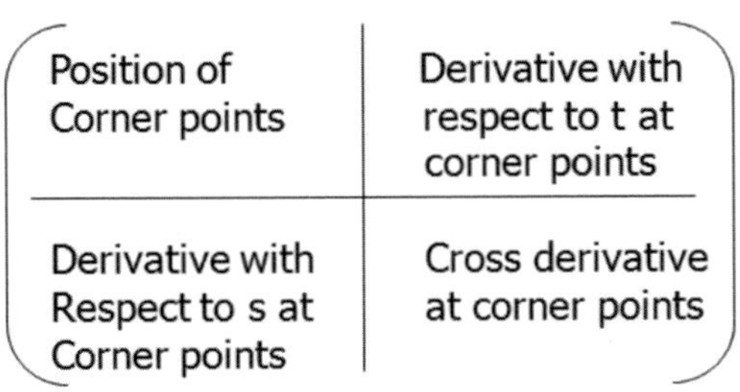

< 7-20 Hermite 곡면모델의 기하 행렬 **>**

곡면에서 중요한 역할을 하는 법선 벡터(Normal vector)는 아래와 같이 계산된다.

$$n = P(s)' \times P(t)'$$

베지어 곡면은 다음과 같이 표현된다. 각 요소의 의미는 베지어 곡선과 동일하다.

$$Q(s,t) = \sum_{i=0}^{n} \sum_{j=0}^{m} V_{i,j} B_{i,n}(s) B_{j,m}(t)$$

$$Q(s,t) = [s][M]_B[V]_B[M]_B^T[t]^T$$

다만, 제어점이 곡면을 이루는 매개변수 t방향과 s방향, 두 개의 방향이 있으므로 이를 구속할 제어점도 다음 그림 7-21과 같이 필요하다.

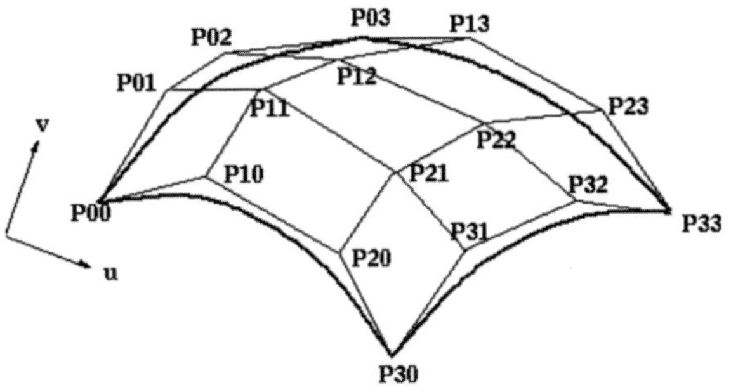

< 7-21 베지어 곡면의 제어점 >

그러므로 3차 베지어 곡면식은 다음과 같이 표현된다.

$$Q(s,t) = \begin{bmatrix} s^3 & s^2 & s & 1 \end{bmatrix} \begin{bmatrix} -1 & -3 & -3 & 1 \\ 3 & -6 & 3 & 0 \\ -3 & 3 & 0 & 0 \\ 1 & 0 & 0 & 0 \end{bmatrix}$$

$$\begin{bmatrix} V_{0,0} & V_{0,1} & V_{0,2} & V_{0,3} \\ V_{1,0} & V_{1,1} & V_{1,2} & V_{1,3} \\ V_{2,0} & V_{2,1} & V_{2,2} & V_{2,3} \\ V_{3,0} & V_{3,1} & V_{3,2} & V_{3,3} \end{bmatrix} \begin{bmatrix} -1 & 3 & -3 & 1 \\ -3 & -6 & 3 & 0 \\ 3 & 3 & 0 & 0 \\ 1 & 0 & 0 & 0 \end{bmatrix} \begin{bmatrix} t^3 \\ t^2 \\ t \\ 1 \end{bmatrix}$$

베지어 곡면도 베지어 곡선과 동일하게 볼록 다각형 속성이 있으며, 다른 곡면도 해당 곡선에 대한 특성을 그대로 파생 받는다.

베지어 곡면에서 매개변수 s, t로 지정되는 점에 대한 좌표를 얻는 코드는 다음과 같다. 베지어 블렌딩 함수는 그대로 재활용한다.

```
vector GetPointOnSurface(vector Points[ ][ ], int n, int m,
                                        double s , double t )
{
    vector v;

    v.x = v.y = v.z = 0.0;
    for(int i = 0; i <= n - 1; i++)
    {
            for(int j = 0; j <= m - 1; j++)
            {
            double BlendWeightS = GetBezierBlend(i, m - 1, s );
            double BlendWeightT = GetBezierBlend(j, n - 1, t );

            v.x = v.x + BlendWeightS * BlendWeightT * Points[i][j].x;
            v.y = v.y + BlendWeightS * BlendWeightT * Points[i][j].y;
            v.z = v.z + BlendWeightS * BlendWeightT * Points[i][j].z;
            }
    }

    return v;
}
```

B-spline 곡면은 다음과 같이 표현된다.

$$P(s,t) = \sum_{i=0}^{n} \sum_{j=0}^{m} N_{i,k}(s) N_{j,l}(t) V_{i,j}$$

수식은 B-spline곡선과 거의 동일하며, 블렌딩 함수 구간을 결정할 때 사용하는 매듭 벡터는 매개변수 *s*축, *t*축에 따라 두개가 필요하다. 매듭 벡터의 특성에 따른 종류도 곡선과 마찬가지로, 주기/균일, 비주기, 비균일 곡선으로 나뉜다.

유리식(Rational) B-spline 곡면은 다음과 같다. 이 또한 곡선식과 같은 블렌딩 함수를 사용한다.

$$P(s,t) = \frac{\sum_{i=0}^{n} \sum_{j=0}^{m} w_{i,j} N_{i,k}(s) N_{j,l}(t) V_{i,j}}{\sum_{i=0}^{n} \sum_{j=0}^{m} w_{i,j} N_{i,k}(s) N_{j,l}(t)}$$

복합 곡면도 복합 곡선과 마찬가지로 여러 개의 곡면 조각으로 이뤄진다. 곡면 조각은 다음과 같이 인접된 곡면 조각의 제어점들이 서로 평면이 되도록 하면, C_1 연속성을 보장받을 수 있다.

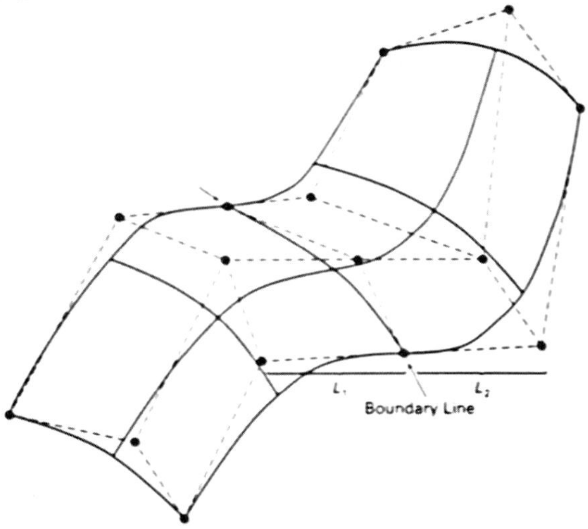

< 7-22 베지어 C_1 곡면의 연속성 [61] **>**

특정 지점에 대한 곡선상의 좌표를 얻는 코드는 다음과 같다.

```
vector GetPointOnSurface(int k, vector Points[ ][ ],
   int n, int m, double KnotsS[ ], double KnotsT[ ],
   RealArray Weights[ ], double s, double t)
{
      double dBlendFactor[MAX_BLEND_FACTOR][MAX_BLEND_FACTOR];

      vector v;
      v.x = v.y = v.z = 0.0;
```

```
    for(int i = 0; i <= m - 1; i++)
    {
        for(int j = 0; j <= n - 1; j++)
        {
            double BlendWeightS = GetNURBSBlend(i, k, m - 1, KnotsS, s);
            double BlendWeightT = GetNURBSBlend(j, k, n - 1, KnotsT, t);
            dBlendFactor[i][j] =
                    BlendWeightS * BlendWeightT * Weights[i][j];
            v.x = v.x + dBlendFactor[i][j] * Points[i][j].x;
            v.y = v.y + dBlendFactor[i][j] * Points[i][j].y;
            v.z = v.z + dBlendFactor[i][j] * Points[i][j].z;
    }
}

vector vBase;
vBase.x = vBase.y = vBase.z = 0.0;
for(int i = 0; i <= m - 1; i++)
{
            for(int j = 0; j <= n - 1; j++)
            {
                vBase.x = vBase.x + dBlendFactor[i][j];
                vBase.y = vBase.y + dBlendFactor[i][j];
                vBase.z = vBase.z + dBlendFactor[i][j];
            }
}

    v.x = v.x / vBase.x;
    v.y = v.y / vBase.y;
    v.z = v.z / vBase.z;

    return v;
}
```

NURBS 곡면은 NURBS 곡선과 같이 비균일(nonuniform) 매듭 벡터를 사용하는 Rational B-spline이다. 모델 수식은 Rational B-spline과 동일하다.

4. 교차계산

지금까지 다룬 것은 하나의 곡선이다. 이런 곡선 조각(Segment)들 간에 편집을 위해서는 잘라내기(Trim, Cut), 연장하기(Extend)와 같은 기능이 필요하다. 이 기능들은 두 개 이상의 조각들을 사용해 교차점을 계산함으로 결과를 얻을 수 있다. 이런 이유로 곡선이나 곡면의 교차계산은 중요한 토픽으로 다루어져 왔다.

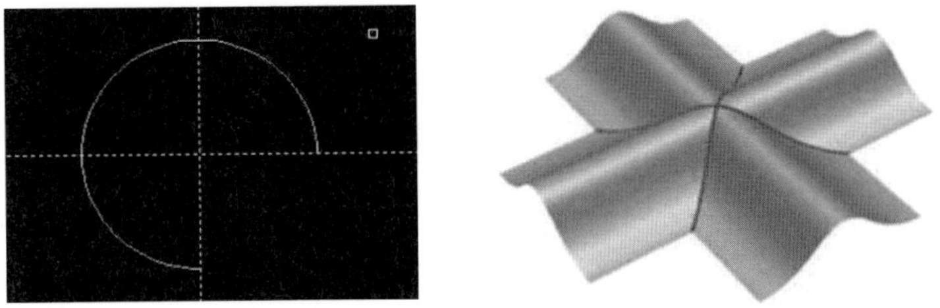

< 7-23 곡선 잘라내기 결과와 곡면 교차선 계산 결과 **>**

직선이나 호의 교차계산은 방정식을 연립해서 풀면 쉽게 얻어질 수 있으나, 다항식 형태의 곡선이나 곡면을 계산하기 위해서는 수치 해석적 방법을 사용해야 한다. 또한, CAD에서는 교차계산을 사용해 수행하는 기능들이 많으므로, 계산 속도도 고려해야 한다. 여기서는 교차계산에 대한 기본적인 계산원리에 대해서만 다루도록 한다. 좀 더 자세한 내용은 이에 대해 연구한 참고문헌을 살펴보길 바란다.

곡선, 곡면과 같은 보간식에 대한 교차계산은 교차 다항식에 대한 일반적인 교차해를 얻기 위해 보통 뉴튼랩슨(Newton Raphson)과 같은 수치 해석적 기법을 사용하여 계산한다.

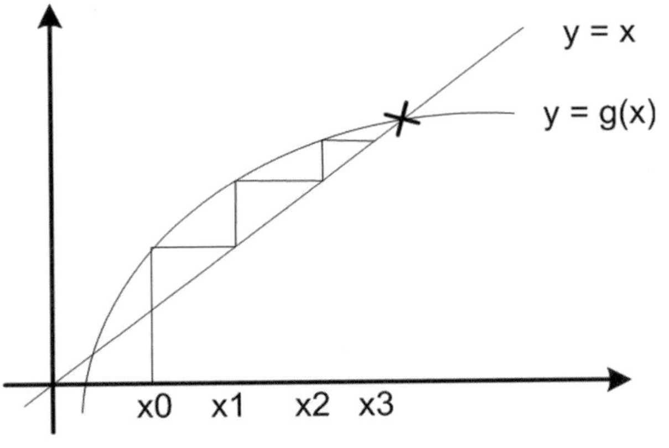

< 7-24 수치해석을 이용한 교차점 계산 **>**

교차해는 다음과 같은 수식으로 간단히 표현할 수 있다.

$$C_1(t_1) - C_2(t_2) = 0$$

뉴튼랩슨과 같은 기법은 곡선의 기울기를 얻어야 하므로, 특정 곡선 파라메터 t의 미분값이 사용된다.

이런 수치해석적인 기법은 근본적으로 교차해로 수렴하지 못하고 발산하거나, 해가 여러 개 있는 경우, 못찾는 경우가 있으므로 보통은 곡선을 직선과 같은 하위 조각으로 분할해서 지역해에 빠지지 않고 해가 발산하지 않도록 한다. 이를 하위분할(Subdivision) 교차계산 방법이라 한다.

곡선 분할은 각 곡선마다 잘 알려진 알고리즘이 개발되어 있으며, 베지어 곡선같은 경우 Paul de Casteljau가 발견한 'de Casteljau Divides and Conquers' 알고리즘이 널리 알려져 있다. 이를 이용해 그림과 같이 임의의 매개변수 t 에 대해 두 개의 곡선으로 분할할 수 있다.

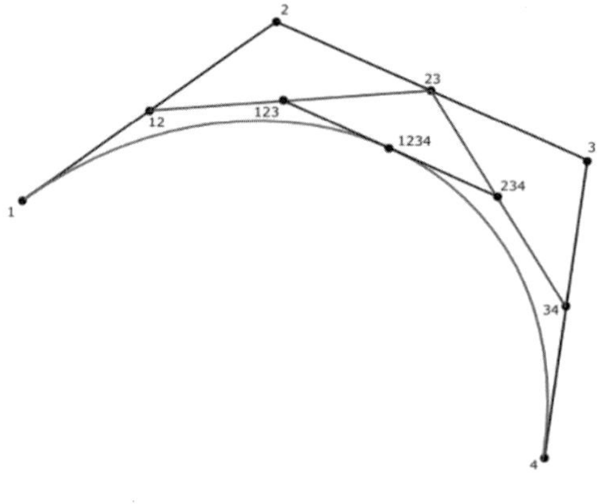

< 7-25 de Casteljau 알고리즘 [50] **>**

이와 같은 곡선분할 알고리즘을 이용해 곡선은 직선 조각들로 나뉘고, 곡면은 평면 조각들로 나눠 곡선조각을 둘러싸는 사각 영역(Maximum rectangle)에 대해서만 개략적인 교차계산을 빨리 수행하고 교차해가 있다고 판단되면, 실제 곡선식에서 계산된 값과 직선 조각으로 계산된 근사값이 허용오차 이내에 들어올 때까지 이 과정을 반복한다. 하위분할 방법을 사용하면 결국 다음 그림처럼 분할된 각 곡선조각을 이진형태의 트리로 각 곡선조각을 관리할 수 있으며, 실제 계산할 경우에는 이런 조각들을 미리 계산해 메모리에 담아두고 재활용해야 계산속도를 높일 수 있다.

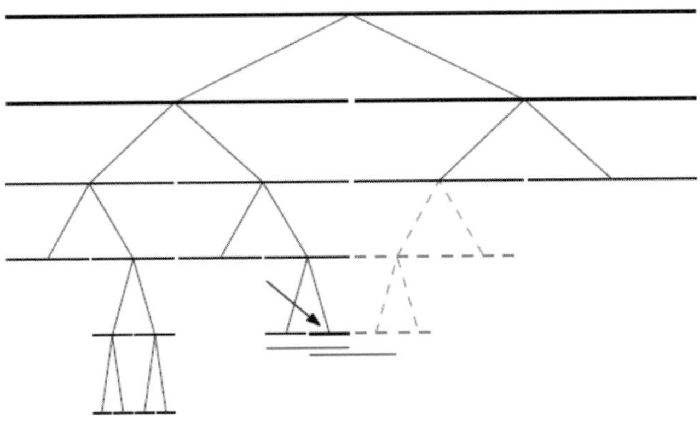

< 7-26 이진 하위분할 트리 [5] **>**

이렇게 계산된 교차점들을 정리하여 사용해, 곡선, 곡면의 잘라내기와 연장 처리를 한다. 교차, 제거, 병합과 같은 Boolean연산은 이런 교차계산을 모두 포함한다.

곡선 교차계산의 간단한 의사코드는 다음과 같다. 여기에서 IntersectAsLine 함수는 실제 뉴튼랩슨같은 수치해석기법을 적용하나, 이해의 편의를 위해 분할된 곡선조각이 직선처럼 근사화되었을 경우 IsPlatCurve 함수로 판단하고 직선 교차계산을 통해 교차점을 얻는 것으로 처리하였다. 곡면도 이와 유사한 방식으로 처리된다.

곡선분할은 베지어, B-spline, NURBS마다 적합한 알고리즘을 사용한다.

```
void Subdivision(Curve c, double t, Curve c1, Curve c2);

void Intersect(Curve c1, Curve, c2, PointList IntersectPointList)
{
    if(c1.IsPlatCurve() And c2.IsPlatCurve())
    {
        If(IntersectAsLine(c1, c2, IntersectPoint))
        {
            IntersectPointList.Add(IntersectPoint);
            Return
        }
    }

If(c1.IsOverlapWith(c2) == false)
```

직선으로 근사화된 곡선조각 쌍 c1, c2에 대해 교차계산을 수행하고, 교차해가 있으면 IntersectPoint를 리턴받는다.

주어진 c1과 c2 곡선조각이 서로 공간상에서 겹치는지 확인한다. 이때 곡선조각을 둘러싸는 최대 영역 박스를 구해 비교를 한다.
서로 공간상에서 겹치지 않으면 해당 곡선 조각에 대한 교차계산은 종료한다.

```
        Return;

    Curve Curve1SubC1, Curve1SubC2;
    Subdivision(c1, 0.5, Curve1SubC1, Curve1SubC2);
```

Subdivision 알고리즘을 이용해 곡선을 곡선 중심에서 두 개의 하위곡선으로 분할한다.

```
    Curve Curve2SubC1, Curve2SubC2;
    Subdivision(c2, 0.5, Curve2SubC1, Curve2SubC2);
```

분할된 곡선조각에 대해 각각 교차계산을 수행한다.

```
    Intersect(Curve1SubC1, Curve2SubC1, IntersectPointList);
    Intersect(Curve1SubC1, Curve2SubC2, IntersectPointList);
    Intersect(Curve1SubC2, Curve2SubC1, IntersectPointList);
    Intersect(Curve1SubC2, Curve2SubC2, IntersectPointList);
}
```

5. 폴리곤 연산

폴리곤 연산은 점으로 구성된 폴리곤간에 다음과 같은 불린연산(Boolean operation)이다.

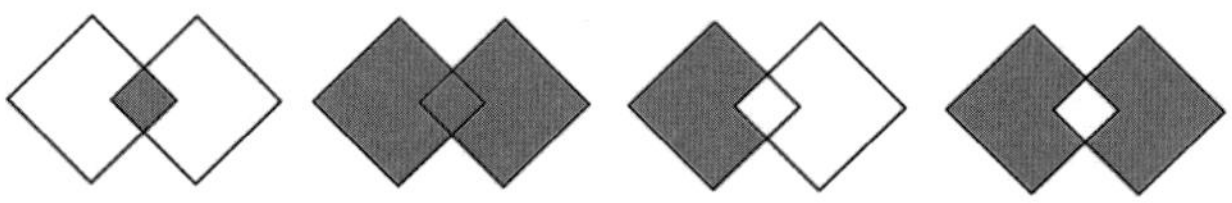

$A \cap B$ $A \cup B$ $A - B$ $A \otimes B$ $(A+B)-(A \cap B)$

< 7-27 폴리곤 연산의 예 **>**

불린 폴리곤 연산은 다양한 곳에 사용된다, 예를 들면 렌더링시 그림자 영역을 계산하거나, 도로, 단지 계획 법면 생성시 잘라내기 처리, 토공량 계산면적을 얻거나, 토공량 이동도의 그리드 영역을 블록 경계영역으로 잘라내기할 때 등이다. 그림 7-28은 클리핑 영역으로 폴리곤을 잘라내는 과정이다.

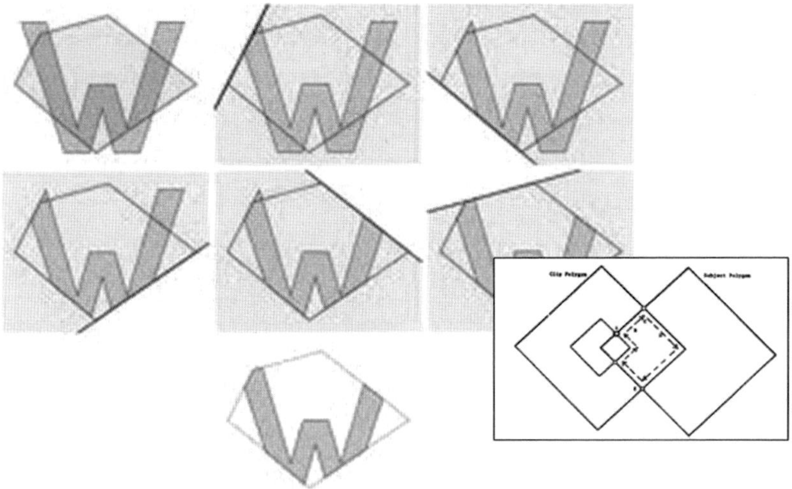

< **7-28** 폴리곤 잘라내기 연산 >

이 연산은 A, B 폴리곤간의 교차점 계산과 A 폴리곤에 포함되는 B 폴리곤의 정점을 얻어 적절히 처리해 주는 과정을 거친다. 폴리곤의 포함여부는 그림7-29와 같이 교차점 개수를 체크함으로써 간단히 확인할 수 있다.

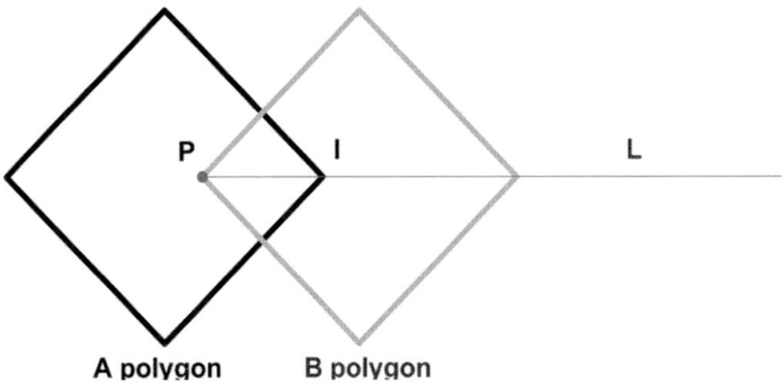

< **7-29** 폴리곤안에 점 포함여부 판단 >

좀 더 자세히 설명하면, 위 그림에서 A 폴리곤에 B 폴리곤 점 P에서 반무한 직선 L을 만든 후, 이 L과 A 폴리곤 경계선이 교차하는 교차점 I를 모두 구한다. I의 개수가 홀수 개이면 폴리곤 안에 포함된다. 수식으로 표현하면 다음과 같다.

$$P_{in} = \{P \mid Count(L(P) \cap Edge(Polygon_A)) \bmod 2 \neq 0\}$$

$Count$: 원소의 갯수

mod : 앞의 값을 뒤의 값으로 나눈 후 나머지 값

알고리즘은 다음과 같다.

```
bool IsInPolygon(Polygon P)
{
                                            P로부터 반무한 직선을 만든다
      L = CreateLineFromP(P);
      Count = 0;
      for(i = 0; I < Polygon.Edge.Count(); i++)
      {
                                                    폴리곤의 모서리를 얻음.
              Edge = Polygon.Edge(i);
              if(Edge.Intersect(L))                 교차점을 계산함.
                   Count = Count + 1;
      }
      If(Count % 2 == 0)                            교차점 개수가
              InPolygonFlag = false;                홀수인지 짝수인지 판단.
      else
              InPolygonFlag = true;

      return InPolygonFlag;
}
```

등고선은 같은 높이의 지형을 연결해 만든 선으로 수치 지형으로부터 다음 그림과 같이 자동생성될 수 있다.

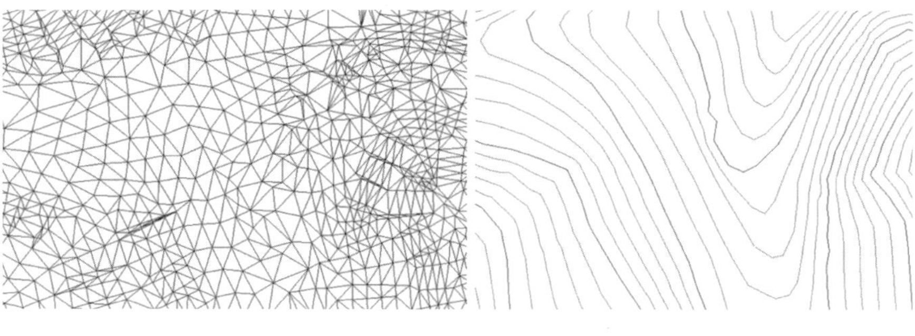

< 7-30 등고선 처리 **>**

등고선을 얻는 의사코드는 다음과 같다. 이 경우에는 삼각망(TIN)으로 처리된 수치지형에서 등고선을 얻는다고 가정하였다. 삼각망은 수많은 삼각형으로 구성된다. Polyline(연결선)은 일련의 점으로 구성된 리스트이며, 이 Polyline을 리스트 형태로 가지고 있는 것을 등고선(Contour)라 하였다. 이 함수는 등고선을 생성하기 위한 시작 높이와 끝높이, 그리고 등고선 간격을 입력 받는다.

교차계산을 위한 Intersection 함수는 주어진 높이의 평면과 삼각망을 구성하는 각 삼각형의 모서리에 대해 모두 교차계산을 하고, 교차된 점들은 인접관계를 위상적으로 판단하여 하나의 연결선으로 연결해 리턴해야 한다.

```
bool Intersect(Tin tin, Plane SlicePlane, Polyline polyline);

void CreateContour(Tin Tin, double BeginElevation,
                   double EndElevation, double Interval,
                   PolylineList Contour)
{
    for(ContourElevation = BeginElevation; ContourElevation <= EndElevation;
      ContourElevation += Interval)
    {
        SlicePlane = CreatePlane(ContourElevation);
        If(Intersect(Tin, SlicePlane, Polyline))
          Contour.Add(Polyline);
    }
}
```

삼각망을 주어진 높이의 평면을 만들어 교차계산을 한다.

참고로 평면과 모서리 직선의 교차계산은 다음 평면 방정식과 직선 방정식을 사용해 얻을 수 있다.

$$Ax + By + Cz + D = 0$$
$$P = P_0 + t(P_1 - P_0)$$

수치지형에서 얻은 등고선은 교차점이 연결된 연결선 형태로 표현되므로, 스플라인(spline) 같은 보간곡선을 이용해 후처리를 해주는 경우가 일반적이다. 다만, 스플라인은 국부적인 조정이 불가능하여 곡선처리된 등고선이 서로 겹칠 수 있다. 이런 문제는 국부조절이 가능한 B-spline같은 곡선으로 처리가 가능하다. 이와 같은 곡선은 앞서 언급한 바와 같이 제어점마다 가중치를 조절할 수 있는 방법을 제공하므로 만약 등고선끼리 교차된다면, 어느 정도 거리 비율로 조정할 수가 있다.

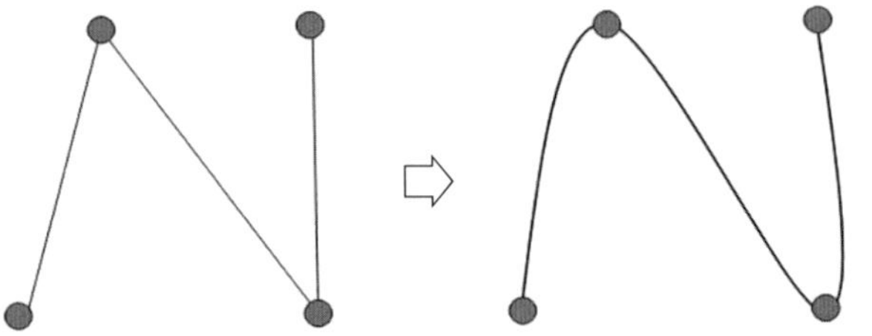

< **7-31** Spline 처리 >

이와 같은 수학기반의 그래픽 모델링은 언급한 바와 같이 수학 모델을 완전히 컴퓨터로 표현한다는 것은 불가능하므로, 어느 정도 표현 정밀도를 양보할 수 밖에 없으며, 모델러가 적용 분야에 따라 적절히 조정해 최적 설계를 도출해야 한다.

제8장

모델 위상 정보

Topology & Solid Model

8-1 솔리드 모델링 개요

BIM에서 기하 정보와 함께 이 정보를 서로 붙여주는 위상 정보를 살펴보기로 한다. 위상 정보는 위상학에서 파생된 것이며, 솔리드 모델링으로 정보를 생성한다.

솔리드 모델링(Solid Modeling)은 물체(Solid) 모델을 구성하는 각 요소들과 관계를 서로 모순되지 않게 기하학적, 위상학적(Topology)으로 상호간 정보를 연결하고 표현하는 작업이다. 이 연결정보도 또 다른 정보의 일종이므로 모델안에서 관리되어야 한다. Solid는 Vertex와 Edge만으로 표현된 Wireframe 모델에 비해 공간적 구분을 가능하게 해 준다.

여기서 위상학(Topology)이란 기하학적 모양을 연결시켜주는 방법에 대한 것이라는 정도로 이해하자. 예를 들어 그림 8-1과 같은 5면체 모델은 사실 선과 면으로 연결된 것이다. 이 연결성이란 정보를 같이 처리하지 않으면, 3차원 객체를 제대로 표현할 수 없다. 연결성이라는 것은 즉, 각 기하학적 객체를 이어 붙여주는 접착제같은 역할을 하는 것이고 이것이 위상정보이다. 위상정보는 상호 객체간의 인접성, 연결성을 나타내는 정보이다. 위상은 처리대상에 따라 적합한 형태나 구조로 나타내어 지며, 언어로써 이해하기 어려운 면이 있어, 그래프(Graph) 형식으로 구조를 표현한다. 이에 대해서는 차후 좀 더 자세히 다루도록 한다.

좀 더 쉽게 이해하기 위해 간단한 모델을 통해 Solid 모델링 관점에서 필요한 기하학적 정보와 위상정보를 생각해 보자. 예를 들어 아래와 같은 5면체 솔리드 모형이 있다고 하자.

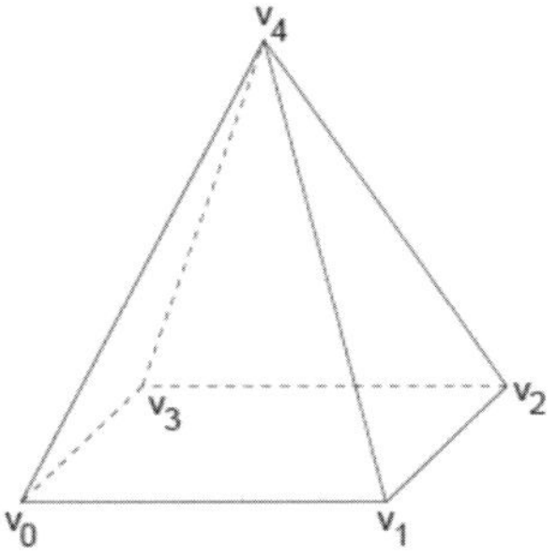

< **8-1** 면체 Solid 모형 >

그림 8-2의 Solid 모델은 5개의 면(Face)과 각 면에 대한 경계를 이루는 모서리(Edge), 모서리 끝의 경계를 정의하는 정점(Vertex)으로 이루어져 있다. 면이나 모서리에는 각 형상을 표현할 모델이 포함될 수 있다. 정점은 3D 좌표값이 포함된다. 이런 정보가 있어야 모형의 일부를 수정하거나, 그래픽으로 표현할 수 있다.

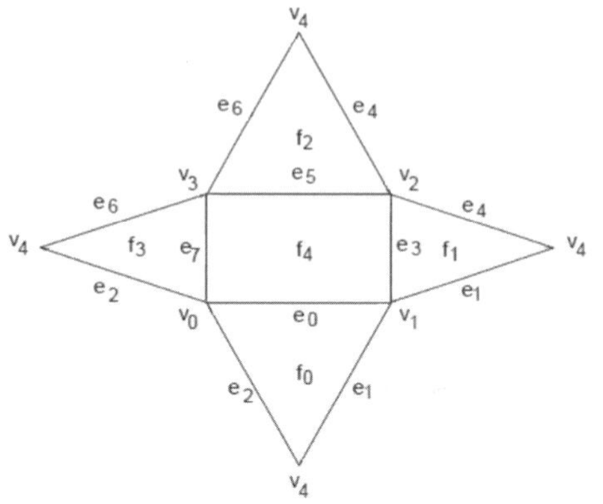

< **8-2** 펼쳐진 Solid 모델 >

Vertex, Edge, Face간 관계를 보기 쉽게 아래와 같이 면을 평면상에 펼쳐보자. 이 3차원 모델을 표현하기 위한 기하학적 정보와 위상학적 정보는 다음과 같다.

Vertex	**x**	**y**
0	x1	y1
1	x2	y2
2	x3	y3
3	x4	y4
4	x5	y5

Edge	시점	끝점
0	v0	v1
1	v1	v4
2	v4	v0
3	v1	v2
4	v2	v4
5	v2	v3
6	v3	v4
7	v3	v0

Face	**Edge 1**	**Edge 2**	**Edge 3**	**Edge 4**	**...**
0	e0	e1	e2	-	-
1	e1	e3	e4	-	-
2	e5	e6	e4	-	-
3	e7	e2	e6	-	-
4	e0	e7	e5	e3	-

< 간단한 Solid 자료 구조 >

이 자료구조 테이블은 위상적으로 Face가 포함된 Edge reference list를 관리하고 Edge가 포함된 Vertex reference를 관리하도록 되어 있다(Reference는 해당 테이블 index라고 생각하면 된다). Solid의 안과 밖을 구분하기 위해, 공간의 경계가 되는 Face가 관리하는 Edge List가 시계방향으로 정렬되어 있음에 주의하라. 이를 통해 Solid 바깥으로 향하는 vector를 구할 수 있다.

여기서 Edge는 기하학적으로 표현하는 정보와 관련된 시점과 끝점의 정보가 있으며, Face를 표현하기 위해 위상학적 정보인 Edge 참조 정보가 있어야 한다.

이런 구조는 사실 그래픽을 렌더링, 행렬 변환을 통한 모형 변환 등에는 문제가 없으나 Solid가 복잡해 질 경우, 다음과 같은 경우에는 성능저하가 발생한다.

1) Face를 이루는 요소의 증가

1)의 문제는 표에서 Face 테이블의 구조를 보면 이해할 수 있다. Face를 이루는 Edge의 개수가 많아질 수록 가변적으로 Edge reference를 관리해야 한다. 복잡한 형상일 경우 많은 메모리를 차지하게 되며, 이로 인해 계산성능에 저하된다.

2) 부분적 모델 수정

2)의 문제는 1보다 더 심각하다. 우리는 Solid 모형의 일부를 잘라내거나, 왜곡해 가면서 원하는 모형을 만들어 나간다. 대부분 국부적 변형이고, 변형을 하기 전에 필연적으로 Solid 구성요소의 일부를 검색하고, 그 주위 요소에게 변형이 가해지는 과정이 반복된다.

예를 들어 v4 Vertex를 삭제하려고 한다면, 이 표에서는 v4가 어느 Edge에 포함되어 있는지 Edge 표의 모든 Edge를 reference 값을 이용해 검색해야 그 영향을 받는 Edge들을 얻을 수 있다. 마찬가지로 특정 Edge를 삭제한다면, 이 Edge를 공유하는 Face를 검색해야 한다. 검색시 값에 의한 비교는 비교대상이 적을 경우는 관계가 없으나, 구성요소가 너무 많아지면 성능저하 문제가 발생한다.

이러한 이유때문에 모델을 부분수정할 경우 검색을 하지 않고 위상정보에 의해 특정 요소 주위에 있는 요소를 빠르게 얻어낼 수 있는 정보가 필요하다.

모양을 만들어 나가는 과정은 모두 이와 유사한데 대표적으로 찰흙놀이를 생각해 보면, 찰흙 덩어리로 전체적인 모양을 만들기 위해 우리는 덩어리를 더하거나 빼서 불린연산(Boolean operation)하고 원하는 세부적인 모양을 얻기 위해 덩어리를 돌리며 다듬거나(Sweeping) 특정부분을 돌출(Extrude)시켜서 특정 모양으로 밀어 새겨 넣는 모델링 과정을 한다.

< 8-3 Cray modeling **>**

찰흙과 같은 경우 특정부분을 수정하면, 그 부분 주변에 영향을 주게 되어 있다. 이는 특정부분이 그 주변과 위상학적으로 연결되어 있기 때문이다. 위상학적 연결성을 파괴하지 않고 모델을 변경해 나가면 그림 8-4처럼 컵을 도넛으로 만들 수 있다.

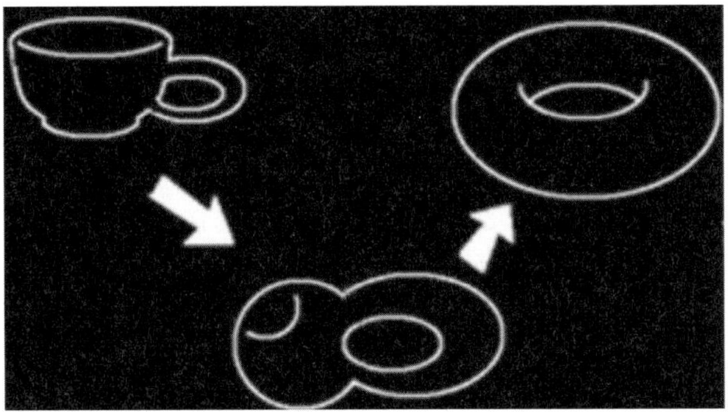

< 8-4 위상학적 연결성을 유지한 모델 변형 **>**

8-2 위상학

솔리드 모델링에서 위상을 표현하기 위해서는 솔리드를 구성하는 요소와 주변 요소의 연결성에 관한 정보가 있어야 한다. 그래야 한 요소를 수정했을 때 서로 뚝 떨어져 별개의 객체로 나뉘어지는 하는 문제를 방지할 수 있다.

즉, 어떤 지점이 있고 그 지점의 주변에 있는 지점을 빠르게 방문하고 싶다면 우리는 이 지점과 주변 지점간에 의미있는 관계정보를 미리 모델링하기 전에 미리 준비하고 있어야 한다.

이런 전체 요소들을 검색하지 않고 특정 요소부터 주위 요소들을 방문하는 문제를 처음 학문적으로 제기한 사람은 쾨니히스베르크의 다리 문제(Euler, 1741)로 유명한 오일러이다. 우리에게는 한 붓 그리기로 알려져 있는 이에 대한 연구가 위상학의 시초라 볼 수 있다. 위상학은 요소와 관계의 의미에만 관심이 있다. 그래서 도넛과 컵은 동일한 위상으로 판단된다. 여기에 대수기하학적 관점은 배제한다.

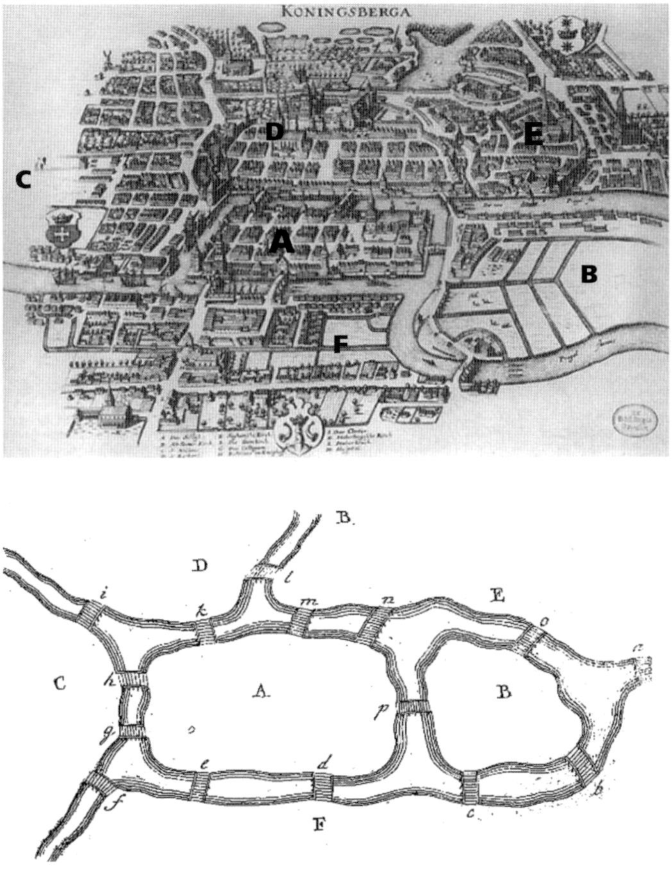

< 8-5 쾨니히스베르크의 다리 문제 **>**

이런 위상론에서 얻고자 하는 것은 '위상 기반 추적성'이다. 3차원 모델을 구성하는 정점과 모서리들은 서로간의 연관관계가 없다면, 서로 독립적으로 표현되므로 상호간 추적성을 얻기가 어렵다.

추적성은 마치 3차원을 보지 못하는 개미가 2차원상에서 먹이와 개미집 사이의 경로를 탐색하는 것과 매우 유사하다. 개미는 경로를 추적할 때 지나간 자리에 적절한 표시를 남기고, 불필요한 경로는 표시를 제거한다. 만약, 동일 기하학적 위치에 경로가 여러 개가 있다면 이런 알고리즘을 적용할 수 없다. 표시할 때 판단되는 것은 경로상의 속성들이다. 먹이에 대한 자취 같은 것이 경로상에 떨어져 있다면 개미는 그 속성들을 취사 선택해 표시하면서 경로를 탐색한다. 경로는 중간에 단절되어 있으면 안 된다. 개미의 출발지와 목적지는 vertex로 정의되고, 그 사이 경로는 edge로 표현될 수 있다. edge는 개미가 탐색해 나가는 경로의 방향성을 표현할 수 있어야 한다. edge로 둘러싸인 영역은 face로 정의된다. 이러한 위상 요소들의 모임은 위상 그래프(graph)로 정의할 수 있다. 위상 그래프를 만들 때는 다음과 같은 점을 유의해야 한다.

첫째, 중복성 배제

하나의 경로는 하나의 edge로 표현되어야 한다. 모호한 탐색이 되지 말아야 한다.

둘째, 연결성

하나의 vertex에 연결된 edge를 얻거나, edge로 둘러싸인 face를 얻을 수 있어야 하고, 그 반대의 탐색도 가능해야 한다.

이런 개념을 컴퓨터를 이용한 모델링에 연구한 대표적인 위상구조는 1974년에 Bruce Baumgart가 "Geometric modelling for computer vision"에서 발표하였으며, 이와 대동소이한 위상구조가 현재에도 여러 컴퓨터 그래픽 분야에 활용되고 있다. 이 연구는 크게 기하 모델링, 다면체에 대한 날개 모서리(Winged edge) 구조표현, 기하 모델링 시스템, 컴퓨터 비전을 위한 은신제거, 다면체 교차 계산문제를 다루고 있다. 아울러 날개 모서리 구조를 바탕으로 한 오일러 연산자(Euler primitives)를 정의하고 이를 바탕으로 오일러 법칙에 맞는 솔리드 모델을 생성할 수 있음을 보였다. 이 연구의 우수한 점은 위상학적 개념을 컴퓨터 그래픽에 접목하였다는 점이다. 이로써 캐드 이론이 기하학적 표현 뿐만 아니라, 그 사이의 관계에 대한 위상도 효과적으로 다루게 된다. 이 부분은 후에 좀 더 자세히 다루도록 하겠다.

[필자주 – 이 시점에서 개인적으로 캐드에 관심을 가지고 연구했을 때 매우 공감했던 Baumgart가 연구에 영감을 준 철학을 언급하고 싶다.

For the purpose of presenting my argument, I must first explain the basic premise of sorcery as Don Juan presented it to me. He said that for a sorcerer, the world of everyday life is not real, or out there, as we believe it is, For a sorcerer, reality or the world we all know, is only a description. For the sake of validating this premise Don Juan concentrated the best of his efforts into leading me to a genuine conviction that what I held in mind as the world at hand was merely a description of the world a description that had been pounded into me from the moment I was born

- Carlos Castaneda. Journey to Ixtlan.

공교롭게도 카스타네다(Carlos Castaneda, 1925 ~ 1998.4.27)가 본인의 문화인류학적 연구를 출시해 큰 반향을 일으킨 시점은 Baumgart가 컴퓨터 그래픽을 연구하는 시점과 일치하고 Baumgart가 이 논문을 낸 시점은 본인이 세상에 태어난 해이기도 하다. 그래픽은 사실 소프트웨어의 일종이라 샤먼의 마법을 통한 창조된 세상의 구축과 철학적으로 일치하는 면이 있다. 이런 마법을 추구했던 사람들이 일부는 IT 분야로 흘러가 애플과 같은 회사를 만들었으니 말이다. 본인은 컴퓨터 그래픽을 연구하면서 이 세계가 실제가 아닌 플라톤의 동굴우화처럼 묘사된 것이 아닐까라는 생각을 가끔 해보았다. 뇌도 전기로 자극을 받는 정보처리 시스템이므로 어떤 존재가 세상을 묘사할 적절한 자극을 우리도 모르게 주고 우리가 그것을 세상이라 믿는 게 가능하다면, 역으로 그런 시스템을 개발할 수도 있지 않을까. 아래는 WorldViz란 회사에서 개발된 가상현실 화면이다.

< **8-6** WorldViz virtual reality >

8-3 솔리드 위상 모델

앞서 언급한 바와 같이 3차원 공간에서 물체(Solid)를 정의하는 방법에는 원, 원뿔 등의 단위형상에 대한 Boolean 연산을 이용해 물체를 만드는 CSG방식과 물체의 표면을 정의하는 B-rep방식이 있다. 위에서 언급한 방식은 B-rep방식으로 현재 대부분의 솔리드 모델러는 국부적 변형을 통한 복잡한 모델처리 및 고속계산이 가능한 B-rep방식을 사용하고 있으며, 개념상 편리한 CSG방식을 기능적으로 구현하고 있다. 이 두 가지는 다음과 같은 장단점이 있다.

모델링 방법	장 점	단 점
CSG	1. 직관적인 모델링 작업 2. B-rep에 비해 구현이 쉬움	Primitive만으로는 부드러운 곡면을 구현하기 어려움
B-rep	곡면 모델링 형상에 제약이 없음	구조가 복잡해 구현이 어려움

Ian C. Braid가 연구했던 B-rep구조는 다음과 같다. 이 구조는 지금 많이 사용되는 솔리드 모델러 구조와 별반 다르지 않다.

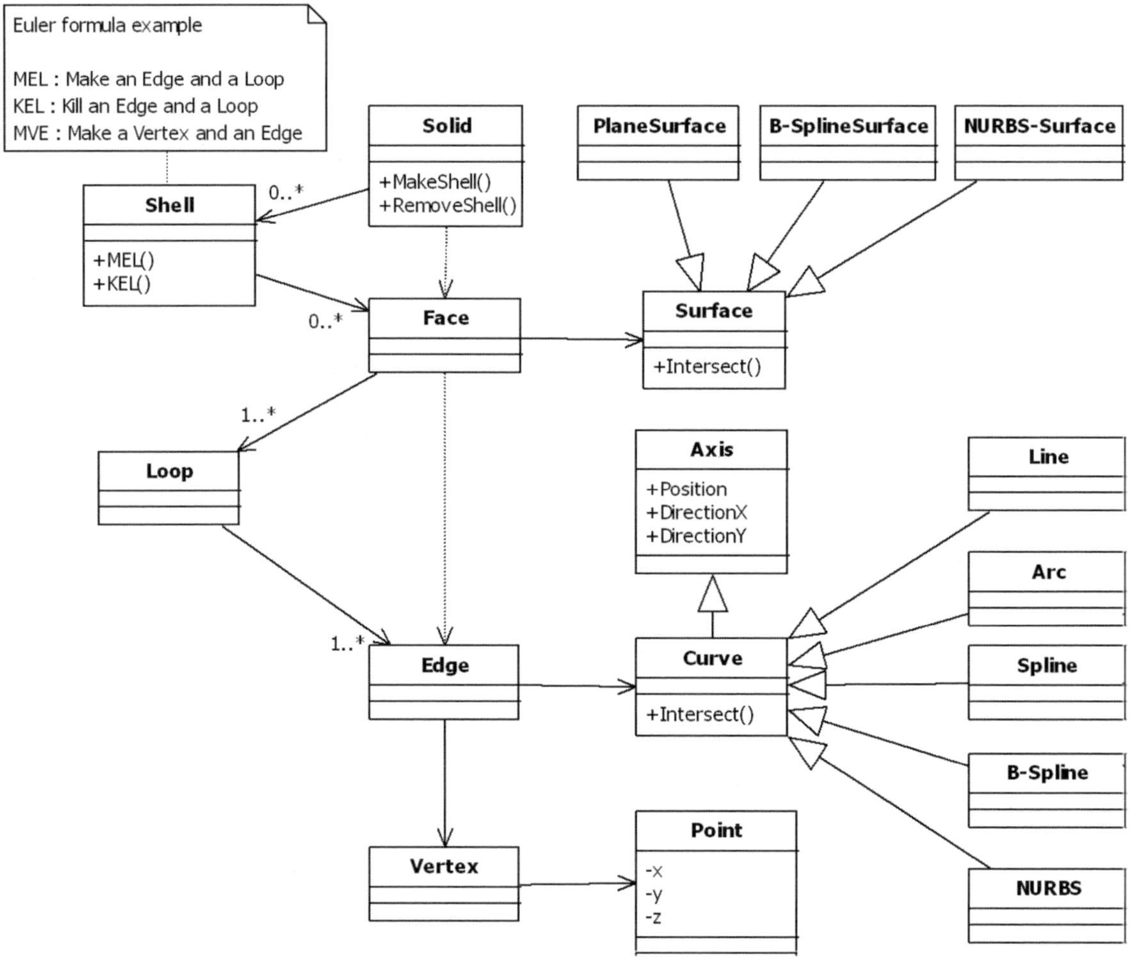

< **8-7** B-rep 모델 구조 >

B-rep구조는 언급한 바와 같이 공간을 면으로 제약(Limited)해서 3차원 모델, 솔리드를 표현하는 방식이다. 이 구조를 이해하기 위해 간단한 큐빅 솔리드 모델을 다음의 그림과 같이 가정하자.

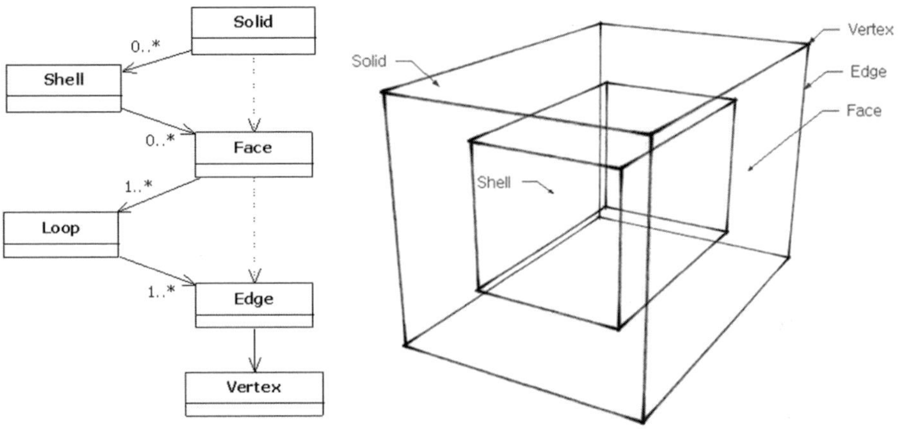

< **8-8** B-rep 모델 구조 >

그림에서 보는 바와 같이 각 위상요소는 3차원 물체인 솔리드(Solid), 쉘(Shell), 면(Face), 루프(Loop), 모서리(Edge), 정점(Vertex)으로 이루어져 있다.

솔리드는 내부에 텅빈 부분을 표현하기 위해 3차원적으로 물체의 껍질을 표현하기 위한 쉘을 가진다. 솔리드는 기본적으로 하나의 쉘을 가진다. 그림8-8은 안과 밖 두 개의 쉘이 있는 경우이다. 쉘은 여러 개의 면으로 구성된다. 면은 그 안에 여러 개의 폐합 모서리들로 구성된 루프를 포함한다. 루프는 다음 그림과 같이 구멍뚫린 물체를 표현하기 위해 필요하다. 루프를 구성하는 모서리는 서로 간에 위상적으로 연결되는 순서가 있다.

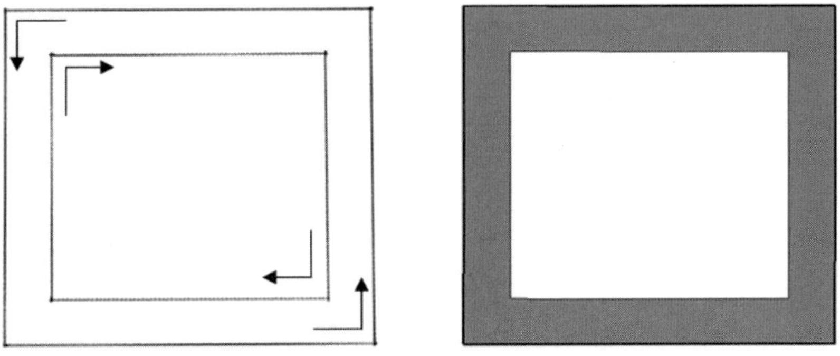

< **8-9** 면과 루프의 관계 >

위 왼쪽 그림에 화살표는 이 순서를 표현한 것이다. 이 순서를 이용하면, 앞서 언급한 면의 법선 벡터을 이용해 면에 포함된 루프의 안과 밖을 판단할 수 있다.

아래 그림과 같이 각 루프가 포함하는 Edge는 특정방향으로 위상정렬이 되어 있기 때문에, Face의 법선벡터를 사용하면, Solid의 안과 밖을 판단해 공간을 구분할 수도 있다.

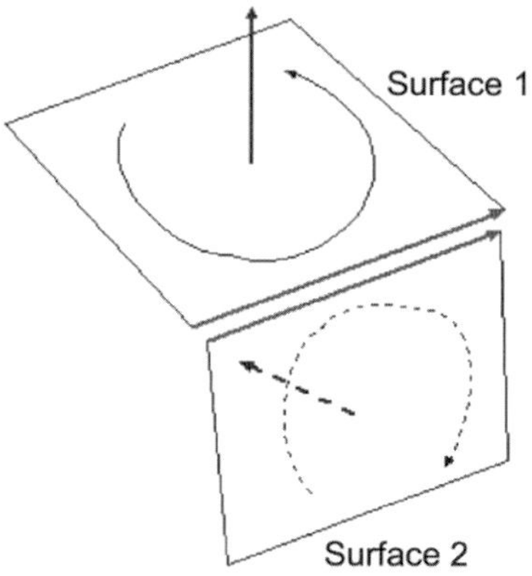

< **8-10** 모서리 방향성에 따른 법선벡터의 차이 >

이를 이용해 아래 그림과 같이 바깥 루프와 안쪽 루프사이에 삼각화와 같은 유한요소 생성을 통해 내부를 채워주면 8-9의 오른쪽 그림처럼 구멍을 표현할 수 있다. 이때 안쪽 루프의 유한요소는 제외시킨다.

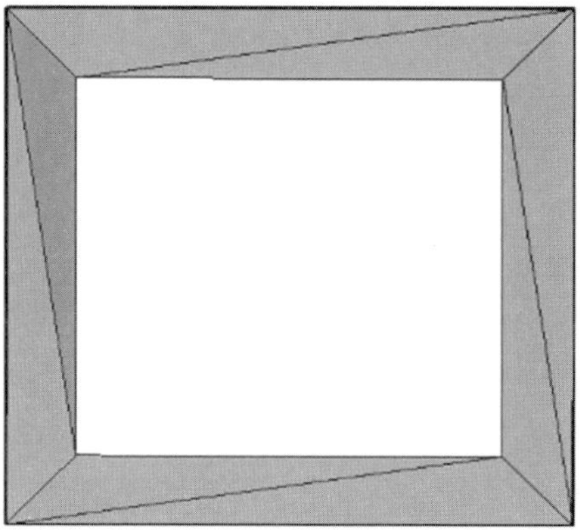

< **8-11** 루프를 이용해 면을 삼각화한 결과 >

그림 8-12는 이를 이용해 구멍(Hole)이 있는 솔리드를 표현한 것이다. 3원 공간에서도 언급한 면의 루프를 이용해 안과 밖을 구분할 수 있다.

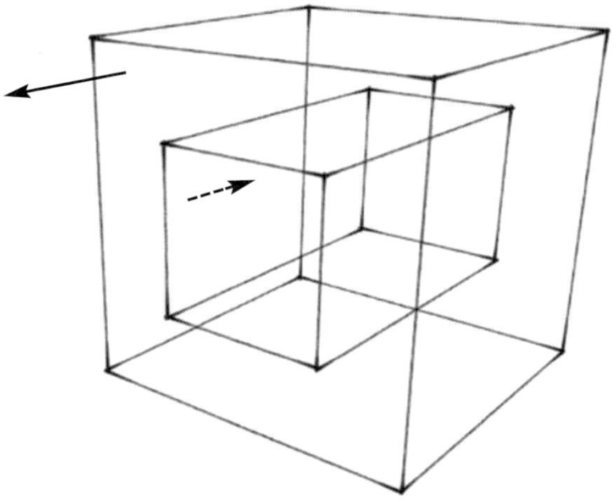

< **8-12** 면과 루프의 관계 (실선 화살표 : 바깥쪽, 점선 화살표 : 안쪽) >

루프를 이루는 모서리는 모서리를 구성하는 정점을 가진다.

이로써 솔리드를 이루는 각 요소는 서로 인접해서 연결되어 있으며, 하나의 변화가 다른 요소에 쉽게 영향을 미칠 수 있다.

이제 이 위상요소를 실제 현실에 묘사하기 위해 표현할 기하학적 정보가 필요하다. 이를 위해 그림 8-13과 같이 Face, Edge, Vertex마다 표현하고자 하는 기하학 정보를 연관시켜주어야 한다.

이 기하요소에 대한 역할은 다음과 같다.

위상요소	기하요소	역 할
Face	**Surface**	곡면을 표현한다. 곡면은 평면, B-Spline, NURBS와 같은 것이 있으며 곡면생성을 위해 Curve를 참조한다.
Edge	**Curve**	곡선을 표현한다. 곡선은 Line, Arc, Spline, B-Spline, NURBS와 같은 것들이 있다.
Vertex	**Point**	지점을 표현한다. 점은 X, Y, Z 요소로 구성된다.

< 위상요소와 기하요소 연관 내용 >

곡면과 곡선은 CSG방식의 불린 연산을 위해 교차계산(Intersect) 함수를 모든 곡선이나 곡면에 대해 계산할 수 있도록 정의해야 한다. 이 부분은 언급한 바와 같이 수치해석적인 방법으로 계산할 수 있다.

Arc와 같은 2차원 곡선을 특정 사용자가 정의한 3차원 공간상에 생성하고자 한다면, 축(Axis)을 정의해야 한다. 축은 원점(Position), X방향 벡터(Direction X), Y방향 벡터(Direction Y)로 구성된다. 두 개의 벡터를 알고 있으면 외적을 이용해 Z방향 벡터를 구할 수 있다. 이렇게 구한 좌표계를 모델 좌표계 혹은 지역 좌표계라 한다. 이 모델 좌표계를 이용해 2차원 요소를 3차원 공간상에 표현할 수 있다.

특정 위상 요소가 계산시 반드시 필요한 주변 인접 위상요소와 관계를 가지고 있다면, 각 요소에 변경되는 부분만 찾아 신속하게 계산할 수 있다. 아울러 오일러 법칙이 성립되는 솔리드를 만들기 위한 오일러 연산자를 기반으로 솔리드 모델링을 한다면, 모델의 무결성 문제가 해결될 수 있다.

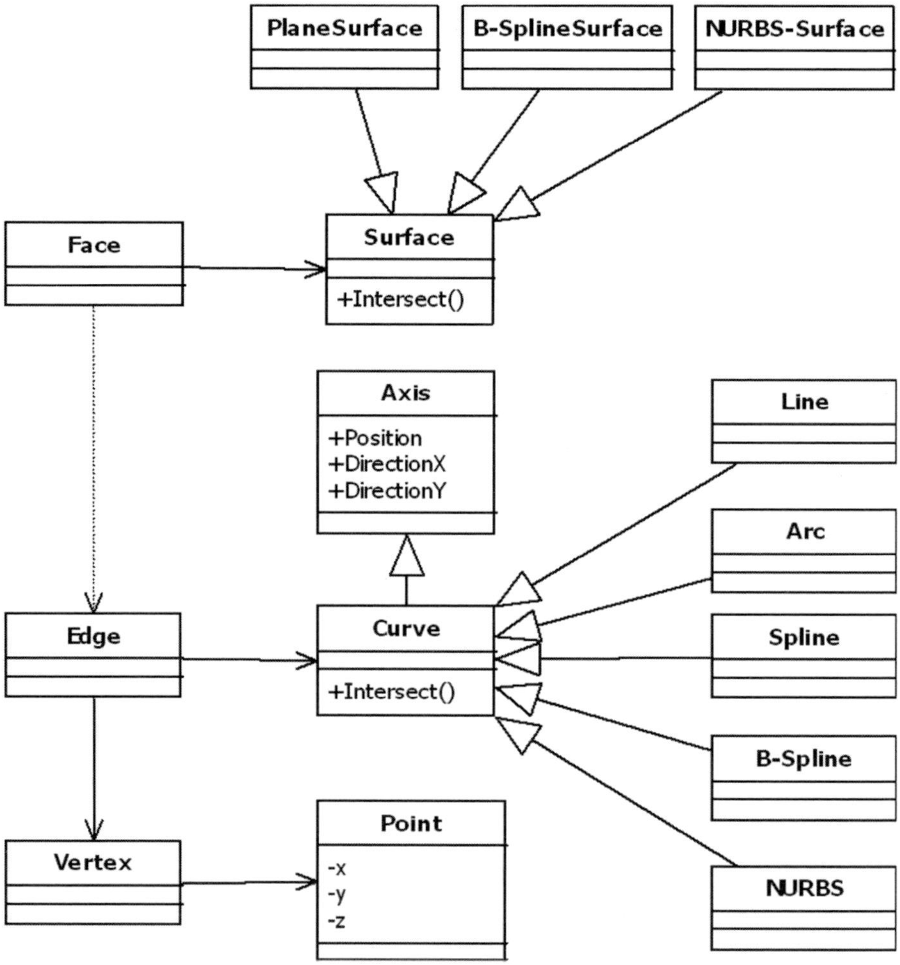

< 8-13 위상요소와 기하요소 연관 >

8.4 위상 구조

위상구조는 다양한 방법으로 표현이 가능하겠으나, 현재 사용되는 솔리드 모델구조의 대부분은 모서리와 관련되어 있다. 이와 관련한 최초의 연구는 언급한 Baumgart _ [31]의 winged-edge 위상구조와 오일러 연산자이다.

Baumgart가 연구한 Winged edge[Bruce Baumgart] 구조는 Vertex, Edge, Face와의 위상관계를 효과적으로 표현하였으며, 이는 오일러가 연구한 지점(Vertex)과 다리(Edge)의 관계와 본질적으로 유사하다.

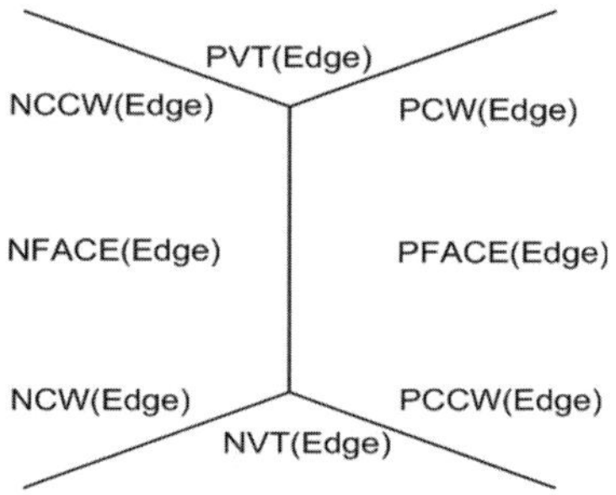

< **8-14** Winged edge 구조 >

위 Winged edge구조는 Edge를 중심으로 위상에 따른 Vertex나 주변 Edge, Face를 손쉽게 탐색할 수 있도록 해 준다. 그리고 특정 요소의 변경으로 변화될 위상 정보를 최소화시켜 준다. 예를 들어 Vertex에 접착된 Edge들 간에 상호 참조 정보를 모두 매달아 놓는다면, 특정요소가 삭제될 때 상호 참조된 모든 요소를 검사해 적절하게 수정해 주어야 한다. 이런 중복된 상호 참조 정보는 캐드 시스템의 신속한 처리를 저해한다.

그림 8-15는 이 위상구조를 UML을 이용해 정보모델링한 모습이다.

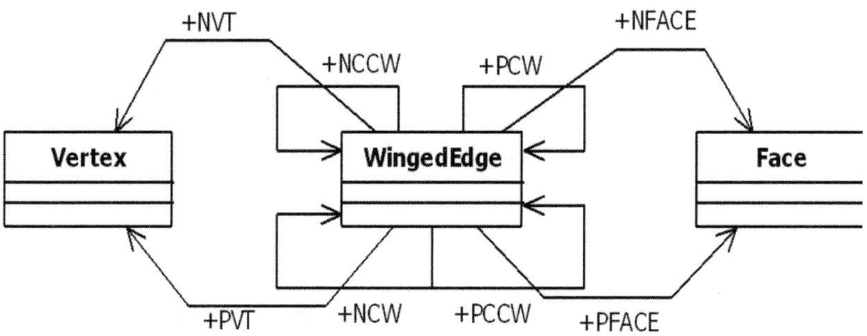

< **8-15** Winged Edge 구조 정보모델 >

정보모델에서 보는 바와 같이 Edge를 중심으로 시계방향(CW - ClockWise)이나 반시계방향(CCW - CounterClockWise)로 Edge를 탐색할 수 있는 위상 참조 정보가 포함되어 있으며, 직접 왼쪽과 오른쪽의 Face를 얻을 수 있도록 NFACE, PFACE 참조정보가 정의되어 있다. 이를 C++언어로 정의하면 다음과 같다.

```
class WingedEdge
{
public:
    Edge GetPreviousCounterClockwiseEdge() {return PCCW;};
    Edge GetPreviousClockwiseEdge() {return PCW;};
    Edge GetNextCounterClockwiseEdge() {return NCCW;};
    Edge GetNextClockwiseEdge() {return NCW;};
    Vertex GetPreviousVertex () {return PVT;};
    Vertex GetNextVertex () {return MVT;};
    Edge GetPreviousFace() {return PFACE;};
    Edge GetNextFace() {return NFACE;};

private:
    Edge NCCW;
    Edge NCW;
    Edge PCW;
    Edge PCCW;
    Vertex PVT;
    Vertex NVT;
    Face NFACE;
    Face PFACE;
}
```

이 구조에서 각 요소를 탐색하기 위해 하나의 위상요소에서 다른 요소를 참조하는 하기 위해 다음과 같이 위상 연산자를 정의하였다.

위상연산자	의 미
PVT	Edge의 첫 번째 정점을 리턴
NVT	Edge의 두 번째 정점을 리턴
PCW	Edge의 시계방향 이전 Edge를 리턴
PCCW	Edge의 반시계방향 이전 Edge를 리턴
NCW	Edge의 시계방향 다음 Edge를 리턴
NCCW	Edge의 반시계방향 다음 Edge를 리턴
PFACE	Edge를 기준으로 오른쪽 Face를 리턴
NFACE	Edge를 기준으로 왼쪽 Face를 리턴

< 위상연산자 의미 **>**

Edge를 중심으로 Solid모델 생성시 위 연산자에 필요한 자료구조를 생성해 놓으면, 이 위상 연산자를 이용해 쉽게 특정요소 주변의 요소를 얻을 수 있고, 적은 량으로 자료를 효율적으로 관리할 수 있다. 예를 들어 NVT(Edge)를 공유하는 Edge 주위에 있는 Face를 모두 얻고 싶다면 다음과 같은 알고리즘을 적용하면 된다. 처음 언급된 자료구조를 이용하면 Vertex와 Edge reference를 이용해 Face table을 모두 검색해야 했을 것이다.

```
FaceList GetFaces(Edge e)
{
     FirstEdge = e;
       While(true)
       {
            Face = PFACE(e);
            FaceList.Add(Face);
            e = PCCW(e);
            if(FirstEdge == e)
              break;  // 조건을 만족하면 반복문을 빠져나온다
       }
       return FaceList
}
```

< 8-16 NVT(Edge)중심으로 Face를 얻어 리턴하는 알고리즘 **>**

지금부터 이 구조에 구멍을 표현하기 위해 루프를 도입해 보도록 한다.

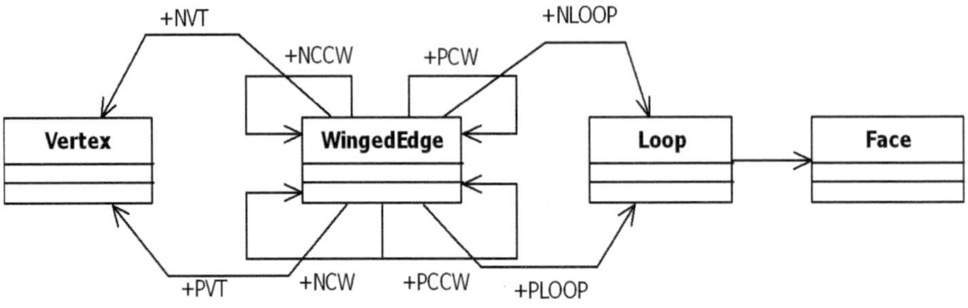

< 8-17 루프를 포함한 위상 정보모델 **>**

루프를 도입하면 앞서 말한 바와 같이 표면에 구멍을 위상적으로 표현할 수 있다. 그래프 형식으로 표현하면 다음과 같다. 보통 탐색 속도를 빠르게 하기 위해 그래프 요소간의 참조 정보는 이중 링크도 리스트로 구성한다.

루프는 아래 그림과 같이 구멍을 표현하기 위해 면을 이루는 외곽껍질과 안쪽껍질을 구분할 수 있어야 한다.

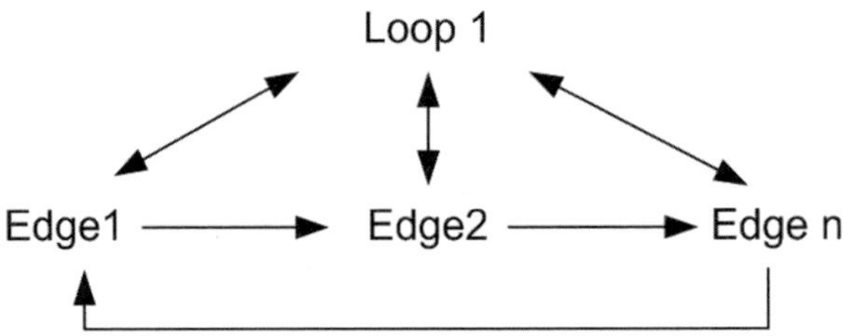

< 8-18 루프의 그래프 구조 **>**

이를 위해 부모 루프와 자식 루프로 이루어지는 다음과 같은 그래프 표현이 가능하도록 한다.

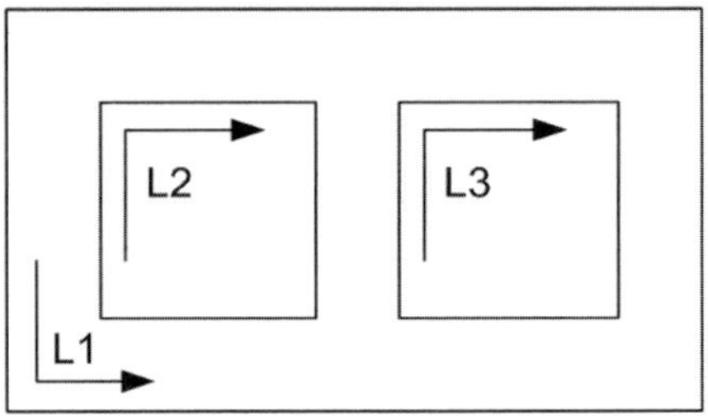

< 8-19 외곽루프 L1과 안쪽루프 L2, L3 **>**

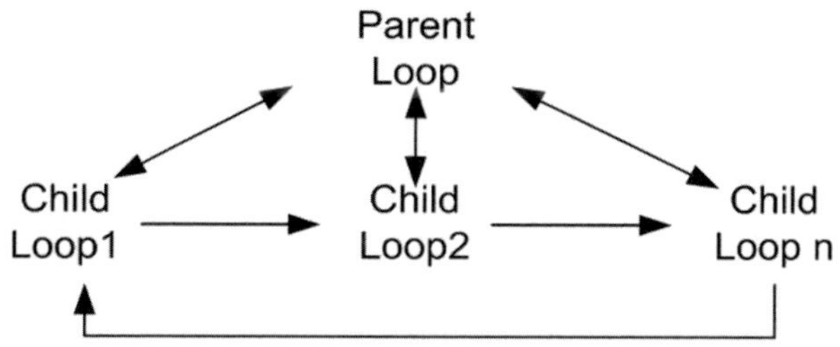

< **8-20** 부모 루프 및 자식 루프 >

다만, 루프는 본질적으로 면을 껍질로 구분하여 안과 밖을 표현하는 구조이기 때문에 위상적으로 본다면, 해당하는 면만 참조하는 것이 혼란스럽지 않다. 하지만, 하나의 모서리가 다른 여러 루프를 다음과 같이 참조해야 할 경우일 때는 해당 루프를 공유하는 공통 모서리가 모든 루프를 참조하게 해야 하며, 이로 인해 위상구조를 관리가 복잡해진다.

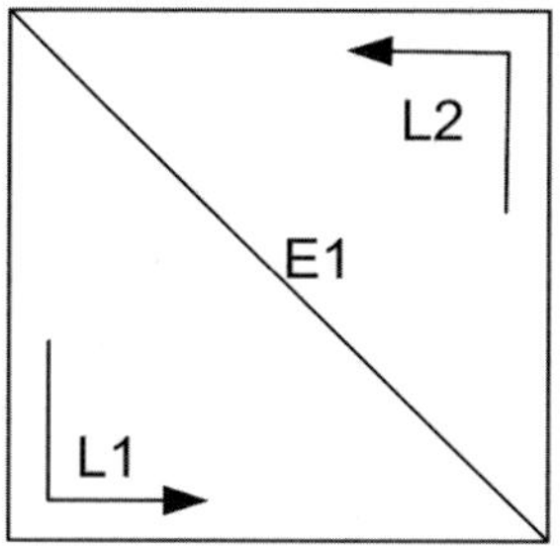

< **8-21** 공유 모서리의 예 >

이런 문제를 해결하기 위해 모서리를 해당 루프만 참조할 수 있도록 반으로 나누어 반모서리 구조로 기존 위상구조를 확장하도록 한다. 반모서리에서는 참조하는 정보가 기존 날개 모서리에 비해서 CCW, NVT, NLOOP만 관리하면 된다. 다른 한쪽의 루프는 반모서리의 반대편 참조정보인 OE를 통해 접근할 수 있다. 이렇게 반모서리로 나눈 다음 그림에 표현된 정보모델과 같이 기존 날개모서리 구조보다 관리해야 할 참조 정보가 적어지고, 편리해진다.

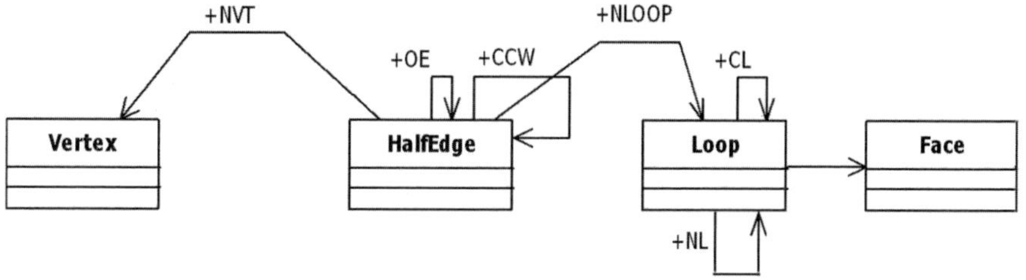

< **8-22** 반모서리 위상 정보모델 >

아울러, 부모 루프와 자식 루프를 쉽게 탐색할 수 있도록 CL(Child Loop), NL (Next Loop) 참조 정보를 관리하도록 한다.

참고로 처음부터 완전한 3차원 객체를 가정하지 않고 모델링할 수 있는 비다양체 (non-manifold)에 관한 위상구조는 그림 8-23과 같다. 비다양체 구조는 하나의 모델에서 와이어프레임(Wireframe), 곡면, 솔리드 모델을 모두 다룰 수 있다. 그림 8-23에서 언급한 구조는 ACIS 커널 구조로 C++로 개발되어 객체 지향적인(Object oriented) 방식으로 사용할 수 있도록 되어 있다.

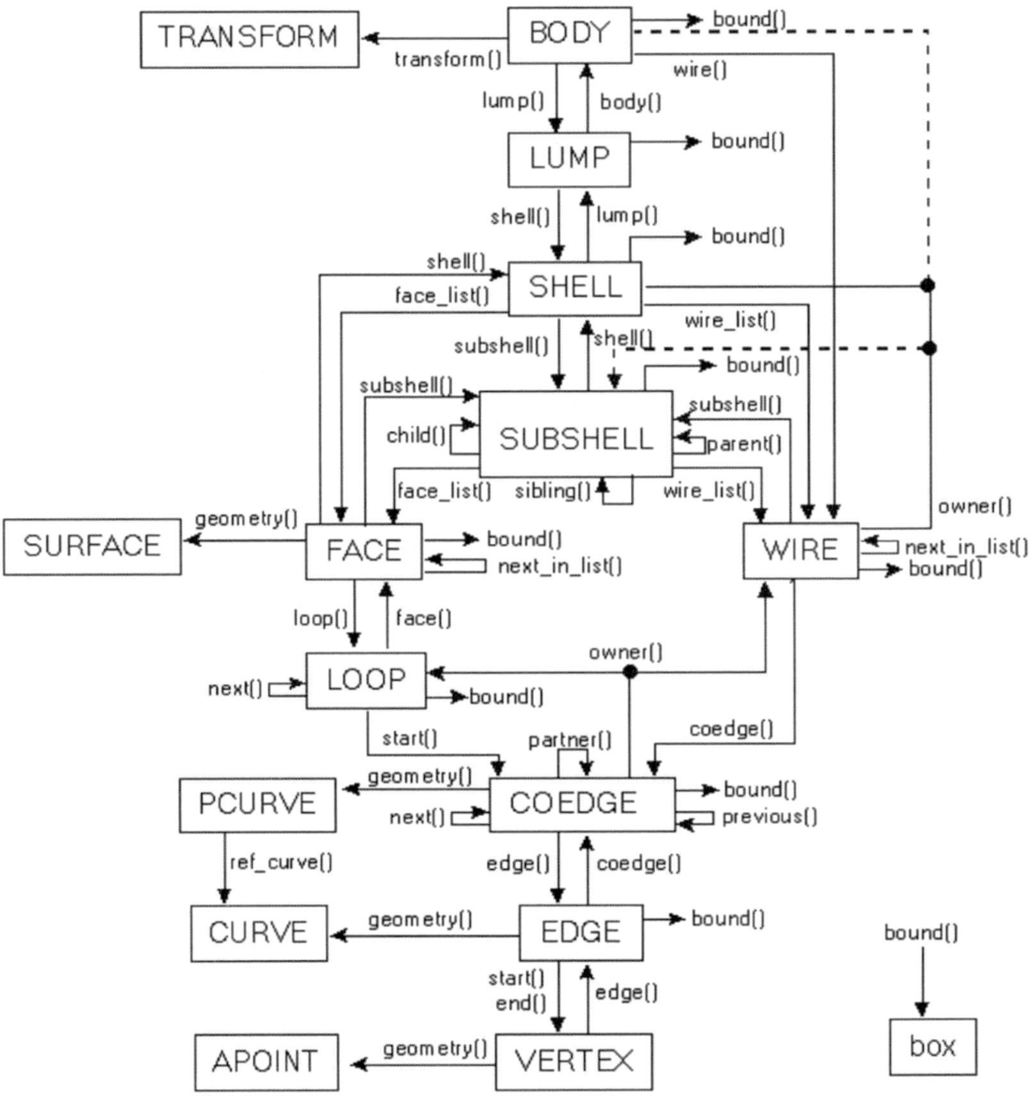

< 8-23 비다양체 구조(ACIS) [58] **>**

8-5 오일러 연산자

Solid 개념에 맞게 공리적으로 생성, 수정해 주는 연산자를 오일러 연산자라고 하며, 이를 통해 자료구조를 효과적으로 관리하게 된다. 오일러 연산자는 오일러 공식을 만족하는 Solid를 생성하는 연산자의 집합이다.

$$F + V = E + 2$$

< 오일러공식 >

오일러 연산자는 초기 몇몇 B-rep 연구자들을 통해 개발되었는데, 대부분 대동소이하다. 솔리드 모델을 생성하는 과정은 보통 정점에서 시작해, 정점과 정점을 연결하는 모서리와 루프를 만들고, 이를 반복함으로써 면과 입체를 만들어 나간다.

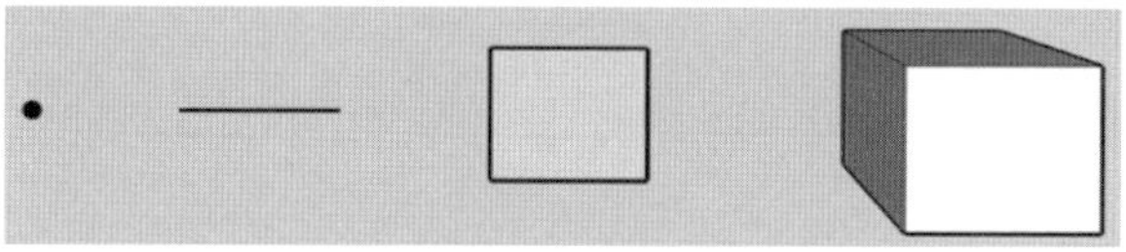

< **8-24** 정점에서 입체를 만들어 나가는 과정 >

다음 그림 8-25는 오일러 연산자는 점으로부터 시작해서, 모서리, 면, 물체로 만들어지는 과정이다.

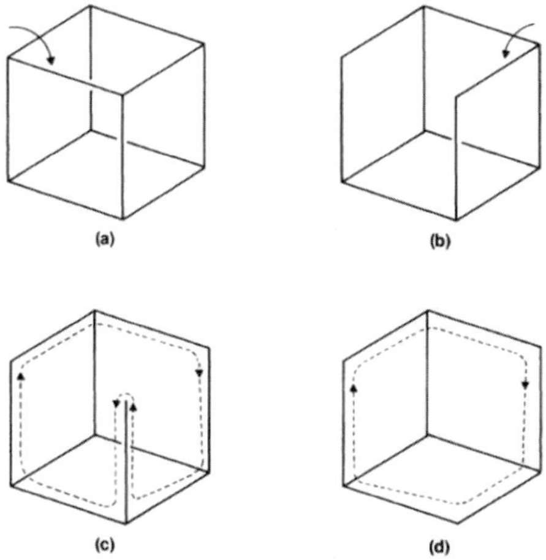

< **8-25** Euler 연산자 [23] >

여기에서는 연산자의 동작원리를 이해할 수 있도록, DesignBase 솔리드 모델러 개발에 참여한 Chiyokura가 제안한 것을 기준으로 몇몇 연산자의 처리 알고리즘을 기술해 보겠다. 처리속도를 고려하여 해당 연산자 함수의 구현시 입력자료는 레퍼런스 값으로 전달되며, 결과로 출력받는 것은 출력자료의 포인터를 사용한다고 가정한다. 이를 위해 함수 구현은 레퍼런스 연산자 &와 포인터 연산자 *를 사용하기로 한다.

A. MEL : Make an Edge and a Loop

이 연산자는 주어진 두 개의 정점을 이용해 새로운 모서리와 루프를 만든다. 이 오일러 연산자를 위한 함수 선언은 다음과 같다.

void MEL(Solid& Solid, Loop& Loop1, Vertex& V1, Vertex& V2, Edge& E1, Loop* Loop2)

연산자를 다음 그림 8-26의 육면체에 한 면에 적용한다면, 루프는 두 개로 나뉘어지고 새로운 모서리가 생긴다.

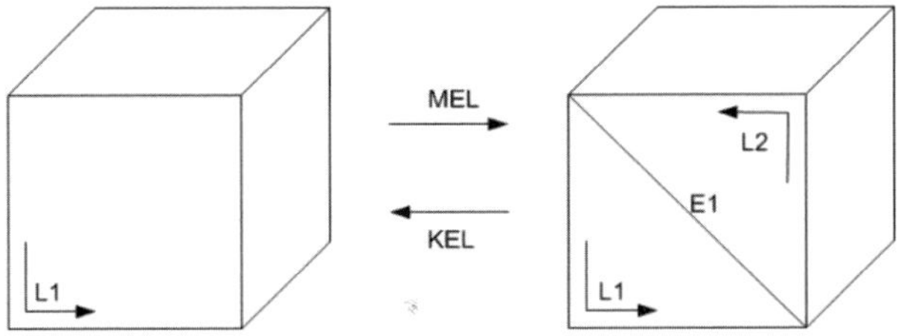

< 8-26 NVT(Edge)중심으로 Face를 얻어 리턴하는 알고리즘 **>**

이에 대한 일반적인 알고리즘은 다음과 같다. 단, 이 알고리즘은 입력되는 정점이 하나의 면에 속해 있다고 가정한다.

1) 연산자에 필요한 요소를 입력받는다. 만약 GUI시스템에서는 사용자가 해당 솔리드와 정점을 선택하도록 한다. 만약 명령기반 시스템이라면, 사용자가 직접 해당 위상 요소의 이름을 입력해 줘야 한다.

2) 선택한 정점을 이용하여 주변에 접한 모서리를 얻는다. 이 모서리의 이전 모서리와 이후 모서리 참조 정보는 그림 8-27과 같이 새로 만들어진 E1으로 수정되어야 한다. E1은 두 개의 반모서리 H1, H2로 만들어진다. 각각의 반모서리들은 새로 만들어진 루프를 참조하도록 수정되어야 한다. 다음 그림8-27에서 점선은 참조 정보를 의미한다.

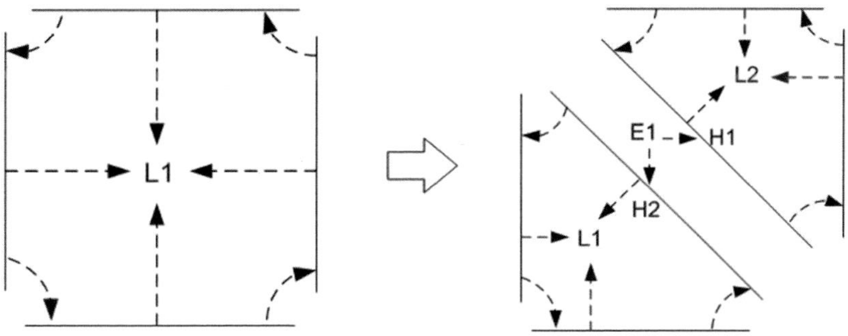

< 8-27 E1을 생성한 후 위상요소 참조 정보 **>**

B. KEL : Kill an Edge and a Loop

이 연산자는 주어진 모서리를 이용해 모서리와 연결된 하나의 루프를 삭제한다. 이 오일러 연산자를 위한 함수 선언은 다음과 같다.

void KEL(Solid& Solid, Edge& E1, Loop* Loop1, Loop* Loop2, Vertex* V1, Vertex* V2)

모서리 E1를 삭제하면서, 이와 관련된 위상요소를 리턴한다.
이 연산은 MEL의 역함수(reverse function)로 캐드 시스템에서 모델링시에 Undo와 Redo가 가능하도록 한다.

이에 대한 알고리즘은 다음과 같다.

1) 삭제할 모서리를 입력받는다.

2) 모서리에 연결된 루프 중 L2를 선택해 L2와 연결된 모서리들의 루프 참조 정보를 L2에서 L1으로 변경한다. 변경된 모서리에서 삭제될 E1의 반모서리를 참조하는 모서리들은 모두 그림8-27과 같이 L1에 연결된 전과 후의 반모서리로 정보를 수정한다.

3) 위와 같이 위상 참조정보가 모두 수정된 이후에 E1과 E1에 연결된 반모서리, 그리고 L2를 삭제한다.

이와 같은 방식으로 솔리드에 위상요소를 추가하거나 삭제할 때 관련된 위상정보를 모두 수정하여야 하며, 다른 연산자들도 유사하게 구현할 수 있다. 아래 표에는 DesignBase에서 정의한 오일러 연산자이다.

오일러 연산자	역 활
MVE	Make a Vertex and an Edge
KVE	Kill a Vertex and an Edge
KCLMPL	Kill a Child Loop and Make a Parent Loop
KPLMCL	Kill a Parent Loop and Make a Child Loop
MEV	Make an Edge and a Vertex
KEV	Kill an Edge and a Vertex
MEKL	Make an Edge and Kill a Loop
KEML	Kill an Edge and Make a Loop
MEVVL	Make an Edge, a Vertex, a Vertex and a Loop
KEVVL	Kill an Edge, a Vertex, a Vertex and a Loop
MZEV	Make a Zero-length Edge and a Vertex
KZEV	Kill a Zero-length Edge and a Vertex

이와 같은 오일러 연산자를 이용해 일반적인 솔리드 모델링 연산을 정의할 수 있다. 예를 들어 2차원 스케치에서 형상을 만들어 3차원으로 돌출(Extrude)하는 것은 다음 그림 8-28과 같은 일련의 오일러 연산자로 정의된다.

이 과정은 평면이나 곡면에 일반적으로 적용될 수 있으며, 이 위에 직선이나 곡선을 연결한 연결선 형태의 모양에서 3차원 모델을 만들 수 있다. 이와 관련된 알고리즘은 다음과 같다.

1) 특정 면 위에 주어진 연결선의 첫 번째, 두 번째 점을 가지고 MEVVL 연산자를 적용해 정점 두 개와 모서리, 루프를 만든다.

2) MEV 연산자를 나머지 연결선을 구성하는 선분에 대해 (n-1)번 적용한다. 마지막 n번째 선분에 대해 MEL을 적용해 면을 구성하는 루프를 생성한다.

3) 돌출을 위한 각 점에 대해 MEV를 적용한다. 이 결과로 n개의 모서리가 생성된다.

4) 각 생성된 n개의 모서리에 대해 n개 면을 만들기 위해 MEL을 적용한다.

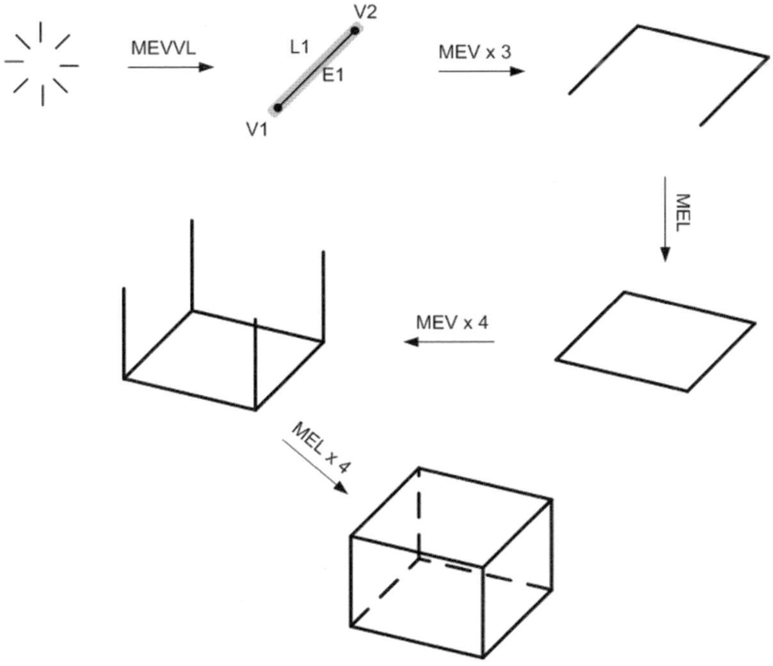

< 8-28 돌출연산을 포함한 솔리드 모델링 >

이런 방식으로 오일러 연산자를 이용해 솔리드 모델링을 할 수 있다.

솔리드 모델링의 대표적인 주요 연산자는 다음과 같다. 이외에 모서리를 꺽거나 다듬는 Fillet, Chamfer와 같은 국부 수정 연산자도 주로 사용된다. 오일러 연산자는 이때 마이크로 연산자(micro operation) 역할을 한다. 3차원 모델은 모두 아래와 같은 연산자를 지원하고, 이를 이용해 단순한 형상에서 복잡한 형상으로 모델링을 한다. 이외에 국부적으로 정점이나 제어점을 수정하는 국부적 연산을 사용할 수 있다.

솔리드 모델링 연산자	역　　할
Extude	특정 면 위에서 스케치를 들어 올리거나 밀어서 3차원 모델을 생성한다.
Sweep	3차원상의 특정 경로를 연결선으로 만들어 놓고, 이 연결선을 지나는 2차원 폐곡선을 이용해 이 경로를 따라감으로써 만들어지는 3차원 모델을 생성한다.
Revolve	주어진 중심선과 면을 이루는 곡선을 이용해 중심선을 기준으로 곡선을 회전해 만들어지는 3차원 모델이다.
Boolean	만들어진 두 개의 모델을 이용해 더하거나, 빼거나, 교차하는 또 다른 3차원 모델을 만드는 연산이다.

솔리드 모델링 연산자의 예는 다음과 같다.

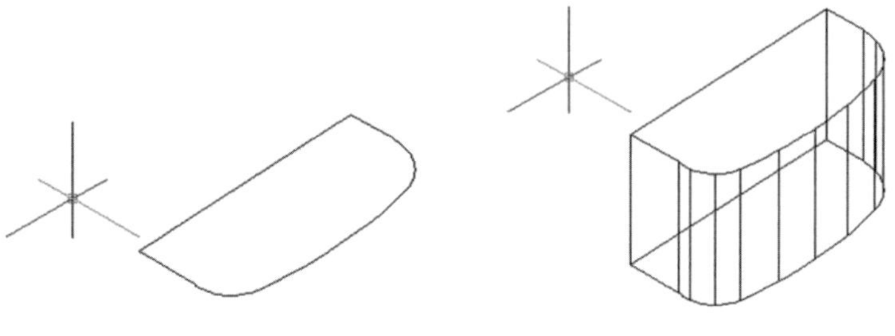

< 8-29 Extrude >

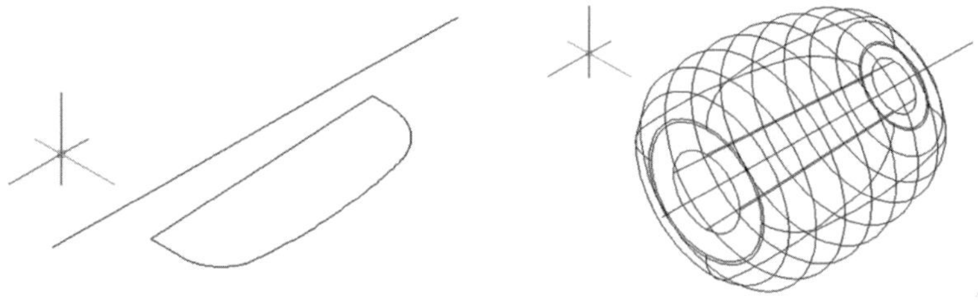

< 8-30 Revolve >

앞에서 언급한 바와 같이 그림 8-31과 같은 CSG방식 모델링은 B-rep로 구현될 수 있으며, 모두 오일러 연산자를 내부적으로 사용한다.

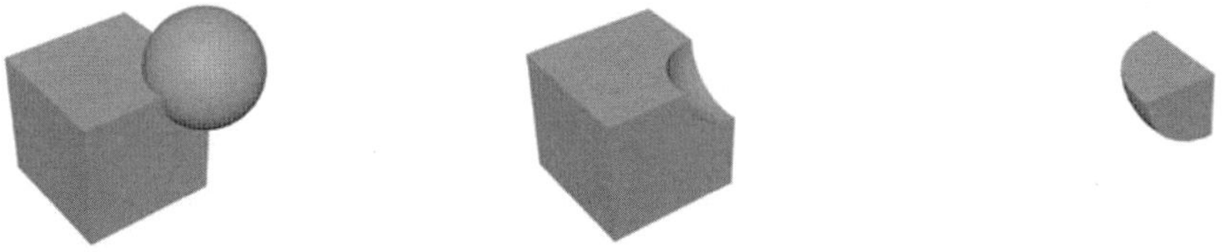

< 8-31 Boolean operation >

8-6 파라메트릭 모델링

파라메트릭 모델링(Parametric modeling)은 치수와 공차를 고려해 모델 디자인시 제약사항(Constraint)을 주어서 설계할 수 있는 방법이다. 이 방식은 설계변경에 유연한 모델을 만들어 추후 특정 객체의 치수만 수정함으로써 관련된 부분이 모두 수정될 수 있도록 설계자의 의도나 지식을 반영할 수 있다. 이러한 접근은 Hillyard 등에 의해 연구되기 시작하였다.

파라메트릭 모델링은 형상을 모델링할 때 형상을 구성하는 객체들 간에 수평, 수직, 평행, 곡선의 중심, 원의 중심, 치수, 각도 및 특정 계산식에 의한 치수가 적용된 객체를 계산할 수 있다.

[필자주 – 형상을 구성하는 요소(Element)를 여기서는 도형(Entity)대신 객체란 용어로 정의하였다. 이는 객체가 속성을 이루는 파라메터와 행위를 정의하는 함수로 구성이 되고, 파라메트릭 모델링에 파라메터와 함수를 사용자에게 드러내어 형상을 만드는 방식으로 진행되므로 도형보다는 객체란 용어가 적절하다고 판단하였다.]

이런 방식으로 한 객체는 다른 객체를 특정 방법으로 형상을 제약할 수 있다.

이런 개념을 처리하기 위해서는 객체간 제약관계를 표현할 때 파라메터(변수)와 수식을 사용해야 한다. 예를 들어 두 선분 A, B가 평행관계에 있어야 한다면, 다음과 같은 수식을 처리할 수 있어야 한다.

```
Angle = A.Angle
B.Angle = Angle
```

같은 길이로 제약된 선분이라면 다음과 같은 수식이 필요하다.

```
Length = A.Length
B.Length = Length
```

만약 항상 A 선분 길이 절반으로 B 선분 길이를 제약하고 싶다면, 다음과 같은 수식을 처리할 수 있어야 한다.

```
Length = A.Length
B.Length = Length * 0.5
```

특정 각도로만 제약하고자 한다면, 파라메터를 사용해 다음과 같이 처리할 수 있다.

```
Angle = 45
A.Angle = Angle
```

이 경우 A 선분은 항상 45도 각도를 유지하도록 형상이 제약된다. 이런 방식으로 제약사항은 일종의 제약식 연산자로 정의될 수 있다. 이런 제약식에는 IF 문과 같은 조건 연산자도 포함될 수 있다. 모든 형상이 파라메터로 이루어진 제약식으로 정의된다면, 한 객체 치수의 변경이 다른 객체 형상에 자동적으로 반영되게 할 수 있다.

다음은 현재 캐드에서 사용되는 대표적인 제약식에 대한 설명을 한 표이고, 그림 8-32는 라운드를 갖는 간단한 사각형을 파라메트릭 모델링한 것으로, 3개의 수직 제약식과 두 개의 접선으로 만들어지는 호, 그리고 3개의 파라메터(반경, 수직, 수평 길이)가 사용되었다. 이런 제약조건에서 사용자가 R 파라메터를 수정하면 오른쪽 그림과 같이 형상이 자동으로 수정된다. 이런 개념은 3차원 모델로 확장될 수 있다.

제약식	제약 내용	예
직교 (Perpendicular)	객체들은 서로 직교 처리된다.	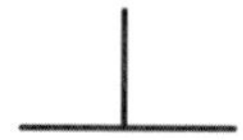
수평(Horizental)	객체들은 서로 수평으로 제약된다.	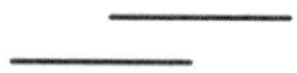
수직(Vertical)	객체들은 서로 수직으로 제약된다.	
접점(Coincident)	객체들은 시작점이나 끝점에서 접하여진다.	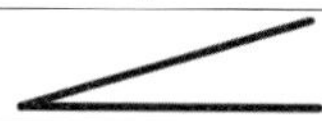
평행(Paralled)	객체들은 서로 평행이다.	
접선(Tangent)	제약되는 객체는 다른 객체의 접선에 의해 형상이 모델링 된다.	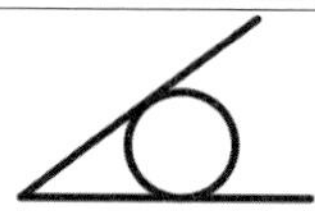
대칭(Symmetric)	참조되는 객체에 대한 특정 대칭축에 대칭해 형상이 모델링된다.	
동일(Equal)	참조되는 객체의 특정 파라메터(원의 반지름, 선의 길이 등)에 따라 형상이 모델링 된다.	
수식(Equation)	참조되는 객체의 파라메터(반지름, 선분기울기, 선분길이 등)를 사용해 형상을 결정할 객체의 파라메터를 수식으로 정의한다.	P = Line.Point1 Arc.CenterPoint = P

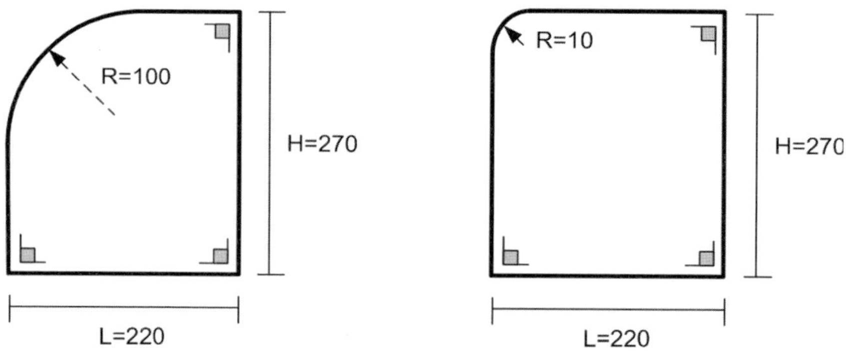

< 8-32 파라메트릭 모델링 >

파라메트릭 모델링은 어떤 객체의 출력 파라메터 값이 어떤 객체의 입력 파라메터 값으로 사용되므로, 그래프 형식으로 표현된다.

그래프 표현 형식은 다음과 같다.

1) 객체 : 객체는 객체 이름과 입력 파라메터, 출력 파라메터로 이루어진다.

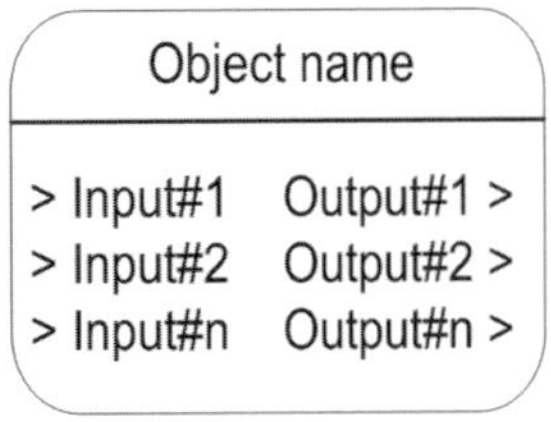

2) 상수값 : 고정된 값을 표현한다. 좌표나 각도, 길이가 될 수 있다. 아래는 좌표, 정수, 실수, 문자열에 대한 상수값을 나타낸다.

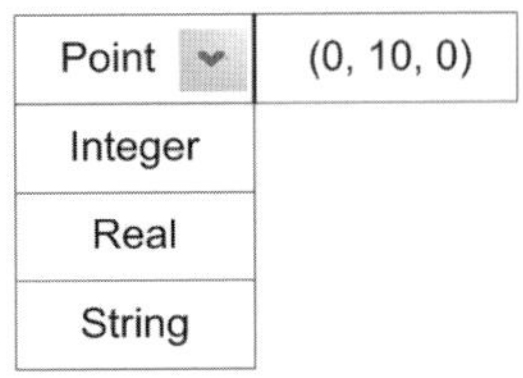

3) 수식 : 파라메터 값을 특정 값으로 가공하는데 적용된다. 아래는 나누기, 곱하기, 더하기, 빼기 및 제곱 함수 등을 표현하는 수식이다. 당연히 사용자가 로직을 만들어 입력 파라메터를 이용해 출력값을 계산해 출력할 수 있다.

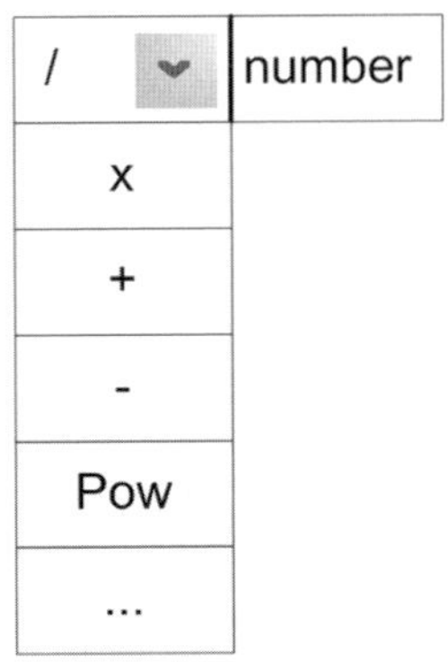

4) 제어문 : 조건문이나 반복문을 표현하며, 이를 이용해 특정 조건문에 맞는 형상이나 반복적으로 만들 필요가 있는 형상을 생성할 수 있다. 조건문은 입력받은 값이 주어진 값과 비교해 같거나, 크거나, 작을 때 조건에 대한 참과 거짓값(Boolean), 입력값을 출력할 수 있다. 논리연산은 두 개의 참, 거짓 논리값을 받아 논리값을 출력한다. 반복문은 초기값이 증가값으로 최종값까지 반복적으로 증가하면서 입력값을 출력값으로 전달한다. 다음 조건문 IF와 논리연산인 AND / OR, 그리고 반복문 LOOP의 예이다.

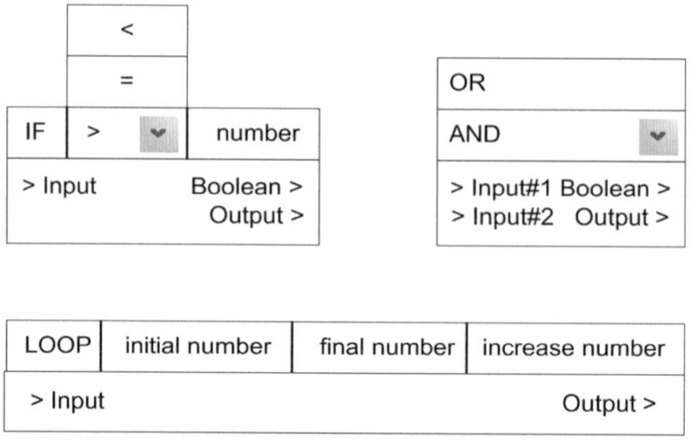

예를 들어 선분의 길이 L 파라메터를 이용해 L의 1/6이 되는 반경 R을 가지는 원을 디자인해 보자.

이를 위해서 선 객체의 파라메터 길이(L)을 이용해야 한다. 우리는 캐드 시스템에서 제공하는 제약식 그래프를 이용해 다음 그림 8-33과 같이 그래프 구조를 만들수 있다.

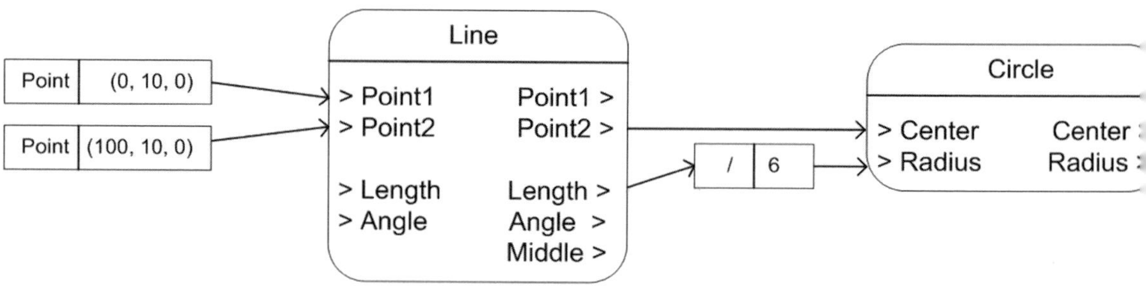

< 8-33 그래프 기반 파라메트릭 모델링 **>**

제약식을 적용할 때 자유도를 생각할 필요가 있다. 예를 들어 3차원 공간상의 점은 자유도가 3이다. X, Y, Z축으로 자유롭게 움직일 수 있다. 제약조건이라는 것은 이 자유도를 다른 파라메터로 제약하는 것과 같다. 이를 통해 파라메터 값만 수정함으로써 연결되어 자유도가 제약된 값도 자동으로 연쇄적으로 수정된다.

여기서 자유도 개수는 제약 수보다 항상 커야 한다. 예를 들어, 선분의 경우 자유도는 각 정점별로 3개씩 최대 6개가 될 수 있다. 길이(Length)와 각도(Angle)은 벡터로 표현되므로, 제약수가 3이다. 그러므로, 정점이 각각 제약되어 자유도 6개가 모두 사용될 경우 길이와 각도에 의한 제약은 사용할 수 없다. 이럴 경우 기존에 제약된 정두개의 정점중 하나는 풀어줘야 한다. 파라메트릭 모델링 시스템은 이런 부분을 자동으로 체크하고 사용자에게 적절한 모델링이 되도록 가이드 해 준다.

제약식을 표현한 그래프 구조를 만드는 것은 사실 무엇을 만들기 위해 프로그래밍 하는 것과 마찬가지며, 로직들을 객체 중심으로 그래프화시킨 것이므로, 일종의 문제해결을 위한 프로그래밍 언어라고 볼 수 있다.

이 결과를 실행하면 다음과 같이 디자인된 결과를 볼 수 있다.

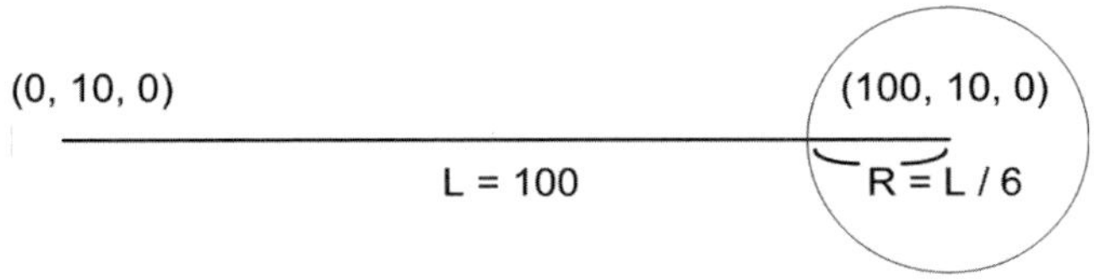

< 8-34 그래프 기반 파라메트릭 모델링 결과 **>**

이런 개념은 Parasolid 커널에서 처음 적용되었으며, 현재는 다양한 캐드 시스템에서 활용되고 있다. 그림 8-35는 파라메트릭 모델링을 적용한 캐드 모델링의 예이다.

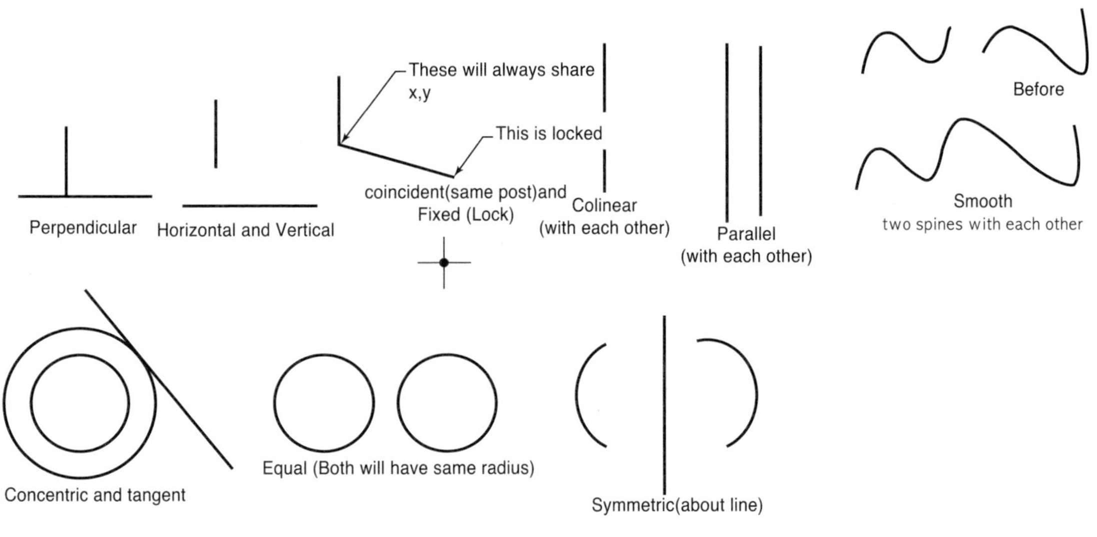

< 8-35 파라메트릭 모델링[Autocad] **>**

파라메트릭 모델링은 설계변경에 강력한 방법이긴 하지만, 서로간의 구속조건이 복잡해질 경우 어떤 객체를 변경했을 때 다른 객체가 어떻게 바뀌는지 직관적으로 파악하기 어려운 문제가 있다. 또한 하나의 제약식에 의해 나온 결과가 재귀적으로 다시 입력될 수 있는 가능성도 있다. 이런 문제는 시스템에서 자동으로 체크하고 가이드해주며, 예를 들어 미리 전체 제약식 그래프에 재귀적 루프가 생성되는지 자동으로 확인할 수 있다.

이런 파라메트릭 모델링은 다양한 분야에서 사용되며, 각 분야에 특성에 따라 조금씩 다른 용어로 이야기 된다. 일반적으로 기계 분야에서는 지금까지 언급된 용어가 대부분 유사하게 사용되고 캐드 시스템에 도구나 메뉴에 포함되어 있으나, 건설 분야에서는 직접으로 드러나기 보다 문제 해결에 적합한 방식으로 처리되어 있다. 다음은 Inroad에서 횡단을 설계할 때 사용하는 표준횡단 디자인의 예이다. 표준횡단을 디자인할 때도 각 요소마다 제약사항을 두어, 설계변경시에는 연쇄적으로 자동 수정되게 할 수 있다.

그림 8-36은 벤틀리사 마이크로스테이션 Inroad에서 파라메트릭하게 표준횡단을 정의하는 모습이다. 도로, 교량, 철도와 같이 선형 계획과 지반에 따라 동적으로 형상이 달라지는 모델은 중심선을 기준으로 포장과 같은 표면의 형상 정의가 편경사나 확폭과 같은 파라메터에 따라 자동으로 달라지고, 선형의 각 지점별로 모델링해야 하는 경사면 및 구조물들이 지형 환경 조건에 따라 가변성을 가진다. 그러므로 횡단 형상을 구성하는 각 요소의 치수는 모두 파라메터화 되어야 조건변화에 따른 적절한 형상을 자동으로 생성할 수 있으며, 설계변경에도 유연히 대처할 수 있다.

당연히 파라메트릭에서 사용되는 파라메터 변수는 엔지니어링 분야에 따라 다르게 정의되며, Inroad와 같은 경우 도로폭, 편경사(Superelevation), 포장두께, 사면높이, 사면경사 등이 포함될 수 있다.

파라메트릭 설계 방법은 모델 디자이너의 의도를 파라메터로 모델에 반영하므로, 설계변경시 파생된 형상 파라메터를 규칙에 따라 자동 갱신하므로 높은 생산성을 얻을 수 있다. 다만, 파라메트릭 설계를 과용하거나, 계획하지 않고 임의적으로 파라메터를 모델링하였을 경우 복잡한 요소간 구속조건 및 잘못된 선후 의존 관계로 인해 디자인을 하기 어렵게 되어 구속조건을 해체해야 하거나 다시 파라메트릭 구조를 재설계해야 하는 경우가 있으므로 미리 파라메트릭 모델 구속조건의 의존성을 생각한 후 사용해야 한다.

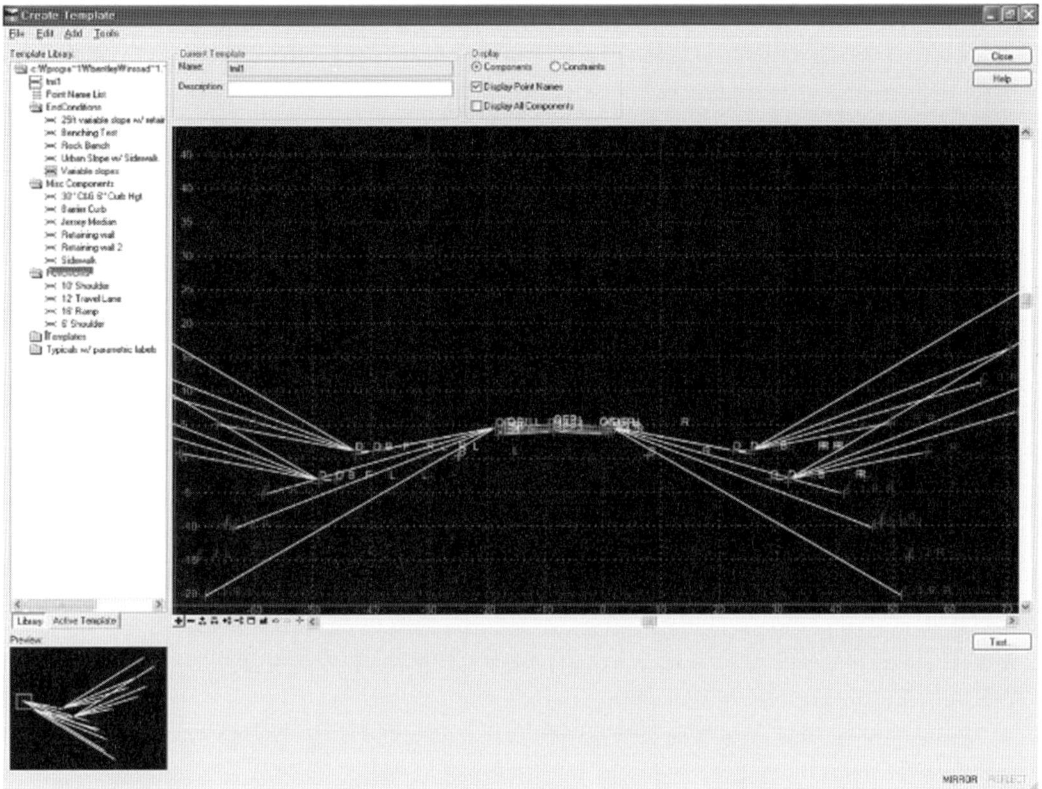

< **8-36** Inroad template >

제9장

모델 객체 정보

Object

9-1 개요

BIM은 솔리드 모델만으로 건설 정보를 묘사하는 데 한계가 있으며, 모델링 과정이 복잡해진다. 솔리드 모델링과 별도로 객체 모델링을 다루는 이유는 솔리드 모델링만으로는 실제 모델을 만들기 위해 너무나 많은 시간이 소요되기 때문이다. 예를 들어 집을 설계하기 위해 솔리드 모델러를 이용해, 점, 선, 면, 입체를 하나하나씩 만들어 바닥과 벽, 지붕을 만드는 것과 미리 준비되어 있는 바닥, 벽, 지붕의 파라메터를 조정하여 설계하는 것과는 생산성에 큰 차이가 있음은 자명하다. 게다가 벽에는 기하학적 요소의 집합 뿐만 아니라 벽체 재료와 같은 고유의 속성도 존재하므로 기존의 솔리드 모델러만으로는 표현하기 어려운 부분이 많다.

솔리드 모델에 비해 객체 지향적인 모델은 객체을 중심으로 모든 정보를 모아서 배열한다. 이는 정보모델링에서 객체 지향 모델링 방법을 사용하는 방법과 동일하다. 다만, 대상이 그래픽 모델정보란 차이일 뿐이다. 벽이 기하학적으로 점, 선, 면의 위상적 집합이지만, 이런 집합으로 다루기 보다는 벽 자체로 인식하는 편이 사람에게는 더 직관적이며, 다루기가 쉽다.

객체 모델링은 파라메터 기반 솔리드 모델을 포함하는 상위 개념이며, 엔지니어가 직관적으로 엔지니어링 도메인에서 다루는 객체들을 기반으로 직관적으로 모델링을 할 수 있다. 즉, 다루는 분야와 모델 상세도(LOD - Lebel Of Detail) 따라 객체를 분류하는 기준은 모두 다르다.

예를 들어 건축의 경우에는 바닥, 벽, 창문, 지붕, 층 등이 모델링 될 객체가 되며 각자 해당 객체를 표현하는 파라메터를 가진다. 즉, 벽체는 코어(Core), 마감재료, 도장, 단열재의 집합으로 구성되어 관련된 파라메터를 가진다.

토목의 경우 평면 선형(Alignment), 종단 선형, 횡단(Cross section), 교량, 부지, 수치지형 등이 객체가 되며 마찬가지로 적절한 파라메터를 가진다. 기계 분야에서는 기어, 너트와 같은 객체가 활용될 수 있다.

그림 9-1은 벽체를 순수하게 솔리드로만 표현한 것과 객체 기반으로 모델링한 것의 차이를 보여준다. 솔리드 기반에서는 모든 정보가 기하학과 위상학적인 정보만 제공해줄 수 있지만, 객체 기반 모델에서는 객체의 속성정보까지 포함되어 제공된다.

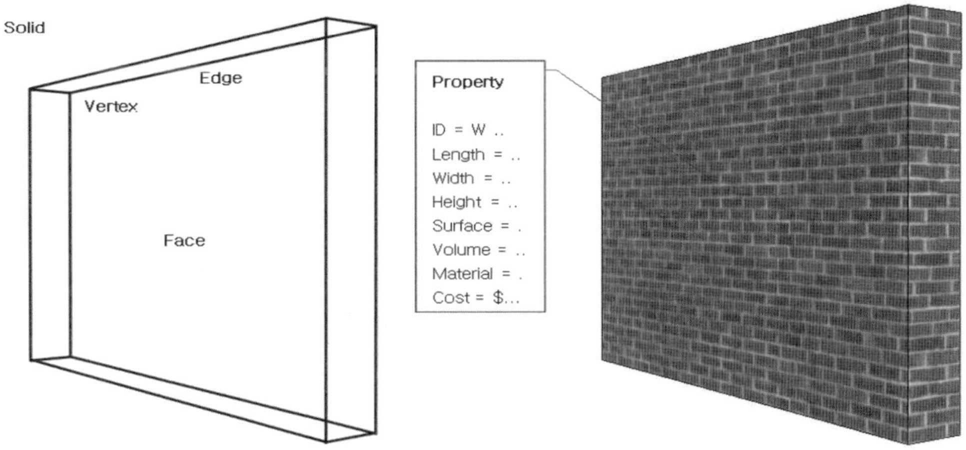

< 9-1 솔리드 모델러 기반 디자인과 객체기반 디자인 **>**

객체는 정보모델링 관점에서 보면 속성과 행위의 집합이다. 속성은 기하학적 요소뿐만 아니라 모델의 특징이나 수량과 같은 값도 포함될 수 있다. 이런 면에서 객체 모델링은 기존 솔리드나 파라메터 모델링과 구분된다.

객체 모델링은 솔리드 모델러에서 위상학을 적용했던 이유와 동일한 이유로 각 객체간에 위상구조를 가진다. 위상적인 처리는 객체 기반으로 확장되어 각 층과 벽사이의 관계를 맺고 하나의 정보 변화가 관련된 객체에 전파되어 자동적으로 모델을 갱신할 수 있도록 할 수 있다. 예를 들어 그림 9-2와 같은 계단과 층이 객체기반으로 모델링 되었다면, 각 객체가 오른쪽 그림처럼 자동적으로 위상적인 관계를 갖게 된다.

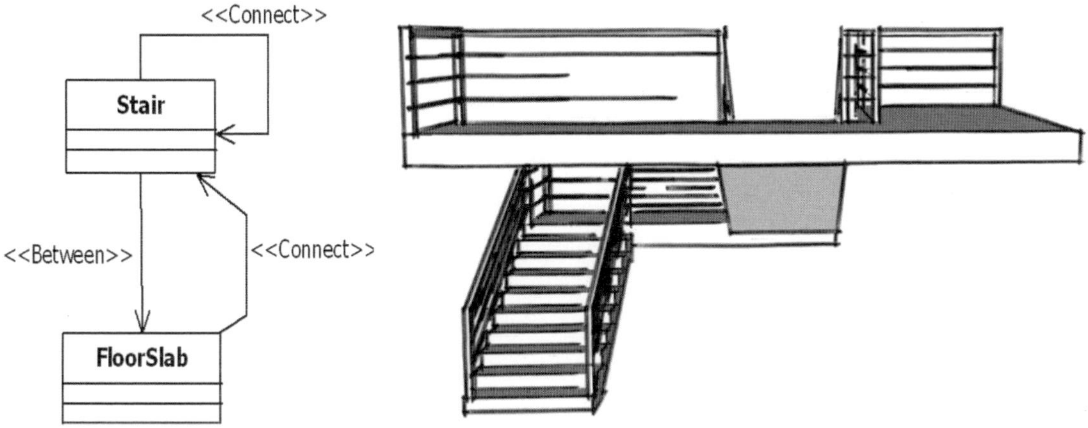

< 9-2 객체기반 위상정보 **>**

이 경우 위상적인 관계는 '연결됨(Connect)', '사이에 있음(Between)', '바로 위에 존재함(Above)', '바로 아래에 존재함(Below)'와 같이 정의될 수 있다. 이런 관계를 통해 모든 객체를 특정 목적에 맞게 자동으로 탐색해 가면서, 정보의 변화를 전파시킬 수 있다.

객체 모델링과 솔리드 모델링의 가장 큰 가치점은 이와 같이 바라보는 사람의 중심에서 기하학, 위상학적인 정보를 숨기고 사용자의 직관적인 설계 언어를 이용해 모델을 파라메트릭하게 묘사할 수 있다는 것이다.

이 장에서는 건설과 토목을 나눠 모델의 객체지향성과 객체지향 모델의 실체를 다룬다.

9-2 건축 엔지니어링에서의 객체

앞에서 언급한 것처럼 BIM은 건축에서 나온 개념이므로 객체 모델링에 대한 연구는 척 시스트만 등에 의해 체계적으로 잘 정립되어 있는 편이다. 사실 객체 모델은 주로 바라보는 관점에 따라 약간씩 상이할 수 있다. 여기서는 일반적으로 표준화된 모델 중 기본적인 개념만 간단하게 다루도록 한다. 좀 더 구체적인 부분은 IFC 표준을 참고하기를 바라며, 객체 모델의 형상과 위상 정보모델리은 솔리드 모델과 대부분 유사하므로 참고하기 바란다.

그림 9-3은 전형적인 빌딩 건물의 모습이다.

건축엔지니어링의 일반적인 객체 모델은 Project로부터 시작해 그림 9-3과 같이 빌딩을 구성하는 각 요소까지 표현되며, 다음의 그림 9-4와 같은 접근구조를 갖는다.

Project는 빌딩이 들어설 곳의 부지(Site)를 관리하며, 건설 프로젝트와 관련된 내용, 고객 이름 및 정보 등이 포함된다. 부지는 건축될 영역의 위치 정보를 포함한다. 수직공간은 층으로, 수평공간은 스페이스로 나뉘며, 스페이스 안에는 건축 요소들이 포함된다. 건축요소는 기본적으로 재료(Material)와 같은 다양한 속성(Property)을 포함하며, 문(Door), 윈도우(Window) 같은 세부요소를 표현한다. 기둥(Column)이나 보(Beam)같은 경우 강도와 같은 구조적 속성이 포함될 수 있다. 일반적으로 벽, 마루, 천장과 같은 요소는 공간을 구분하는 표면(Surface element)역할을 한다. 그리고 문이나 윈도우는 이 표면에 의존된 개구부(Opening)이며, 부착된 표면에 파라메트릭 구속관계를 설정할 수 있다. 예를 들어 문의 크기는 벽의 치수에 의해 파생된 값으로 정의할 수 있다.

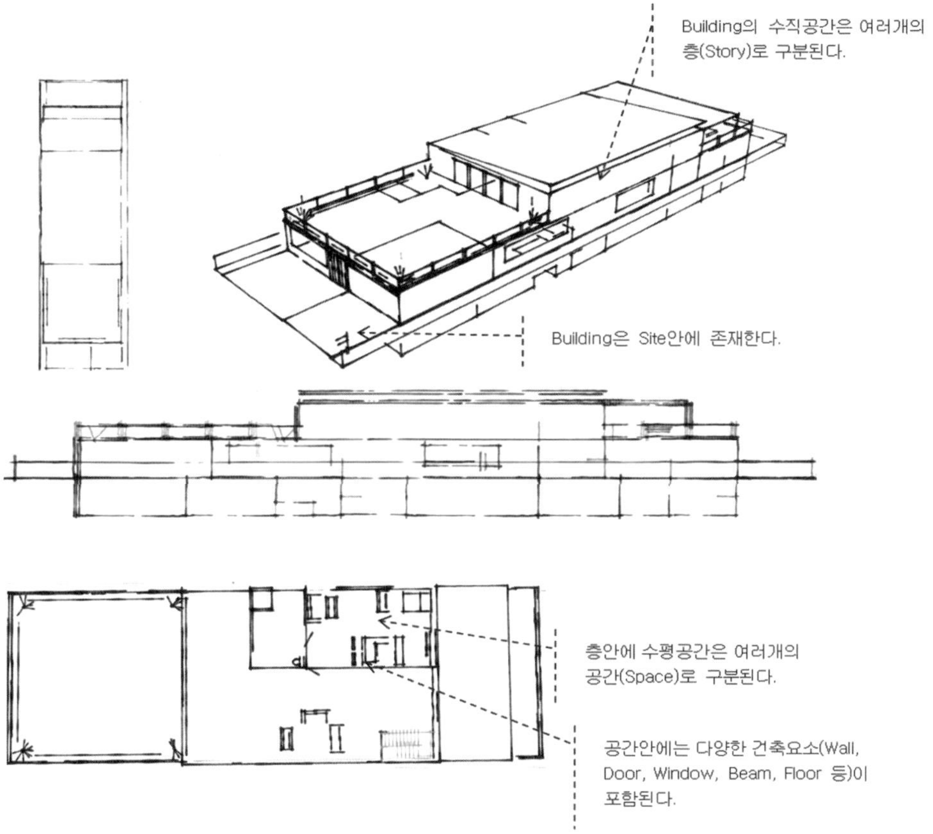

< 9-3 빌딩 건물 모습 예 **>**

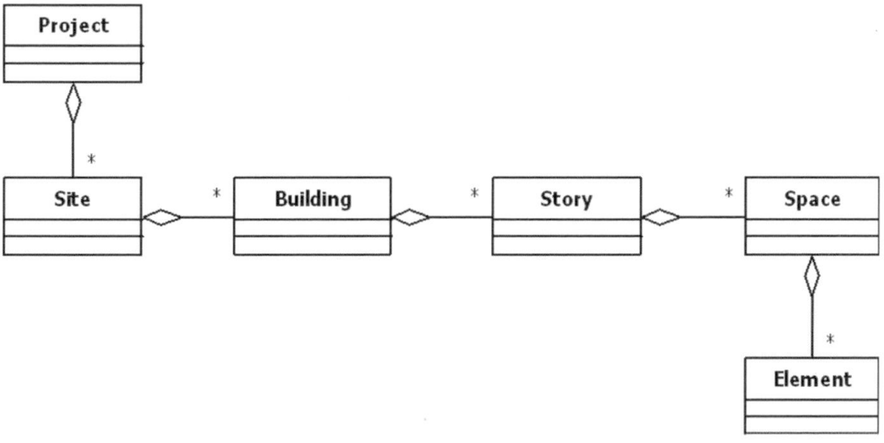

< 9-4 건축 모델 객체 접근 구조 **>**

건축요소는 속성 이외에도 형상(Shape)을 갖는다. 형상은 앞서 설명한 솔리드 모델 구조를 갖게 되며, 형상을 구속하는 파라메터(크기, 길이, 높이, 특정 요소로 부터의 거리 등)에 따라 적절히 모양, 위치, 크기 등이 갱신된다.

그림 9-5는 이런 객체 모델을 표현한 것이다.

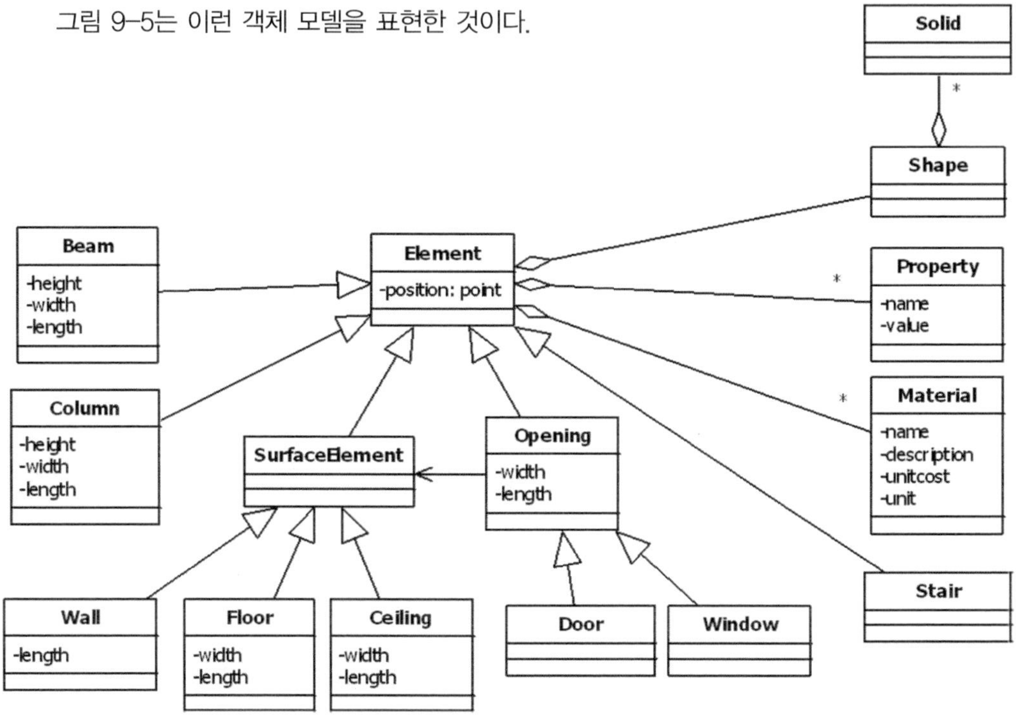

< 9-5 건축요소와 관련된 객체 모델 **>**

이와 같은 BIM의 객체 모델은 대부분 IFC에서 표준으로 모델링화 되었다. BIM 디자인 소프트웨어마다 차이는 있으나, 대부분 같은 개념으로 객체 모델이 포함되어 있으며, 이를 이용해 모델링을 하게 된다.

9-3 토목 엔지니어링에서의 객체

앞서 AEC역사를 통해 언급한 바와 같이 토목 엔지니어링을 시스템화 하여 엔지니어링 문제에 관련된 객체를 뽑아내고, 그 역할을 정의했던 사람은 MIT의 Charles L.Miller 교수, 1950년 말부터 MIT 사진측량 연구소 팀장으로 관련 연구를 시작하였다.

토목 엔지니어링은 건축과는 특성이 좀 다른 면이 있다. 건축은 어느 정도 재료같은 것들이 표준화 되어있으나, 토목은 지형을 대상으로 환경적으로 조화되는 구조물을 현장에서 시공, 타설하는 경우가 대부분이다 보니 이를 형식화 하기가 곤란한 부분이 많다. 이런 이유로 아래 그림과 같이 지형에 따른 설계가 기반이 되고, 자연스럽게 지형 조건에 따라 디자인이 변경되는 파라메트릭한 설계를 추구할 수 밖에 없었다.

< **9-6** 도로와 교량 토목 엔지니어링 예 >

엔지니어링 작업에서 지형 정보를 생성하는 것은 매우 중요하며, 이를 바탕으로 모든 작업들이 영향을 받아 이루어진다. *[필자주 – 이 점은 다른 엔지니어링 캐드와 크게 다른 점이다.]*

지형 정보는 수치지형모델(Digitial Terrain Model – DTM)로 만들어지며, 메쉬처리 기법중 하나인 삼각화 기법과 브레이크라인 처리를 통해 얻어진다. 특히, 뚝 경계나 하천 경계같은 지형 경계(Boundary)를 표현하는 브레이크라인은 지형을 정확히 표현하기 위해 반드시 처리해야 하는 것으로, 이를 무시할 경우, 계획을 처리한 후 3차원 모델을 얻었을 때 그림 9-7과 같은 문제를 발생된다는 것을 명심해야 한다. 이는 횡단계획과 수량 견적에 큰 영향을 미칠 수 있다.

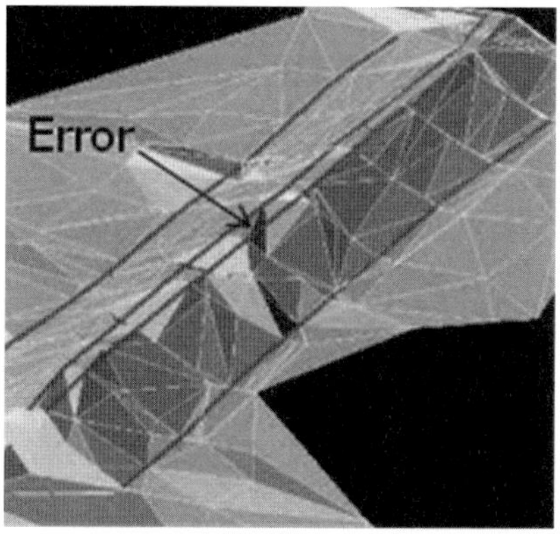

< **9-7** 수치지형모델(DTM)의 잘못된 브레이크라인 처리 >

토목 엔지니어링의 정보는 보통 측량부터 시작된다. 측량점(Point)과 브레이크라인(Breakline)을 바탕으로 지형 정보(Terrain Model)를 획득하고, 지형 정보 위에 시공될 객체(도로, 단지, 상하수도, 하천 등)의 계획 선형(Alignment)을 설정한다. 선형은 객체 모양의 중심선이 될 수도 있고, 경계선이 될 수도 있다. 선형에 따라 계획을 적용하고, 횡단(X-section을 추출한다. 횡단은 지형 정보를 참고해 파라메트릭하게 모양이 정해진다. 횡단 계획이 처리된 후에 토공량과 같은 수량이 계산되며 3차원 계획면(Surface)를 생성한다. 계획면은 다시 수치지형에 사용될 수 있다. 이를 그림 9-8과 같은 그래프 언어로 표현할 수 있다.

개념적으로 보았을 때 이전 객체의 정보변경, 예를 들어 IP의 변경은 평면선형과 횡단계획의 파라메트릭한 변경을 발생한다. 그러나, 엔지니어링에서는 프로세스 특성상 동시에 진행되거나 부분적으로 작업되는 경우가 많다. 즉, 관계가 종속된 객체의 정보를 선후작업을 고려하지 않고 미리 입력하는 경우가 빈번히 발생하므로, 변경의 자동적인 전파는 이런 입력자료를 무시하고 초기화 될 수 있다. 그러므로 이런 과정은 사용자에 의해 제어될 수 있어야 한다.

토목 엔지니어링에서 도출된 객체들과 서로간의 관계는 그림 9-9와 같다. 그림에서 Object는 엔지니어링 객체 정보에서 최상위 개념을 의미하는 것으로 정보의 효과적인 탐색과 구분을 위해 모든 객체는 유일한 이름을 가져야 한다.

일반적으로 토목 엔지니어링에서 모든 시공 객체들은 공통적으로 선형과 횡단을 가지고 있다. 이는 이중 단면 평균법으로 알려진 전통적인 업무 프로세스에서 비롯된 것이며, 대규모의 지형을 효과적으로 설계하기 위한 근사법이었다.

객체 요소 중 수치 지형 모델인 DTM은 매우 핵심적인 역할을 하는 부분으로 측량학 등에서 연구가 시작되어, 현재는 캐드 프로그램에 일반적인 기능으로 활용되고 있다.
DTM은 다면체로 구성된 메쉬(Mesh)의 일종으로 보통 삼각형을 망으로 구성해 사용한다. 삼각망 구성하는 방법은 일반적인 메쉬처리방법과 다르지 않다. 다만, 기존 좌표점으로 제약된 상태에서 메쉬를 생성해야 한다. 메쉬처리는 다음 장에 자세히 설명하기로 한다.

좌표를 기술할 때는 특정 점이 변경될 때 이와 연관된 다른 점도 함께 연관되도록 위상학적인 관계까지 묘사해 주어야 한다. 예를 들어 절대점 A로부터 B, C가 각도와 길이로써 정의되었다면, A가 수정되었을 때 B, C도 함께 변경되어야 한다. 그러므로 좌표점은 절대좌표와 상대좌표로 구분되며, 상대좌표는 절대좌표에 의해 계산되도록 해야 한다.

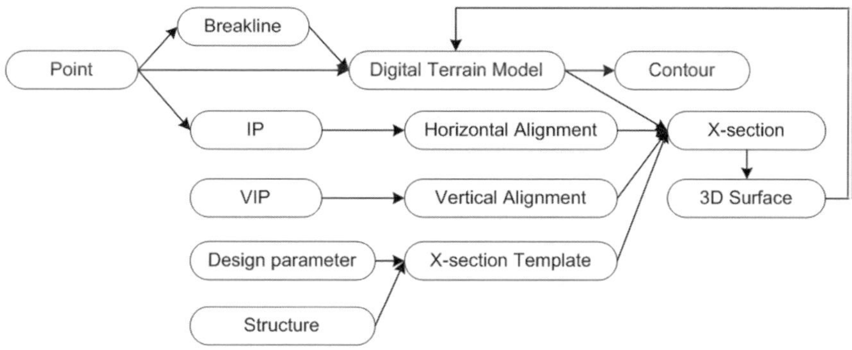

< 9-8 토목 엔지니어링 정보 의존성 표현 그래프 구조 **>**

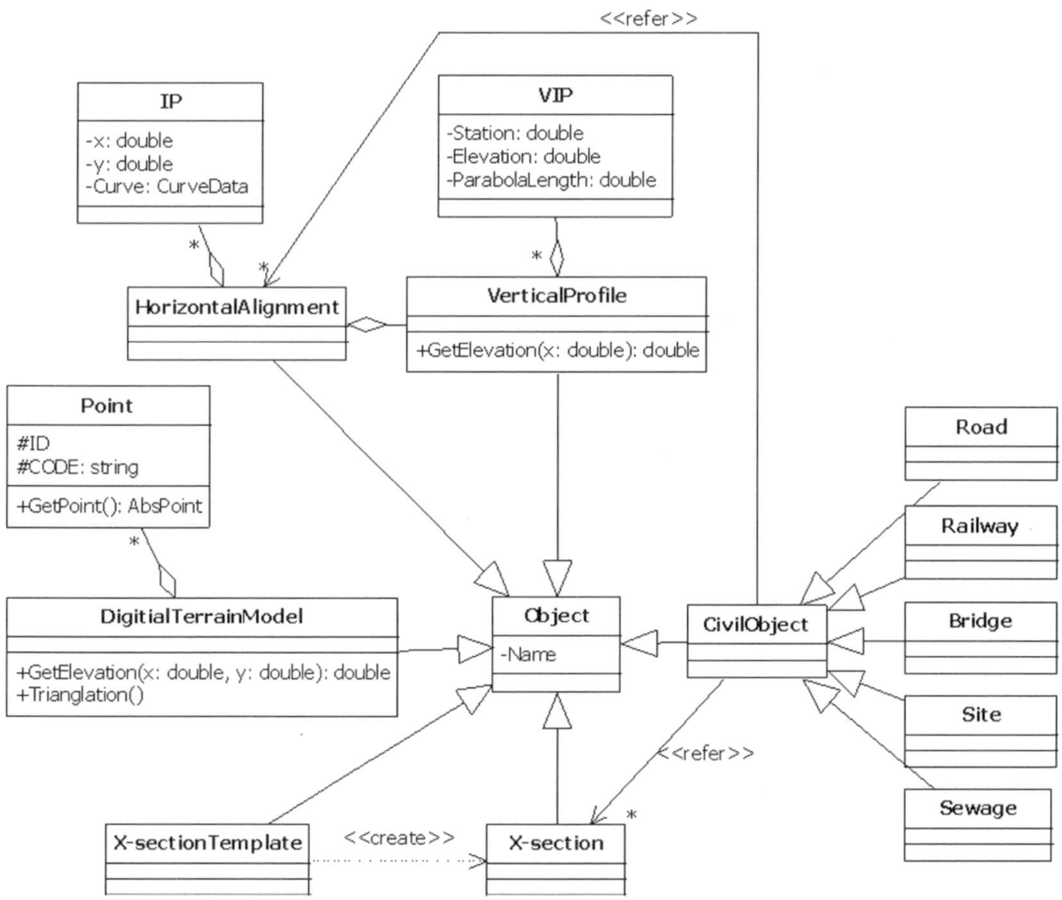

< 9-9 토목 엔지니어링 객체 구조 **>**

좀 더 세부적인 각 요소별 역할은 다음 표와 같다.

항 목	의 미	내 용
CivilObject	토목객체	선형과 횡단으로 표현되는 모든 토목 객체의 최상위 개념을 표현한다. 도로, 철도, 교량, 단지, 상하수도 객체의 상위개념이다.
Horizontal alignment	평면선형	평면상의 선형을 표현한다. 선형은 평면 곡선을 제어할 수 있는 교점들을 포함하고, 계획고를 표현할 수 있는 종단곡선을 포함한다.
IP	평면IP	평면선형 제어점인 IP을 표현한다. X : X좌표 Y : Y좌표 Curve : 직선, 원곡선, 3차 포물선, 완화곡선 정보
Vertical alignment	종단곡선	평면 선형의 종단 곡선 계획을 표현한다.
VIP	종단VIP	종단곡선 제어점인 VIP를 표현한다. Station : 누가거리 Elevation : VIP 높이 ParabolaLength : 포물선 길이
X-section	횡단	횡단은 횡단계획과 횡단지반 정보를 포함한다.
Xsection Template	표준횡단	표준횡단은 횡단계획을 표현하기 위한 파라메트릭한 계획 치수정보를 관리한다.
DigitalTerrain Model	수치지형 모델	측량된 좌표점을 바탕으로 구성된 지형망을 관리한다. 지형망을 통해 등고선 등을 자동추출할 수 있다.
Point	좌표점	측량점과 같은 기하학적인 좌표를 표현하기 위한 객체이며, 수치지형모델 생성 등에 사용된다.

이와 관련한 일반적 정보모델은 다음의 그림 9-10과 같다.

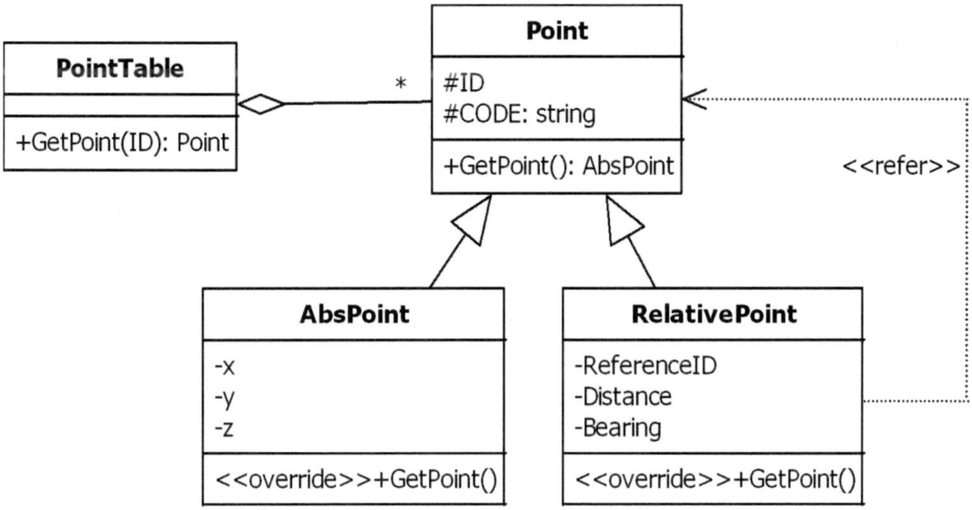

< 9-10 포인트에 대한 기하학적 기술 **>**

객체와 속성에 대한 의미는 다음과 같다.

요소 이름	의 미	역 할
Point	좌표점	좌표점의 최상위 개념으로 측량을 통해 획득되거나, 다른 좌표를 통해 계산된다. 속성은 다음과 같다. ID : 유일한 좌표점을 표현하기 위한 일번 번호 CODE : 좌표점에 의미를 부여해 동일한 의미를 가진 집합으로 다루기 위한 기호. 중심점, 경계석, 지장물, 뚝 경계 등이 될 수 있음. GetPoint( ) : 객체의 절대 좌표점을 계산하여 돌려준다.
AbsPoint	절대좌표점	절대좌표를 의미하며, x, y, z 요소를 가진다.
RelativePoint	상대좌표점	다른 좌표점에서 상대적으로 계산되는 좌표점이다. ReferenceID : 참조되는 좌표점의 ID Distance : 참조되는 좌표점에서 상대 거리 Bearing : 참조되는 좌표점에서 상대 각
PointTable	좌표점 테이블	좌표점을 관리하는 테이블이다.

이런 객체를 바탕으로 문제해결 중심 언어를 이용해 기하학적 형상을 표현할 수 있다. 일반적으로 토탈 스테이션(Total station)으로 알려진 측량기기들은 대부분 이런 언어를 지원하고 있으며, 그 안에는 측량점 간의 상대적인 관계가 표현되어 있다. 문법적으로는 아래와 같이 Miller의 함수형식의 문제 중심 언어 형식이나 XML형식으로 표현한다.

```
ABSPOINT(ID, NORTH, EAST, ELEVATION)

〈ABSPOINT ID=#, REFERENCE=#〉
    〈NORTH〉#〈/NORTH〉
    〈EAST〉#〈/EAST〉
    〈ELEVATION 〉#〈/ELEVATION 〉
〈/ABSPOINT 〉

RELATIVEPOINT(ID, REFERENCE ID, DISTANCE, BEARING)

〈RELATIVEPOINT ID=#, REFERENCE=#〉
    〈DISTANCE〉#〈/DISTANCE〉
    〈BEARING〉#〈/BEARING〉
〈/RELATIVEPOINT 〉
```

여기서 #은 정수나 실수를 의미한다. NORTH, EAST, ELEVATION은 수학좌표계에서 Y, X, Z와 동일하다.

수치지형모델의 일반적인 객체모델은 다음의 그림 9-11과 같다.

수치 지형 모델은 솔리드 모델과 유사하게 위상적으로 면, 모서리, 정점을 가지고 있으나, 주어진 점과 브레이크라인으로 제약된 삼각망으로 구성된다는 특징이 있다.

등고선(Contour)이나 유역분석, 표고분석, 경사분석시 사용되는 수치표고모델(DigitalElevationModel)은 수치 지형 모델정보에 의존되며, 자동생성될 수 있다.

객체와 속성에 대한 의미는 다음의 표와 같다.

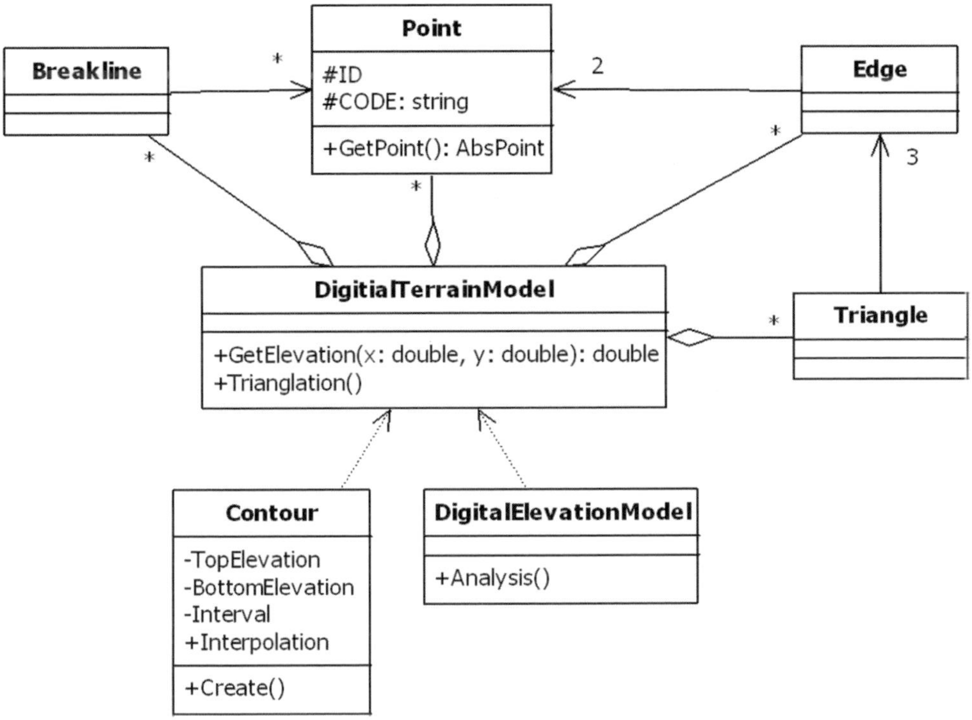

< 9-11 수치지형모델 >

요소 이름	의 미	역 할
Edge	모서리	삼각형을 구성하는 모서리
Breakline	브레이크 라인	뚝, 하천 경계를 표현하는 경계선
Triangle	삼각형	삼각망을 구성하는 삼각형
Contour	등고선	등고선은 다음과 같은 멤버를 가진다. TopElevation : 등고선 최상단 높이 BottomElevation : 등고선 최하단 높이 Interval : 등고선 간격 Interpolation : 등고선을 자연스럽게 처리하기 위한 보간법
Digital ElevationModel	수치표고 모델	수치지형모델에서 주어진 격자로 나누어 격자 모서리의 높이를 추출해 표현한 모델

선형(Alignment)은 도로, 철도, 교량, 단지 등의 중심선이나 경계선을 표현할 수 있으며, 기본적으로 측량학에서 다루는 다양한 곡선 조각(Segment)이 조합된 복합곡선이다. 곡선은 직선을 포함하여, 원곡선, 포물선, 3차포물선, 완화곡선 등을 표현한다.

선형은 각 지점을 곡선 매개변수와 동일하게 0 ~ 1.0 사이로 정규화 할 수 있으며, 높이를 표현하기 위한 종단선형과 같은 객체를 포함한다. 참고로, 일반적으로 엔지니어링에서 계산의 편의성을 위해 선형을 평면과 종단으로 나누어 계획하였으나 MOSS와 같이 하나의 3차원 복합곡선 정보로 표현하려는 시도가 있었다.

Civil 3D나 Inroad 등에서 사용되는 일반적인 객체 모델은 그림 9-12와 같다. 횡단계획은 선형과 수치지형에 의해 구속되며, 파라메트릭하게 생성된다.

횡단계획은 표준횡단에 의해 계획이 생성되며, 표준횡단은 솔리드 모델러와 유사하게 점, 선, 면으로 구성된다. 선은 폭, 편경사와 같은 파라메터에 의해 제약된 제약조건으로 구속될 수 있다. 표준횡단의 결과로 횡단계획이 생성되며, 횡단계획에는 수치 지형에서 추출된 지반이 포함된다. 표준횡단은 이 정보를 참조해 횡단계획을 파라메트릭하게 생성한다.

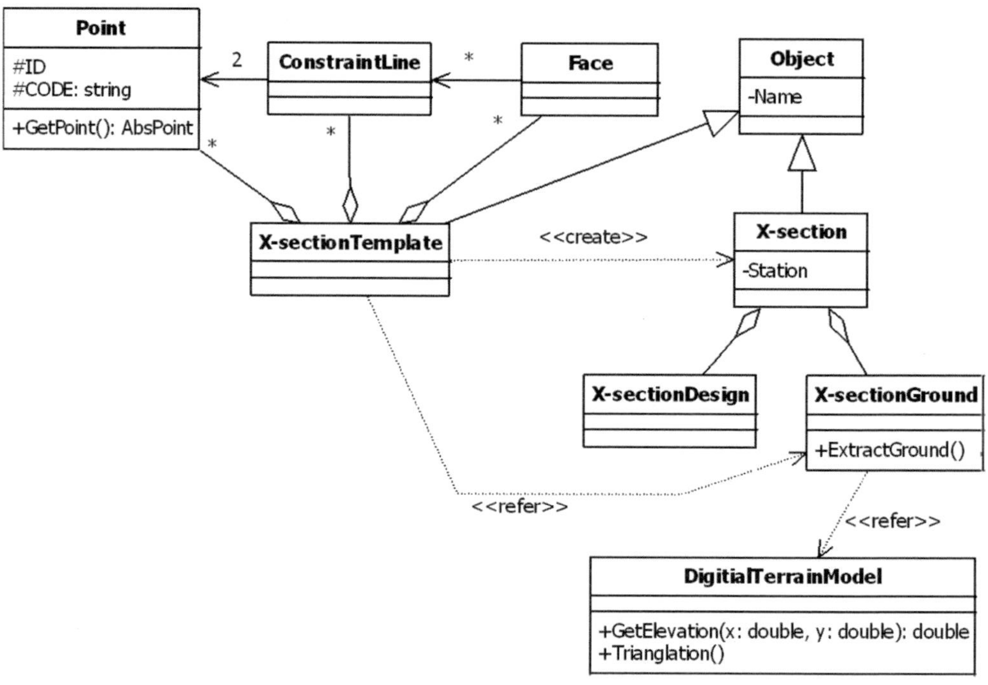

< 9-12 횡단계획 객체 모델 >

요소 이름	의 미	역 할
ConstraintEdge	구속된 선	파라메터에 의해 특정조건으로 생성되는 선
Face	면	횡단의 면을 표현한다. 면은 포장, 슬래브(Slab)와 같은 구조물을 표현할 수 있다. 이 정보는 수량산출에 사용된다.
X-section Template	표준횡단	횡단계획을 생성하는 파라메트릭 정보를 관리한다. 계획을 생성할 때, 수치지형모델에 의해 추출된 지반 단면을 참조한다.
X-section	횡단계획	횡단계획은 각 측점(Station)별로 추출된 지반 단면(X-sectionGround)과 계획을 관리한다.
X-section Ground	횡단지반	횡단 측점에 대해 수치 지형 모델을 참조해 추출한 단면이다.

생성된 횡단계획과 선형을 참조해 3차원 표면을 생성할 수 있으며, 이는 다시 수치지형으로 사용될 수 있다.

대부분의 상용 프로그램은 이와 같은 방식으로 객체 정보를 관리한다. 객체 모델을 표현하는 개방된 포맷은 LandXML이 있으며, 개방표준과 관련된 부분은 별도의 장으로 다루도록 한다.

제10장
모델의 다면체 정보
Mesh

10-1 개요

BIM에서 모델링된 그래픽 모델은 모두 수학적인 모델이기 때문에 컴퓨터로 표현할 수가 없다. 그러므로 수학 모델은 모두 근사화 해서 처리한다. 이 장에서는 기하 정보모델이 근사화된 정보인 메쉬(Mesh)를 다룬다.

모델링된 3차원 모델은 그래픽 표현할 때 다면체로 표현한다. 이는 무한개념인 실수를 표현할 수 없는 컴퓨터 아키텍처로 인해 발생된 것이다. 컴퓨터는 유한한 메모리 안에서 정보를 다루므로, 무한개념은 유한한 정보로 근사화 해야 연산을 할 수 있다. 이런 이유로 컴퓨터에서 보는 모든 모델들은 사실 곡선은 직선으로, 곡면은 삼각형이나 사각형으로 근사화 되어 표현된다. 이렇게 다면체로 표현하기 위한 방법이 메쉬 프로세싱(Processing)이다. 앞서 모델링된 곡면을 어떻게 메쉬 정보로 분할되어 표현되는지 알아본다.

10.2 메쉬처리

메쉬는 단순히 정점과 모서리로 구성된 삼각형이나 사각형 요소의 집합이다. 이 집합을 구성하는 각 요소는 서로 위상적인 관계를 가지고 있어야 한다. 이는 솔리드 모델의 위상구조와 동일하다.

메쉬는 형태에 따라서는 삼각형 메쉬를 만드는 방법과 사각형 메쉬를 만든 방법이 있는데, 사각형 메쉬는 삼각형 메쉬로도 인접 삼각형의 모서리를 제거함으로써 간접적으로 얻을 수 있다.

메쉬생성 방법은 크게 다음과 같이 나눌 수 있다.

1. 위상분해법(Topology decomposition approach) :
   다각형으로 구성된 복잡한 위상을 삼각형과 같이 단순한 위상으로 분해해 나가는 방법으로 메쉬를 구성한다. 처리방법은 단순하지만 메쉬의 크기를 조절하기 어렵다. 이런 이유로 많이 사용되지 않는다. 보통 생성되는 삼각형의 내각이 등각을 가질 때 형질이 좋다고 이야기할 수 있는데, 이런 제약조건을 두고 메쉬를 생성하는 것이 아니기 때문이다.

2. 노드연결법(Node connection approach) :

이 방법은 다음 그림 10-2와 같은 면의 경계에 절점(Node)을 생성하고, 이 후 면의 내부 절점을 생성하기 위해 격자를 이용해 절점을 생성한다. 아래 중간 그림은 격자를 씌워 0과 1 사이의 난수를 두어 각 격자안에 절점을 임의로 생성한 모습이다. 이 격자의 크기에 따라 차후 생성되는 메쉬 크기가 결정된다. 이런 식으로 메쉬요소의 밀도를 조정할 수 있다. 요소를 생성한 후 Lee의 격자를 이용한 요소생성법이나 [Lee, 1983], 델라우니 삼각화와 같은 방법으로 메쉬를 생성할 수 있다. 오른쪽 그림은 메쉬를 생성한 모습이다.

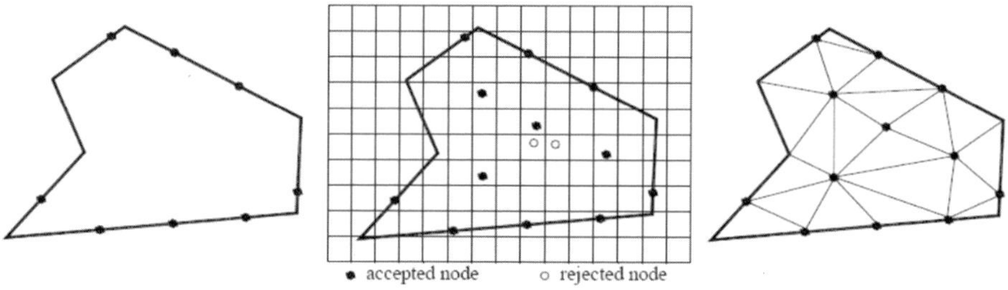

< **10-1** 노드연결법 [28] >

3. 기하분해법(Geometry decomposition approach) :

이 방법은 그림 10-2와 같이 영역을 최소요소가 남을 때까지 분해함수 *f*를 적용해나가면서 메쉬를 생성하는 방법이다. 이 방법도 메쉬생성하는 절차가 간단하지만, 메쉬요소의 형질을 제어하는 것이 어렵다고 알려져 있다.

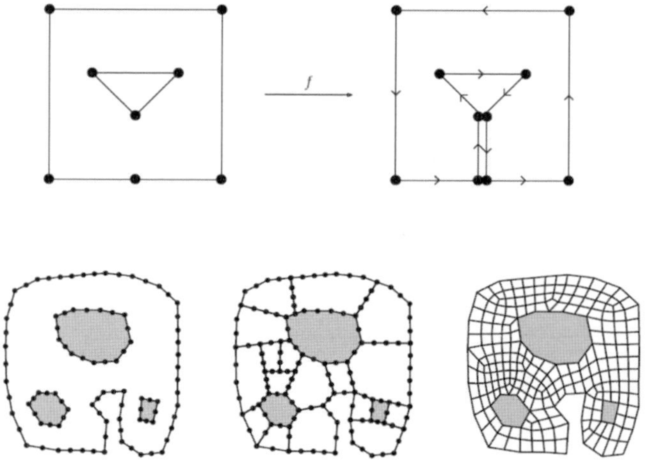

< **10-2** 기하분해법 [10] >

4. 격자기반법(Grid based approach) :

메쉬생성을 위해 다음과 같이 격자를 씌워 그림 10-3과 같이 격자가 폴리곤 영역내에 완전히 포함되도록, 격자를 분해해 나가는 방법이다. 이렇게 분해된 격자들을 이용해 메쉬를 생성한다. 완전히 격자에 포함되지 않은 격자를 분해하기 때문에 모양의 경계부분은 쿼드트리(quad tree)와 같이 격자가 분할된다. 이후, 메쉬생성시 메쉬요소의 형상을 개선하기 위해 각 절점 위치를 재조정한다. 이 방법은 메쉬생성 방법이 간단하고, 요소의 크기를 조정하기가 쉽다.

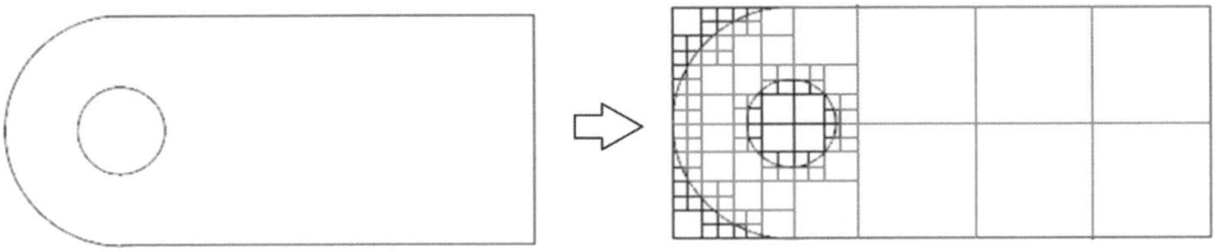

< 10-3 기하분해법 [9] **>**

5. 경계전진법(Advancing front technique approach) :

경계를 따라가면서 메쉬를 생성하는 방법으로 경계전진 메쉬생성법은 Paving방법 [Blacker, Stephenson]으로도 알려져 있으며, 복잡한 형상을 가진 영역에 대해 비교적 균등한 요소망을 생성할 수 있다는 장점이 있다. 그러나, 경계로부터 만들어진 메쉬요소가 그림 10-4의 왼쪽 그림과 같이 서로 겹칠 때는 오른쪽처럼 겹침을 처리할 수 있는 별도의 과정이 필요하다.

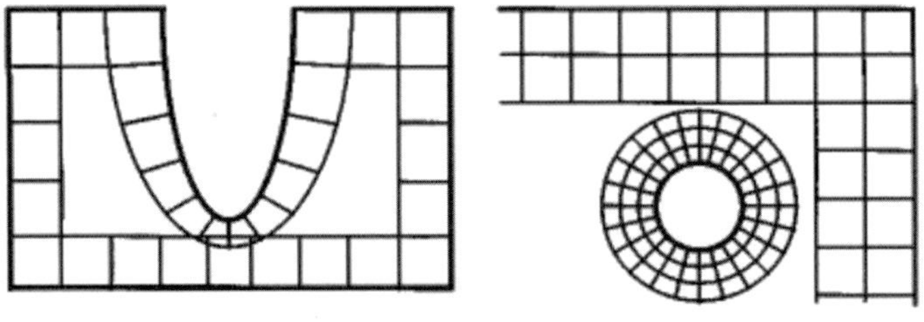

< 10-4 메쉬 겹침 문제 [7] **>**

여기서는 노드연결법을 기준으로 일반적으로 사용되는 삼각화를 이용해 메쉬를 생성하는 방법에 대해 다루도록 한다. 일반적으로 3차원 공간상의 면은 2차원으로 매핑해서 메쉬생성을 한 후 3차원 공간으로 역변환한다. 예를 들면 곡면의 경계와 내부 형상은 아래와 같이 파라메터 t, s 공간으로 2차원 면처럼 표현할 수 있다.

$$P = Q(s,t)$$

만약 이 면에 구멍(Hole)이 있다면, 이 부분도 같이 메쉬처리한 후 후처리로 제거(removal)할 수 있다. 곡면 경계는 폴리곤으로 근사화될 수 있으므로, 이를 이용해 2차원 파라메터 좌표 (t, s)를 얻을 수 있다. 면 내부에 좌표점을 적절히 생성하기 위해 그리드 격자나 쿼드 트리 격자를 씌워 격자 내부에 좌표점을 규칙적으로 생성할 수 있다. 이렇게 얻어진 좌표점들을 삼각화 한다. 이 순서를 정리하면 다음과 같다.

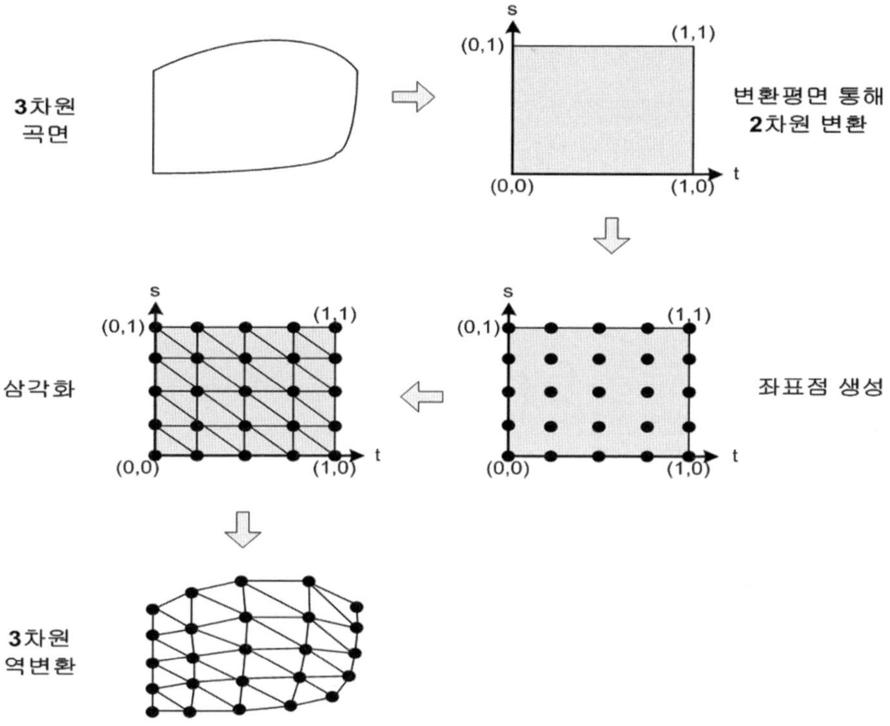

< 10-5 메쉬 생성 과정 **>**

1) 곡면 형상을 변환할 변환 평면결정 : 변환할 평면은 곡면 파라메터 공간이거나 적절한 프로젝션(Projection) 평면이 된다.

2) 곡면 경계에 좌표점 생성 : 곡면 경계에 따라 좌표점을 생성할 때는 곡률에 따라 밀도가 균일하게 생성되도록 한다.

3) 곡면 내부에 적절히 좌표점 생성 : 곡면 내부에 생성되는 좌표점들은 결국 메쉬망 크기를 결정하게 된다. 좌표점을 생성하기 위해 그리드 격자나 쿼드트리 격자를 씌워 좌표점을 생성할 수 있다.

4) 변환 평면에서 삼각망 구성 : 다양한 삼각망 처리 기법을 이용해 메쉬를 구성한다.

5) 구성된 삼각망을 곡면 3차원 영역으로 역변환 : 평면에서 구성된 메쉬를 역으로 3차원 영역으로 변환한다.

이와 같은 과정으로 그,림 10-5와 같은 곡면의 메쉬를 생성할 수 있다.

그림 10-6의 노드연결법에서 메쉬생성에 많이 사용되고 있는 델라우니 삼각화에 대해 이야기하도록 한다. 델라우니 삼각형은 인접된 세 개의 점으로 원을 그렸을 때 그 원안에 어떤 점도 포함되지 않는 조건을 만족할 대 그 세 개의 점으로 만든 삼각형을 말한다.

그리고 이렇게 만들어진 삼각형의 각 모서리를 등분하는 수직선을 서로 연결하면 보로노이(Voronoi) 다이어그램을 얻을 수 있다.

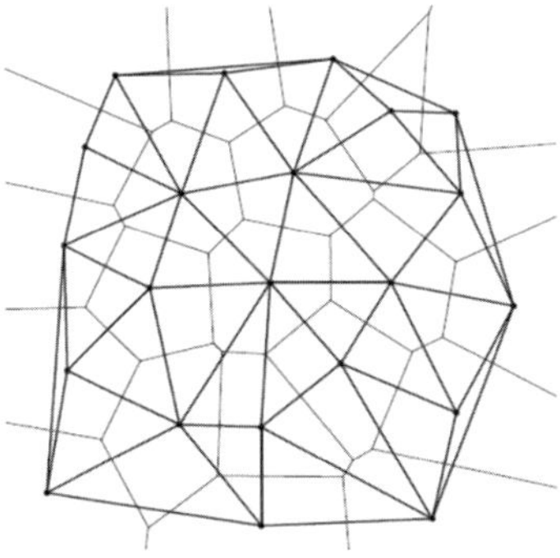

< **10-6** 델라우니 삼각형과 보로노이 다이어그램 [35] >

앞에서 언급한 델라우니 삼각화를 위해서는 원과 내접하는 세 개의 점을 빠르게 탐색해야 한다. 그렇지 않으면 점의 개수가 많아질 수록 기하급수적으로 삼각망을 구성하는 속도가 느려진다.

보통 임의의 한점에서 가장 가까운 점을 찾고 이를 모서리로 연결한 후, 이 모서리와 가장 가까운 점을 찾아서, 이 세 점안에서 다른 점이 포함되지 않는지 탐색할 때는 전체 점을 모두 탐색하지 않고 근처에 있는 점만 탐색하면 되므로, 공간 인덱싱 방법인 격자기반 쿼드트리나 R-트리를 사용해 빠르게 탐색해 얻어낸다.

이 문제는 이웃점 탐색문제로도 알려져 이다. 그림 10-7은 격자기반 인덱싱 방법을 이용해 모서리와 이웃하는 가까운 점을 탐색하는 모습이다.

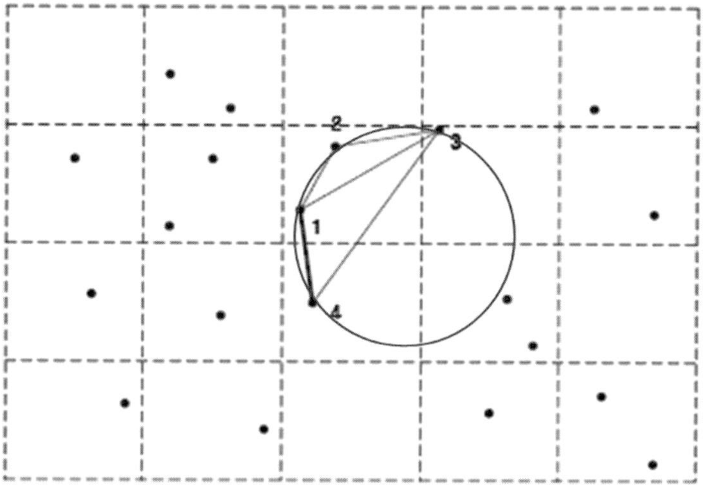

< **10-7** 델라우니 삼각화 이웃점 탐색 >

델라우니 삼각화를 위해서는 몇 가지 방법이 있으며, 대부분 공개되어 있는 알고리즘이다. 자료구조는 앞서 설명한 위상구조인 Half edge 구조를 주로 사용한다.

1. 노드삽입법

가장 간단한 방법으로 그림 10-8과 같이 기존에 생성된 삼각형 내에 점을 삽입(Methods for point insertion)함으로써 삼각화를 하는 방법을 소개한다.
이 방식은 최초 삼각형 생성시 임의로 모든 점을 둘러싸는 Super triangle을 먼저 만들어 놓고, 점을 하나씩 삽입하면서 삼각형을 만들어 나간다. 삼각형이 모두 생성되면, 이 Super triangle은 삭제된다. 이 방법은 다른 여러 가지 삼각화 알고리즘에 기본적인 메커니즘을 포함하고 있어, 지형 모델링 과정을 이해하기 수월하다.

점 삽입을 통한 삼각화는 그림 10-9와 같이 굵은 선으로 표시된 풀리곤 안에 삼각형들이 삭제된 다시 재생성되는 과정을 반복한다. 풀리곤 영역은 점 삽입이 되면서 재구성 되어야 하는 영역을 의미하며, 이 영역을 얻기 위해 그림 10-10처럼 모든 삼각형과 삽입된 점안에 어떤 점도 포함되지 않았는지 체크하는 계산이 수행된다.
이런 식으로 점이 삽입될 때마다 해당 삼각형을 찾아 갱신시켜야 하므로, 검색 효율이 매우 중요하다. 이런 경우에도 공간 인덱싱 기법을 이용하면 빠른 삼각망 구성을 할 수 있다. 점은 이미 만들어져 입력되거나, 면의 경계 안에 특정 규칙으로 생성되어 입력된다.

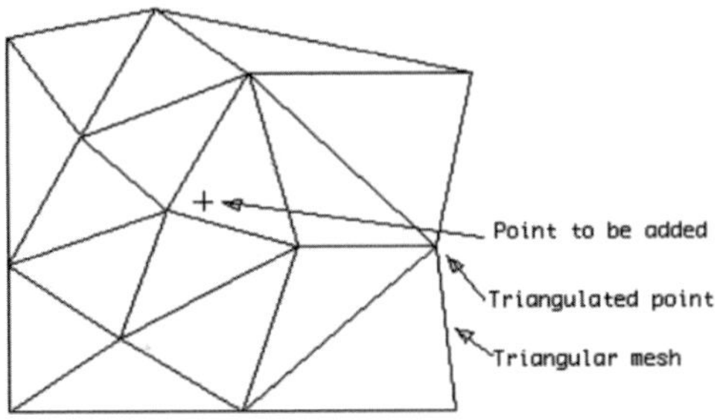

< **10-8** Methods for point insertion >

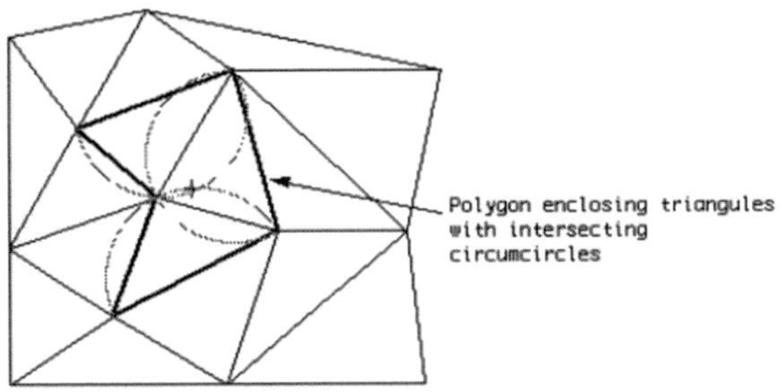

< **10-9** 폴리곤 안에 삭제된 삼각형 >

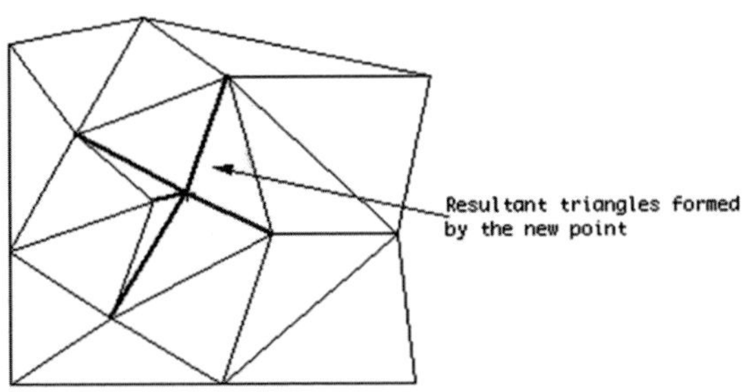

< **10-10** 폴리곤 안쪽만 재삼각화 한 모습 >

2. 모서리기반법

델라우니 삼각화를 수행할 때 모서리를 기반으로 삼각화를 수행하는 방법이다.[Fang, 1993] 모서리는 두 개의 삼각형을 공유할 수 있으므로 보통 반모서리(halfedge) 구조로 삼각망을 관리한다. 개략적인 알고리즘은 다음과 같다.

1) 델라우니 삼각망을 구성하기 위해 시작 반모서리 E_h를 구성한다.

2) E_h를 탐색할 리스트 L_e에 추가한다.

3) 삼각망이 완성될 때까지 L_e에서 E_h를 얻어 다음을 반복 수행한다.

i. 현재 E_h에서 가장 가까운 격자에서 점들을 얻는다.

ii. 각 점들이 델라우니 삼각형을 만족하는지 검사하고 만족하면, 해당 삼각형을 메쉬요소로 등록한다.

iii. 생성된 삼각형의 다른 E_h 두개에 대해서도 삼각화를 수행하기 위해, L_e에 추가하고, 현재 E_h는 삼각형이 구성되었으므로 L_e에 제거한다. 다만, 반대편 삼각형을 생성하기 위해 E_h의 반모서리인 E_h를 추가한다.

다음 그림 10-11은 이 삼각화 과정을 하나씩 보여주는 그림이다.

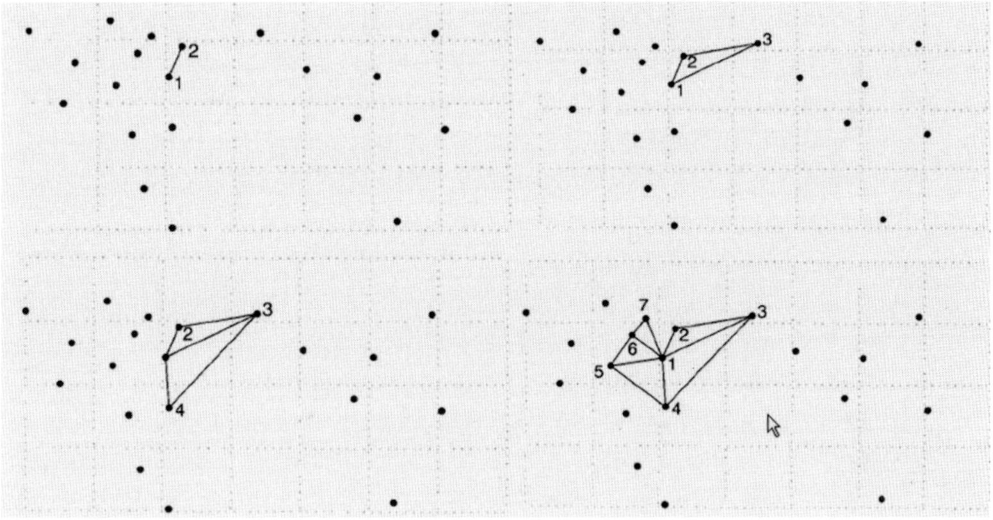

< 10-11 삼각화 과정 [16] **>**

이 밖에도 폴리곤 형태의 면을 메쉬로 구성하는 방법은 매우 다양하다. 메쉬처리 알고리즘은 오픈 소스로 많이 작업되어 있으며, 다음 사이트에서 그 내용을 확인할 수 있다.

1) QHull : http://www.qhull.org/download/
2) CGAL : http://www.cgal.org/
3) OpenMesh : http://www.openmesh.org/

메쉬는 컴퓨터 그래픽에서 무한을 유한으로 근사화시켜 다루는 다면체 정보로, 실시간 그래픽 처리를 위해 많은 연구가 되어 온 분야이며, 렌더링된 그래픽 모델도 실은 이런 메쉬 다면체로 근사화된 것이다.

제11장

모델 공간 정보

Spatial Information

11-1 개요

BIM 의 그래픽 모델은 가상공간을 점유하게 된다. 이 가상공간은 모델 관점에서는 하나의 월드(World)이며, 우리는 이 월드 공간상에 모델을 검색하고 정보를 추가한다. 이 공간 정보는 일반적으로 생성된 그래픽 모델정보에서 자동으로 추출되고 관리되지만, 가끔은 엔지니어가 알아야 할 필요도 있다. 디자이너는 모델링 작업시 많은 모델들 중에서 원하는 것들을 잡아서(Pick) 돌려보고, 크기를 변환해 편집한다.

만약 물체들이 한두 개밖에 없다면, 우리는 이 물체를 잡을 때 마우스의 좌표값을 이용해 모든 모델을 검색하면 마우스가 가리키는 물체를 다룰 수 획득해 다룰 수 있다. 하지만, 물체가 10,000개가 넘어가면 이런 방식으로 처리하면 시간이 매우 오래 걸릴 것이다. 특히, BIM과 관련된 건설 분야 엔지니어링은 모델링 작업시 다뤄야 하는 그래픽 정보의 양은 지반을 대상으로 하는 작업 특성상 매우 많은 편이다.

그래픽 정보는 직접 눈으로 보면서 작업을 해 나가기 때문에 포함된 작업의 양이 많으면 필연적으로 작업의 속도가 느려질 수 밖에 없다. 예를 들어 토목 엔지니어링에서는 보통 200만 포인트 정도 되는 수치지도는 일반적이고, 이를 바탕으로 평면선형 및 종단계획, 그리고 횡단을 처리해야 한다. 건축도 모델링 대상이 되는 건축물 형상 크기와 복잡도가 높아질 수록 처리속도가 늦어진다.

이 장은 BIM 모델링 작업시 어떻게 필요한 공간을 빠르고 효과적으로 찾아 내어 정보를 표현에 적합하도록 변형하여 보는지를 다루고 현재 한계점을 생각해 보겠다.

여기서 공간이란 경계로 표현된 폐공간, 즉 물체를 둘러싸고 있는 영역을 의미한다. 이 장에 대한 내용은 캐드, 컴퓨터 비전, 이미지 프로세싱, 게임 등 그래픽 기반 시스템에서 공통적으로 활용될 수 있다. 참고로 리버스 엔지니어링(Reverse engineering)에 관련해 형태를 재인식하는 방법론은 이후 장에서 기술하도록 한다.

알다시피 엔지니어링 작업은 도면을 통한 수많은 그래픽 작업의 연속이다. 엔지니어가 도면에 대한 지식을 체득하기 전에는 도면은 사실 복잡한 형태의 선과 기호로 된 그 무엇일 뿐이다. 하지만, 학습을 통해 효과적으로 도면에서 기호가 의미하는 바가 무엇인지, 본인이 원하는 정보가 어디 있는지 빨리 찾아내고, 편집하고, 또 다른 정보를 추가해 나간다.

일반적으로 처음 설계 도면을 보는 사람은 그림 11-1처럼 마치 암호처럼 새겨진 기호의 나열 그 이상의 정보를 얻기는 어려울 것이다.

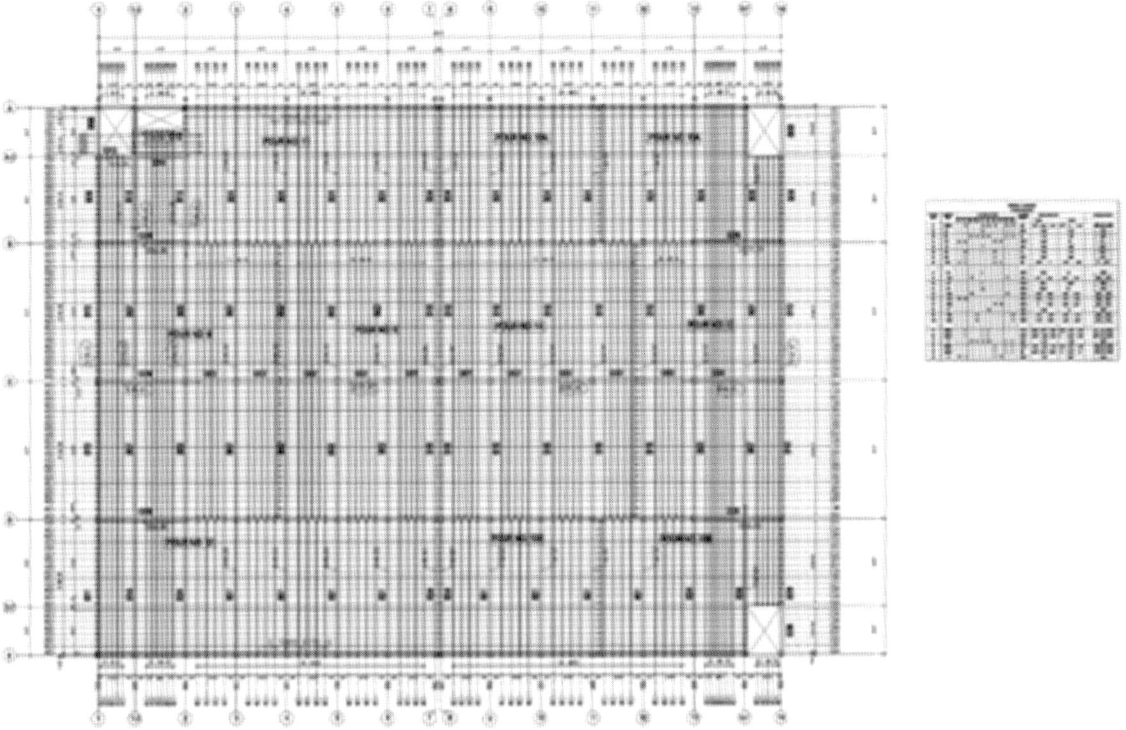

< 11-1 Slab drawing [48] **>**

경험이 많은 엔지니어는 위의 그림과 같은 도면을 보자마자 전체적으로 슬래브에 대한 철근 배근 상세라는 것을 인식할 수 있고, 특정부분에 대한 치수정보를 손쉽게 확인할 수 있으며, 주석 처리된 코드 등을 참고하여 수량을 얻을 수 있다. 특정부분을 수정하기 위해 도면의 해당 부분을 찾아가서 연관된 부분까지 빠르게 정리하며 처리할 수 있다. 하지만, 컴퓨터에서는 이런 일들이 매우 어려운 것 중 하나이다. 단순히, 문서를 작성할 때, 특정 워드를 찾아 수정하는 것과는 근본적으로 다른 문제이다. 게다가 그래픽 기반 정보는 텍스트 기반 정보와는 인식의 메커니즘이 매우 다르다.

이런 문제를 캐드와 같은 그래픽 기반 시스템에서 시각적 정보 인식에 대한 메커니즘을 어떻게 모방하면 해결할 수 있을지 연구해 왔다.

근본적인 질문을 던져보자. 사람은 어떻게 다양하고 복잡한 모양들을 인식하고 필요한 부분만 빨리 찾아내며, 경험한 지식과 연관시켜 정보를 빠르게 생산해 낼 수 있는가?

고전적인 시각에서는 정보를 처리하는 뇌가 보이는 그대로 정보를 받아들이고 인식한다고 생각하였다. 하지만, 눈에 보이는 모든 모양, 색상, 공간, 위상에 대한 수많은 정보를 그대로 뇌가 받아들여 정보처리를 한다면, 우리는 맹수에게 잡아 먹히는 등의 갑작스러운 변화에 대처하지 못하여 아마도 구석기시대에서 멸종되고 말았을 것이다.

우리는 우리가 보고자 하는 것만 정보로 받아들인다. 받아들인 정보는 적절히 우리의 편의대로 왜곡되거나 과장된다. 즉, 우리의 뇌는 어떤 시각적인 모양을 볼 때 실제의 모양을 그대로 모두 다 인식하지 않는다. 주관적으로 가공된 것을 인식한다.

그림 11-2는 사람이 시각정보를 인식하는 과정을 실제의 사과 3개를 필터링을 통해 전경과 배경을 분리하여 불필요한 정보는 제거하고, 관심대상만 획득한 후에 이 대상에 대한 기본적인 모양, 개체 관계 위상, 공간, 색상 그리고 경험된 지식을 바탕으로 개념화 하는 과정을 나타낸다.

< 11-2 시각 정보 인식 과정 **>**

즉, 시각적인 정보를 개체의 하나하나를 그대로 받아들이는 것이 아니고, 일반화, 집합화하여 본인에게 맞는 구조와 해상도로 정보를 빠르게 인식하고 이를 바탕으로 판단을 내린다. 이를 게슈탈트 법칙(Gestalt law)이라 한다.

그림 11-3은 개별적인 개체로 보일때 점에 불과하지만, 우리는 이를 개별적인 점의 집합이라 보지 않고, 6개의 그룹화된 빌딩 같은 그 무엇으로 인식하게 된다. 즉, 실제와 무엇이 보이는 것과는 큰 차이가 있다.

이런 메커니즘은 그래픽 시스템에서 매우 중요한 아이디어를 제공한다. 만약, 대량의 복잡한 그래픽 정보를 빠르게 탐색하고 보고 편집하고 싶을 때 이런 인식의 메커니즘를 구현할 수 있다면, 굳이 각 수많은 개체를 계산하고 묘사하느라 컴퓨팅 자원을 낭비할 필요가 없다. 게슈탈트의 법칙처럼 보이기만 하면 될 뿐이다. 이렇게 원로의 필요한 정보만 축약해 처리할 수 있고 이로 인해 사용자는 정보처리의 지연없이 시스템과 자유롭게 연속적으로 대화하며 모델링을 할 수 있다.

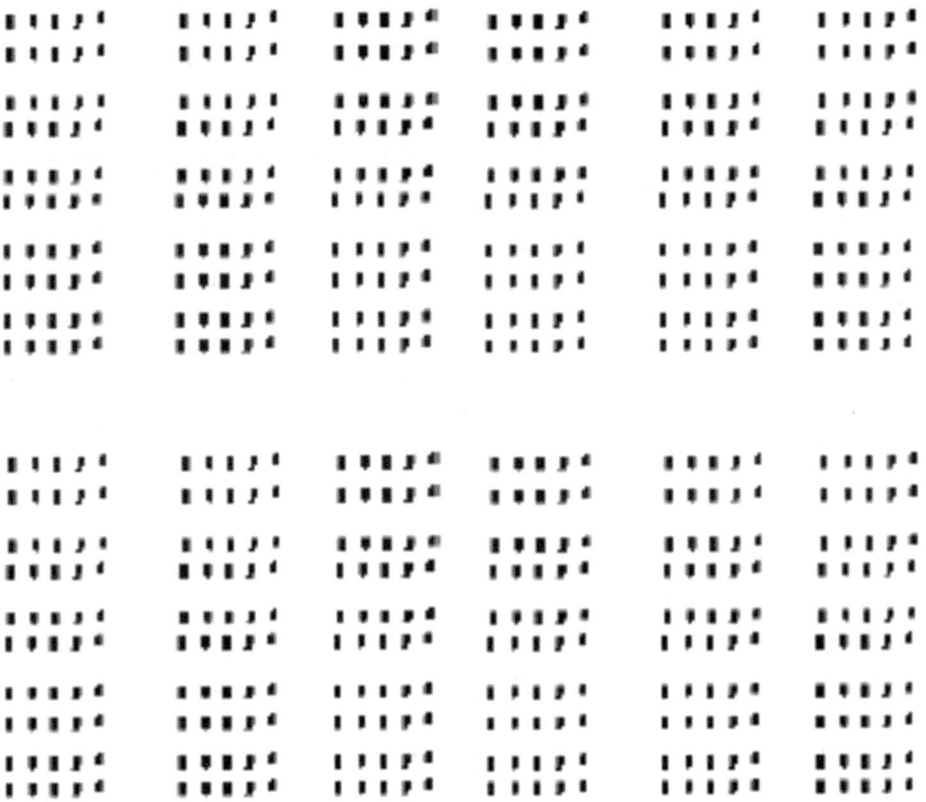

< 11-3 게슈탈트 법칙(Gestalt law) [6] >

인간의 시각 인지능력을 그래픽 시스템에서 흉내내어 모방해 보기 위해 따라간 궤적의 시작점인 게슈탈트 이론을 좀 더 살펴보자.

게슈탈트 이론은 크게 집단화, 단순화, 전경과 배경의 분리로 나뉠 수 있다.

첫째, 집단화의 법칙은 구성요소들이나 특징들이 연관된 위치적, 위상적 그룹으로 배열되려 하는 경향을 말한다. 집단화는 개체의 유사성, 근접성, 공통성, 연속성, 완결성으로 처리된다. 아래 그림은 완결성의 예로 떨어진 개체라도 근접해 있으면 빈 공간을 메우거나 닫아서 완성된 형상으로 일반화 된다.

< 11-4 완결성의 예 >

둘째, 일반화의 법칙이다. 이것은 단순화의 법칙으로도 알려져 있다. 우리는 어떤 사물을 볼 때 지각하기 쉬운 형태로 정보를 집단화하고 가급적 형태를 단순화시키는 경향이 있다. 이로 인해 시각적 정보를 일반화 된 정보로 변환한다. 이는 지식을 추상화(Abstract)하는 것과 밀접한 관계가 있다. 그림 11-5는 피카소의 추상화로 황소를 단순화시켜 곡선과 정점으로 표현한 예이다. 우리의 뇌는 이런식으로 사물의 특징을 인식하기를 좋아한다. 추상화 된 정보는 의미를 가진 기호나 메타포(Metaphor)로 더욱 일반화 된다.

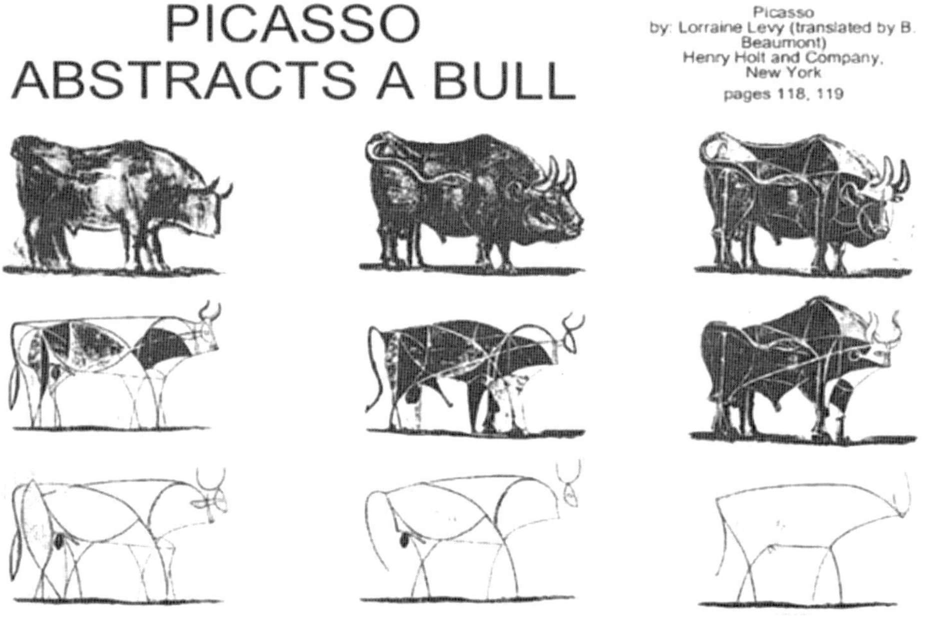

< 11-5 피카소의 황소의 추상[Picasso, Henry Holt and Company] **>**

셋째, 등가성의 원리는 사람이 시각적인 정보를 인지할 때 개체의 구성요소의 색상, 크기, 질감을 가능한 균형이 되게 인지하려는 것을 말한다. 각 개체마다 통일성 없이 다른 것을 우리는 불편하다고 느낀다.

넷째, 전경과 배경의 법칙으로 사물의 본질을 파악하기 위한 시각적 탐색에서 선택적으로 강한 인상을 주는 것을 취사 선택해 보는 것을 말한다. 인상이 약하고 불필요하다고 느껴지는 것은 배경으로써 제거된다. 예를 들어 우리가 수많은 군중에서 관심이 있는 사람을 손쉽게 알아볼 수 있는 이유는 관심의 대상을 제외한 나머지 부분은 배경으로 제거할 수 있는 능력 때문이다.

그림 11-6은 어떤 점에 집중하느냐에 따라 배경을 제거하고 모양을 인식하여 보게 된다.

< 11-6 전경과 배경의 법칙 **>**

마지막으로 관련된 법칙은 아니나, 정보 처리속도를 향상시키는 중요한 메커니즘 중에 하나가 병렬화이다. 인간의 뇌는 수많은 병렬처리 CPU로 구성된 시스템과 같아서, 수많은 시각적인 정보를 분산하여 처리한다.

이런 메커니즘이 어떻게 그래픽 시스템의 하부구조를 이루고 있는지 알아보자.

언급한 내용은 LOD(Level Of Detail), 디스플레이 리스트(Display List), 공간 인덱싱(Spatial Indexing), 병렬처리와 같은 그래픽 공간처리 기법으로 알려져 있다.

각각 이 기법은 시각의 인지 메커니즘과 아래와 같은 관련성이 있다.

메커니즘	그래픽스 공간 처리
집단화 / 일반화	LOD
등가성	디스플레이 리스트
전경과 배경 분리	공간 인덱싱
병렬화	병렬처리

11-2 LOD

LOD는 우리가 장면을 보는 거리에 따라 장면 속 모델의 디테일(Detail)을 결정해 처리속도를 높이고자 하는 그래픽 기법이다. 이는 BIM에서 LOD문제와 유사하다. LOD를 높이면 많은 처리용량 및 계산성능이 기하급수적으로 필요하다.

모델의 디테일은 눈에서 대상이 보이는 거리에 따라 결정될 수 있으며, 이때 모델의 디테일에는 텍스처 이미지, 형상을 표현하는 다면체의 상세 수준 등이 포함된다.

예를 들어 먼 곳에 보이는 산을 묘사할 때, 산위에 심어진 나무를 상세히 묘사할 필요가 없으며, 산을 덮고 있는 사실적인 텍스처 이미지도 그대로 출력할 필요가 없다. 우리는 그대로를 인식하기 어렵기 때문이다. 적당히 축약해 표시하더라도 모델의 디테일을 희생함으로써 우리는 그래픽 출력시 빠른 성능을 얻을 수 있다.

눈의 위치는 그래픽 시스템에서는 카메라에 해당하므로, 사실 LOD는 카메라와 대상에 대한 거리 함수로 표현될 수 있다.

그림 11-7은 LOD 기법을 나타낸 예이다. 카메라가 대상과 가까우면, 모델을 구성하는 다면체의 개수를 늘려서 상세히 표현하고, 거리가 멀다면 다면체의 개수를 줄여서 표현한다. 더욱 더 멀어지면, 기하학적 모양은 특정패턴이 있는 텍스처 이미지로 대치되어 렌더링할 수 있다.

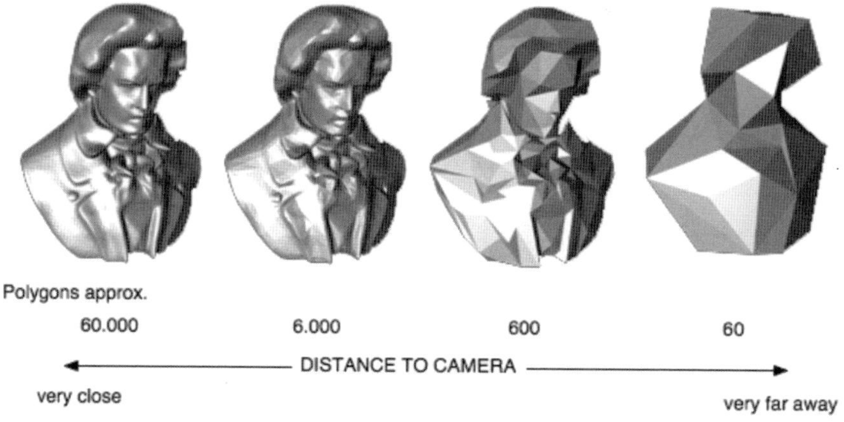

< 11-7 LOD 예 [45] **>**

우선 LOD 기법에서 메쉬를 구성하는 면을 축소하여 출력성능을 높이는 알고리즘을 살펴본다. 메쉬의 다각형 수를 축소하는 과정은 메쉬 간략화(Mesh Simplification)으로도 알려져 있다. 메쉬 간략화 방법은 보통 정적방법, 동적방법으로 나뉘어진다. _[59]

정적방법은 렌더링 전에 LOD 모델을 만들어 놓는 방법으로 다각형의 수를 축소할 때 실시간 처리를 위해서 거리 순으로 미리 LOD 모델을 몇 개 만들어 렌더링시 적절한 LOD 모델을 선택한다.

동적방법은 실시간 LOD 모델을 생성할 때 보통 사용되고, 보통 다음과 같은 모서리 제거방식(Edge collapse)을 사용한다.

그림 11-8의 경우 A와 B 정점 사이에 있는 모서리를 삭제함으로써 B정점에 연결된 모서리들을 A정점과 연결되도록 재조정 되었다.

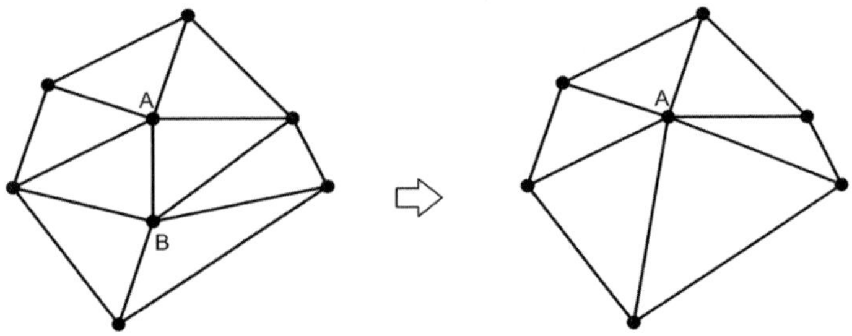

< 11-8 모서리 제거 **>**

이러한 처리를 위해서 보통, 정점에 연결된 모서리 및 면 정보를 모두 알고 있어야 한다. 일반적인 알고리즘은 다음과 같다. 다만, 제거할 모서리는 가능한 모델형상을 너무 변형시키지 않는 조건에서 처리할 필요가 있다.

```
void EdgeCollapse(Vertex& B, Vertex& A)
{
    for(int i = B.Faces.Count - 1; i >= 0; i--)      ← 정점 B와 A 모서리를 공유하는
    {                                                    면이 있다면 제거한다.
        If(B.Faces[i]->IsExistVertex(A) == true)
            RemoveFace(B.Faces[i]);
    }
                                                     ← 나머지 B와 공유하는 면은
    for(i = B.Faces.Count - 1; i >= 0; i--)             B 정점을 A로 변경한다.
        B.Faces[i]->ReplaceVertex(B, A);

    RemoveVertex(B);
}                                                    ← 정점 B를 삭제한다.
```

11-3 공간 인덱싱

BIM의 그래픽 모델정보를 3차원 공간에서 효율적으로 검색하기 위해서는 모델이 점유하고 있는 공간을 인덱스(Indexing) 해야 한다. 공간 인덱스(Spatial Index)는 공간을 표시하는 정보를 포함한다. 어떤 순서에 맞게 사물에 번호표를 매겨야, 우리는 손쉽게 원하는 사물을 찾는다. 3차원 공간을 격자로 나뉘어 번호가 붙여진 모습을 상상해 보자. 이 번호가 인덱스 정보다. 인덱스는 탐색 알고리즘에 따라 정보가 달라진다.

이런 공간상 개체를 찾는 Indexing 방법을 공간 인덱싱(Spatial indexing)이라 한다. 모델러의 공간 인덱싱 방식에 따라 디자이너의 작업효율은 크게 달라진다.

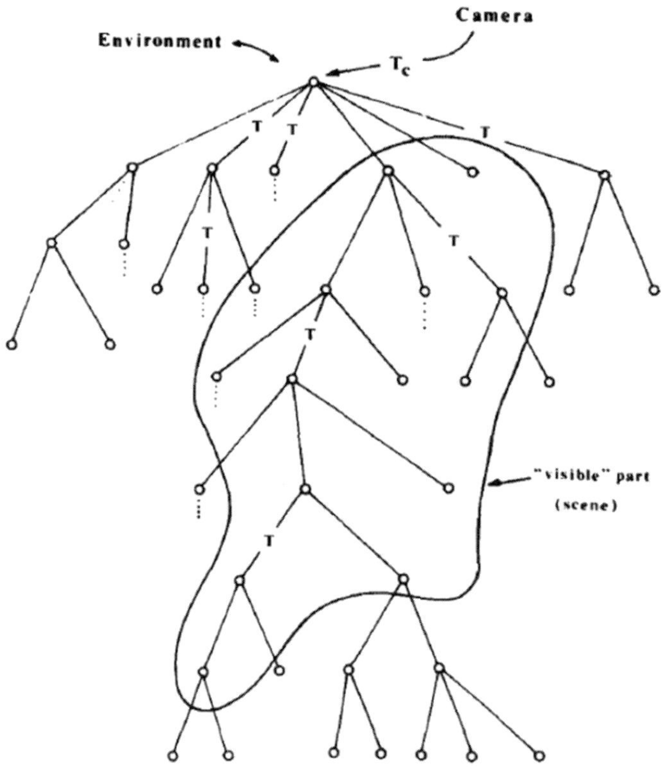

< **11-9** Hierarchical Geometric Models Visible Surface Algorithms [26] >

공간을 indexing 하는 것은 공간을 특정규칙에 따라 분할하는 것과 관련됨으로 대부분의 자료구조는 트리(Tree)형식을 이용한다. 트리는 맨 위의 루트(Root)노드부터 시작해 특정기준에 따라 정보를 아래로 추가해 나간다. 특정기준은 특정좌표나 사각영역과 같은 공간적 기준이 될 수 있으며, 이런 기준으로 공간을 세분화 시키면서 해당 공간 안 의 객체들을 세분화된 트리의 노드에 매달아 놓으면, 카메라가 보여지는 객체들만 빠르게 트리를 탐색하면서, 해당 객체들만 고속 렌더링할 수 있다.

그림 11-9는 이와 관련된 초기연구인 계층적 기하모델 가시표면 알고리즘[James H. Clark]에서 언급된 트리구조이다. 이 트리에서 카메라로 보이는 부분은 가시영역(visible part)으로 표시된 트리의 노드(node-원으로 표시된 부분)이며, 이 안에 포함되지 않은 노드 안의 객체들은 렌더링할 필요가 없다.

이러한 2차원으로 확장한 것이 쿼트 트리(Quad-Tree, 그림 11-10)고, 3차원으로 확장한 것을 옥트리(Octree)라고 한다.

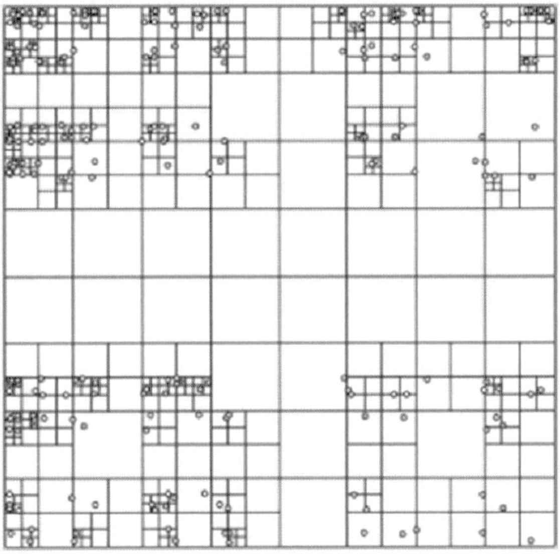

< 11-10 Quad Tree indexing **>**

쿼트 트리는 4개의 격자를 이용해 공간을 트리방식으로 나누는 공간 인덱싱 방법이다. 공간 객체를 인덱싱할 때, 공간 객체의 MBR(maximum bound rectangle)을 구한 후, 이 MBR에 겹치거나 속해진 격자를 찾아서 격자에 포함된 객체 수가 주어진 격자당 최대 객체 보유 개수 Nallow가 넘어가면 4개(Quad)의 격자로 분할한다.

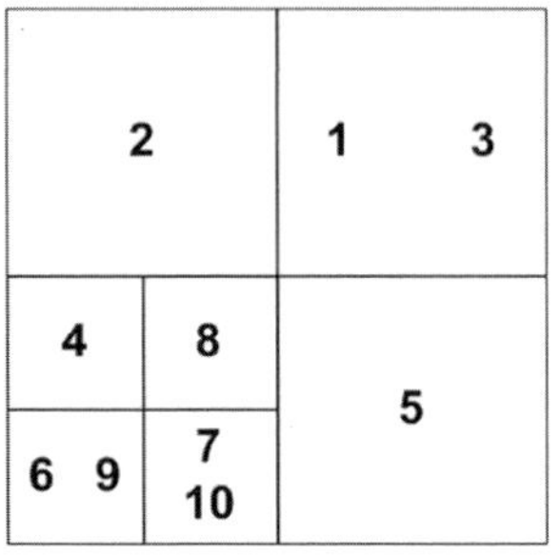

< 11-11 Quad Tree **>**

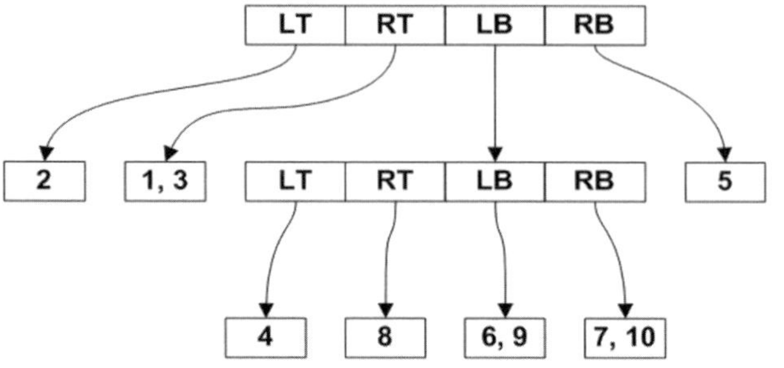

< 11-12 Quad Tree 구조의 예 **>**
(LT = Left top node, RT = Right top, LB = Left bottom, RB = Right bottom)

Quad-Tree는 다음 11-13과 같이 재귀호출(함수를 재귀적으로 호출하는 방법)로 손쉽게 구할 수 있다. 참고로 Quad-Tree를 생성하는 방법은 사실 응용영역에 따라 다양할 수 있다.

```
void AddObject(Node& Node, Object& Object)
{
    If(node.MBR.IsIn(Object.GetMBR()) == false)
      return;
    if(node.ObjectSize 〉 MAX_ENTITY_COUNT)
      SplitNode(node);
    else if(IsLeaf(node))
    {
      Node.Add(Object);
      return;
    }
    AddObject(node.LeftTopNode, Object);
    AddObject(node.LeftBottomNode, Object);
    AddObject(node.RightTopNode, Object);
    AddObject(node.RightBottomNode, Object);
}
```

객체 최대외곽영역(MBR)이 현재 node안에 포함되지 않는다면 객체를 노드에 추가하지 않고 리턴한다.

노드에 추가된 Object 크기가 최대정해진 크기보다 초과하면 이 노드를 사분한다.

잎노드(Leaf)면 객체를 추가한다.

위 경우에 해당하지 않으면 하위 노드에 객체를 추가한다.

< 11-13 쿼드 트리 생성하는 의사코드 **>**

옥트리 구조는 다음 그림 11-14와 같다. 옥트리는 트리 루트에서 공간이 8개로 분할되어 각 노드마다 같은 방식으로 자식 노드가 추가된다. 여기서 분할될 때 기준은 최대 객체 개수로 한다. 노드는 해당 노드의 영역과 객체 레퍼런스를 관리한다.

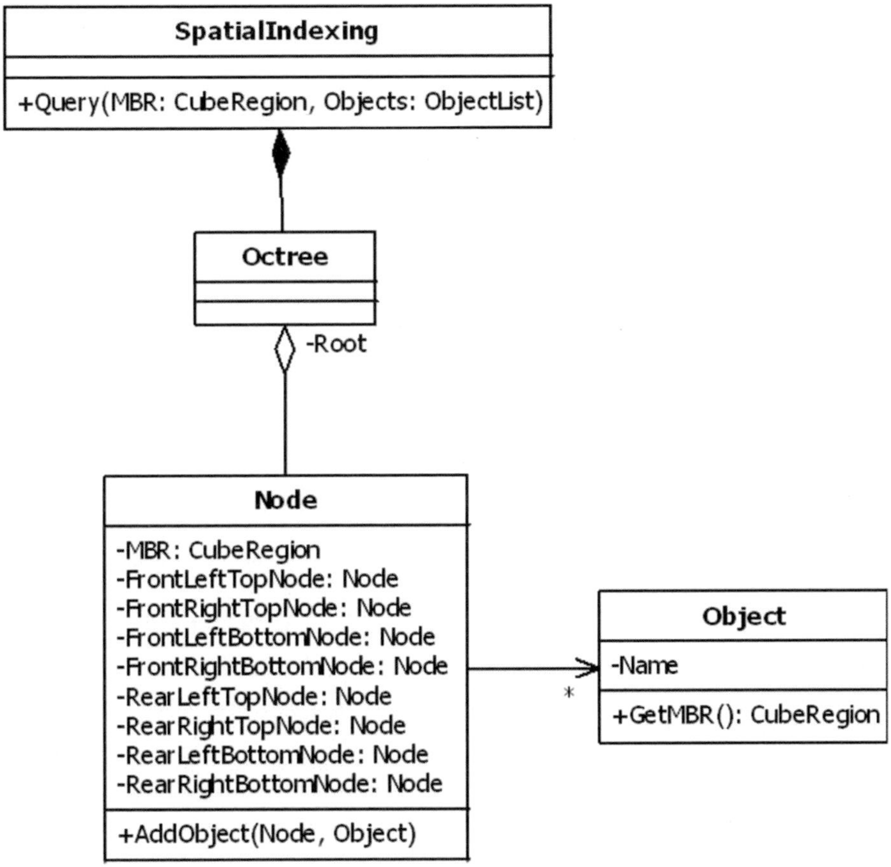

< 11-14 옥트리 구조 **>**

각 노드는 하위 8개의 노드를 재귀적으로 포함하므로 위와 같이 자기자신을 참조해 포함하도록 하였다. 노드에 포함된 영역은 단순히 최대 경계 사각형(Maximum boundary rectangle)으로 표현된다.

옥트리는 공간 인덱싱의 특성도 있지만, 멀티미디어 데이터에 대한 압축성 및 일반화 개념도 포함되어 있으므로 컨텐츠 관리에서도 사용된다. 최소 경계 사각형(Minimum bounding rectangle)에 의해 노드의 도형들을 관리하므로 공간적 낭비가 심하지 않은 R-Tree도 Database나 GIS 분야에서 많이 사용된다. 다만, 이와 같은 공간 인덱싱은 삽입과 삭제시 인덱싱 재구성으로 비효율적일 수 있으므로 상황에 맞게 적용해야 할 것이다.

일반적으로 트리는 분할비용이 있으며 질의 결과나 객체가 중복될 수 있지만 공간 낭비가 적고 탐색속도가 빠르다. 일반적으로 쿼드 트리나 옥트리는 공간확장에 대한 대처가 어렵고, 공간 객체가 중복 분산되며, 한쪽으로만 몰린 공간 객체를 삽입할 경우 다른 노드의 공간이 낭비되는 단점이 있다. 이 때문에 객체에 대한 삽입이나 삭제가 빈번한 시스템은 트리를 주기적으로 균형이 되도록 갱신해야 한다.

이외에도 R-tree와 같은 구조가 있으며, 공간 인덱싱은 GIS, CAD, 3D 게임, 3D 시뮤레이션 등에서 필수적으로 사용된다

11-4 고속 처리를 위한 또 다른 방법

디스플레이 리스트(Display list)는 객체를 빠르게 렌더링하는 또다른 방법이다. 보통 객체를 렌더링할 때 일반적인 패턴은 객체의 속성, 즉, 색상, 선유형을 선택하고, 객체를 이루는 조각들(Segment)을 출력한다.

실제 그래픽을 출력하기 위해서는 이런 그래픽 정보들이 운영체제에서 모니터처럼 그래픽 출력장치를 제어하기 위해 제공되는 그래픽 드라이버(Garphic driver)까지 전달되어야 한다. 이렇게 전달되는 회수를 줄이고 한꺼번에 관련 그래픽 정보를 압축하여 전달함으로 한꺼번에 출력하는 것이 중요하다.

이를 위해서는 그래픽 정보를 실제 그래픽 드라이버에 전달하기 전에 속성별로 출력해야 할 그래픽 정보를 모아 두고 한꺼번에 출력한다. 예를 들어 아래와 같이 그래픽 정보를 출력한다고 가정한다.

```
LINE(RED, 0.0, 0.0, 100.0, 0.0)
LINE(RED, 100.0, 0.0, 200.0, 0.0)
LINE(RED, 200.0, 0.0, 300.0, 0.0)
LINE(YELLOW, 0.0, 0.0, 100.0, 0.0)
```

이 정보는 다음과 같이 압축해 한번에 그래픽을 출력할 수 있다.

LINE(RED, 0.0, 0.0, 300.0, 0.0)
LINE(YELLOW, 0.0, 0.0, 100.0, 0.0)

이렇게 압축된 그래픽 정보를 디스플레이 리스트라고 한다. 캐드와 같이 유사한 속성정보가 자주 사용되는 그래픽 시스템은 이런 기법을 이용해 출력속도를 획기적으로 향상시킬 수 있다. 오토캐드의 렌더링 엔진은 이와 유사한 방법을 사용한다고 알려져 있다.

또다른 기법으로 그래픽 병렬처리가 있다. 이 방식은 유명 그래픽 칩 세트에서 제공되고 있는 기능으로, 그래픽 출력을 병렬로 처리함으로써 고속 렌더링을 구현하는 것이다.

예를 들어 많은 수의 정점(Vertex), 프로젝션(Projection) 및 픽셀(Pixel) 렌더링 같이 독립적인 렌더링 흐름이 있다고 할 경우, 병렬처리 프로세스 유닛을 이용해 독립된 렌더링 흐름을 각 프로세스에 처리해야 할 작업으로 할당하고 결과값을 모아서 출력한다.

이와 같이 3차원 공간상에서 모델을 처리하는 것은 2차원 설계와는 다른 차원의 처리가 필요한데 특히 처리속도와 관련된 공간 검색 처리는 매우 중요하다. 공간에 표현되는 모델의 수가 수백만 개 이상 늘어날 수록 이를 검색하고 표현하려면 처리 용량이 기하급수적으로 늘어난다. 이런 이유로 필요한 지금 당장 모델링할 필요가 있는 부분만 메모리에 띄워놓고 나머지는 하드디스크와 같은 저장공간에 분할 보관하는 페이지 기반 캐쉬 방법 등이 사용되기도 한다.

복잡한 모델은 적절한 분할로 이런 문제를 해결할 수 있으나 별도제작된 모델은 병합시 불일치성 등으로 한계가 있다.

제12장

디지털화된 모델정보

Reverse Engineering

12-1 개요

이 장은 실제 존재하는 물체로부터 가상의 3차원 형상 정보를 추출하는 것에 대해 다룬다. 이를 위해 사용하는 기법인 역공학이 무엇인지, 어떤 의미가 있는지 살펴보고, 메커니즘은 어떻게 되는지 살펴보도록 한다.

최근 BIM개념에서 유지보수와 공정관리를 모델 기반으로 하려는 시도가 진행되고 있다. 즉, 3차원으로 만들어진 모델을 이용해 유지보수에 필요한 분석이나 정보를 생성하고 관리하며, 실제 지반모델 및 토목, 건축구조 부재모델을 바탕으로 효과적인 공정관리 방안을 찾는 것이다.

이런 목적의 대상물들이 다행이 정확한 3차원 가상모델을 가지고 있다면, 이를 활용하면 되겠지만 2차원 설계도로 시공된 수많은 건물과 인프라 구조물들은 가상모델이 아예 존재 하지 않으며 사실, 시공시 사용된 2차원 설계도 조차 정확하지 않은 것들이 많다.

그러므로, 실제 구조물에 대해 라이다(Ridar)와 같은 3차원 레이저 스캐닝 기술들을 이용하여 실제 모델의 3차원 좌표를 얻어 가상의 3차원 설계모델을 역생성해야 함에 앞서 언급한 정보처리를 할 수 있다. 이는 보통 기계 쪽에서 역공학(Reverse engineering) 기법으로 활용되어 왔으며, 디지털 복제라는 이름으로도 알려져 있다.

역공학은 아래와 같은 다양한 곳에서 활용될 수 있다.

1) 오차제어

구조물 면 데이터 획득을 통한 3차원 모델의 재생성을 통해 실제모델과 설계모델의 차이와 오차를 보여주며, 이 오차를 다룰 수 있는 방법을 알려준다.

2) 유지보수

기존 구조물에 대한 3차원 형상 모델을 획득해, 모델형상을 기반으로 속성정보를 다룰 수 있도록 한다. 이를 통해 구조물에 대한 유지보수를 3차원 모델에 기반해 작업할 수 있다.

3) 공정관리

인프라 구조물 시공시 시간에 따른 지형 모델이나 주변의 구조물 모델을 실시간으로 획득할 수 있다. 이를 통해 좀 더 효과적인 공정관리를 진행할 수 있다.

4) 모델해석

실제모델에 대한 3차원 가상 모델을 통해 다양한 해석이 가능하다. 유한요소 해석을 포함하여 소음이나 진동과 같은 환경모델 해석 등이 가능하다.

이외에도 다양한 곳에서 활용될 수 있다.

역공학은 스캐닝된 래스터(Raster) 이미지를 수학적 모델로 벡터화 하는 벡터라이징(Vectorizing)과 개념적으로 유사하다. 래스터 이미지는 픽셀로 구성된다. 예를 들면 다음 그림 12-1과 같은 기계제도 도면은 확대해 보면 여러 개의 점으로 구성되어 있다는 것을 알 수 있다. 이런 개별적인 점의 모임은 어떤 수학적인 정보를 사용자에게 줄 수 없다. 예를 들어 원의 크기라든가, 한 변의 길이 같은 치수정보를 얻을 수 없다

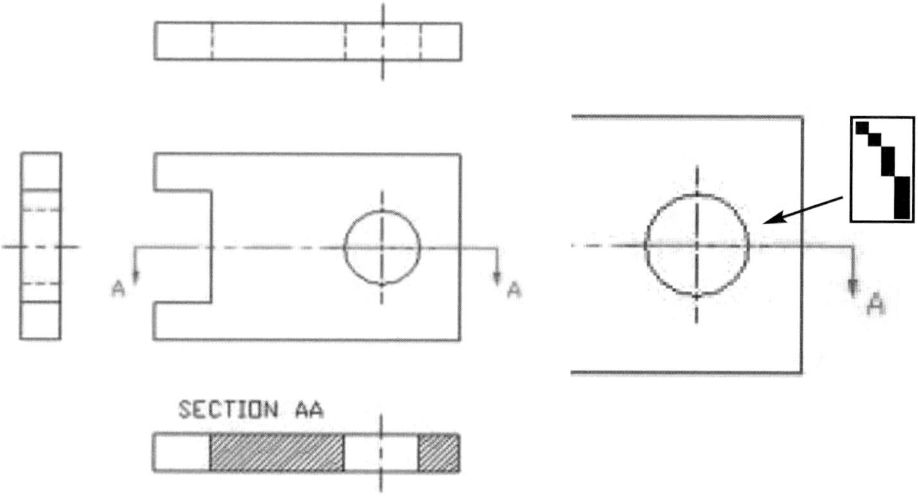

<12-1 3D point cloud **>**

개별적으로 이산화 된 점군에서 수학적 모델을 얻어내는 과정을 벡터라이징이라 하며, 이는 역공학의 한 영역이다. 아래는 벡터라이징의 일반적 순서이다.

1. 이미지를 스캐닝한다.
2. 이미지에서 잡음(잡티, 구멍 등)을 제거한다.
3. 이미지를 구성하는 점군에서 경계(모서리)를 추출하기 위해 세션화를 수행한다.

4. 처리된 이미지에서 점들을 검색해 나가면서, 선으로 연결한다.
5. 연결된 선들을 연결성을 판단해 그룹으로 묶어 수학적 모델(직선, 원, 호, 타원 등등)로 주요 변수(크기, 반경, 각도 등)를 추출해 파라메터화 한다. 이를 위해 미리 준비된 각 수학적 모델의 변수와 추출 선들의 유사도를 비교해야 한다.

그림 12-2는 간단한 래스터 이미지를 통하여 점군을 직선으로 벡터라이징한 모습이다.

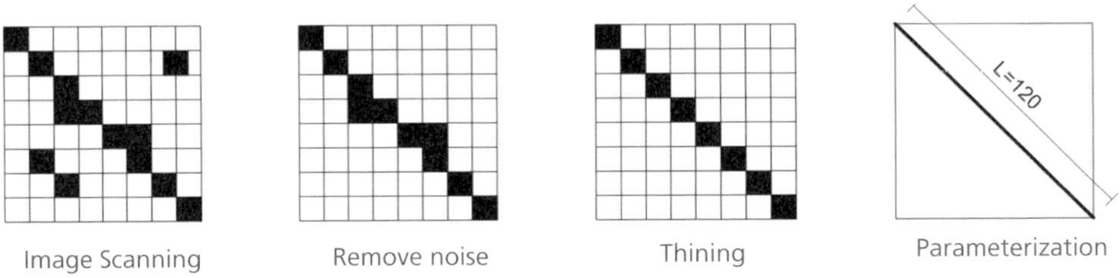

< **12-2** Vectorizing processing >

12-2 역공학

역공학은 설계를 통한 시공의 반대로, 시공된 대상에서 설계 정보를 뽑아내는 과정이다. 이를 위해 3차원 레이저 스캐닝이 필요하며, 이 결과로 얻어진 3차원 점들(Point Clould – 점군)을 이용해 실제 3차원 형상을 얻을 수 있어야 한다. 3차원 점군은 반사된 대상물의 주파수 특성을 반영해 특정 색상으로 표현할 수 있다.

< **12-3** 3D point cloud >

보통 점군을 획득해 처리하는 일반적인 과정은 그림 12-4와 같다.

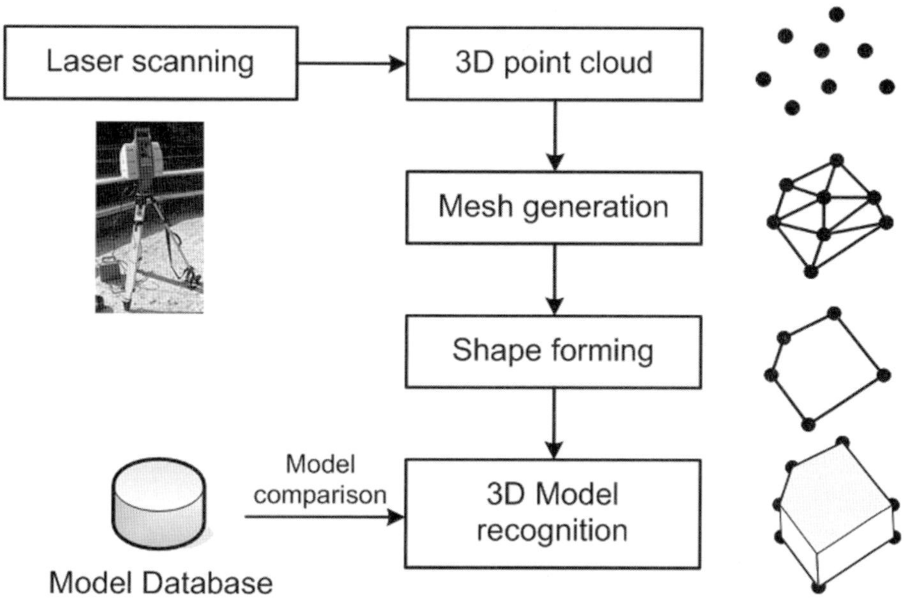

< **12-4** 역공학 처리 프로세스 >

우선 레이저 스캐너를 이용해 3차원 점군을 얻어서 센서 데이터에 포함되어 있을지 모르는 잡음을 제거하고 보정한 후, 점군을 이용해 메쉬를 생성한다. 메쉬는 삼각화 기법을 사용하며, 이를 통해 정점과 모서리, 면의 형상과 위상구조를 획득한다. 위상구조를 이용해 최외곽 면을 탐색하여 형상(Shape)를 얻는다. 형상은 연결된 모서리들의 직선성을 판단해고 연결된 외곽 모서리들 중 잡음이라 판단되는 부분은 제거하여, 불필요한 기하학적인 정보를 필터링한다.

이러한 과정을 거쳐서 획득한 형상은 모델 데이터베이스(Model database)에 저장된 모델의 기하학적 속성정보와 적절히 비교하여 형상이 어떤 모델인지 인식한다.

각 처리과정을 좀 더 자세히 기술하면 다음의 내용과 같다.

1. 3차원 점 스캐닝 :

스캐너를 이용해 대상물을 스캐닝한다. 가능한 대상물의 전체 모양을 조망할 수 있는 지점에서 스캐닝을 하고, 불가능할 경우, 여러 시점에서 점군을 얻은 점의 거리 공간적, 시각적 속성을 이용해 정교하게 정합하고 병합해야 한다.

2. **3차원 점군 처리 :**

스캐닝으로부터 획득된 점들 중, 위치가 중복된 점이나 모델로 인식할 영역이 아닌 부분 등의 잡음을 제거한다.

3. **메쉬처리 :**

3차원 점군을 이용해 델라우니 삼각화와 같은 기법을 이용해 표면을 삼각화 한다. 지형과 같은 표면(Surface) 모델인 경우에는 완전한 3차원 모델로 구성될 필요가 없겠지만 구조물과 같은 경우에는 완전한 3차원 모델로 구성되어야 한다. 이 경우에 비다양체로 처리된 면은 제거된다.

4. **형상 가공 :**

형상 가공은 파라메터화(Parameterizing)로 알려져 있으며, 메쉬처리로 얻은 다면체를 이용해 곡선이나 곡면으로 정합(Fitting)하는 단계이다.

곡선이나 곡면에는 직선, 평면을 포함하며, 이를 자동으로 파라메터화 하는 방법은 수학적 모델에 따라 다르다. 예를 들어 B-spline 곡선을 파라메터화 하는 기본적인 방법은 다음과 같이 역함수를 취함으로써 계산할 수 있다.

다음 식에서 P는 점군으로 주어져 있으며, 매듭벡터와 매개변수는 점군을 통해 얻을 수 있다.[Lee,1989][Hartley, 1980] 이를 통해 블랜딩 함수 N을 구할 수 있으며, 이의 역함수를 취해 제어점을 얻을 수 있다.

$$P(t) = \sum_{i=0}^{n} N_{i,k}(t)_i V_i \quad \Rightarrow \quad V_i = \sum_{i=0}^{n} N_{i,k}(t)_i^{-1} P(t)$$

일반적으로 모든 수학적 모형을 자동 판단할 수는 없으므로, 어떤 기하학적 형태로 파라메터화 할 것인지는 어느 정도 사용자의 판단이 필요하다.

5. **3차원 모델 인식 :**

형상을 추출한 후에 이 형상이 어떤 모델인지 인식한다. 쉽게 예를 들면, 구, 입방체, 피라미드와 같은 3차원 모델에 대한 형상정보를 모델 데이터베이스에 등록한 후, 추출된 형상의 체적, 모양과 같은 기하학적 속성과 정점, 면의 개수나 모서리와의 연결 관계와 같은 위상학적 속성을 이용해 모델 데이터베이스와 비교하여, 유사도가 높은 모델을 탐색하여 출력한다.

이 과정에서 생성된 메쉬나 곡선, 곡면과 같은 3차원 형상 구조는 앞에서 언급한 위상구조 및 기하학 구조와 동일하다.

사실 형상 가공과 3차원 모델 인식은 스캐닝 지점에 따라 생성된 형상의 가변성이 많고, 데이터베이스에 등록된 형상의 기하학적, 위상학적 속성이 스캐닝되어 만들어진 형상과 정확히 일치하기는 매우 어려워, 인식 모델을 특정영역으로 제약하는 것이 보통이다. 예를 들어 인식하려는 대상이 구나 입방체라면 이 모델 중에 유사성이 가장 높은 모델을 형상과 매칭해 준다. 이런 경우 인식 정확도를 높일 수 있다.

그림 12-5는 MeshLab[http://meshlab.sourceforge.net/]이란 역공학 도구를 이용해 메쉬를 생성한 그림이다.

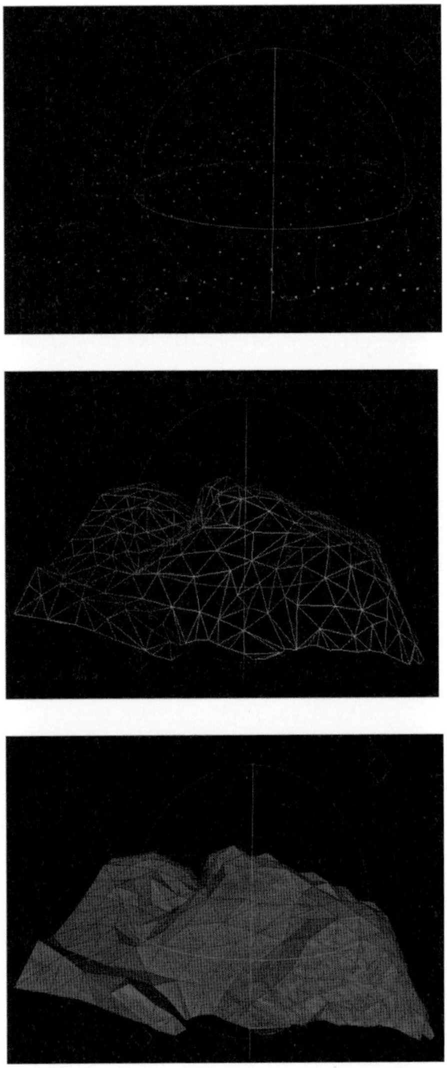

< **12-5** 3차원 점군에서 메쉬 생성한 모습 [MeshLab] >

제13장
모델 지식 정보
Knowledge

13-1 개요

BIM은 건설 엔지니어링 프로세스를 모델에 지식화해 표현하도록 진행되고 있다. 그러므로 각 전문 분야별 지식, 예를 들어 견적 · 수량산출, 규정 체크, 사회적, 환경적 문제 평가는 그래픽 기반 정보모델링과는 다르게 접근해야 한다. 이런 정보는 집합론과 논리학에 기반한 규칙기반 정보처리익 때문이다. 그러므로 지식간의 관계와 처리규칙을 모델링하는 것이 필요하고 이를 지식 모델링이라 한다.

지식 모델링은 인공지능의 한 분야인 전문가 시스템으로부터 발전해왔다. 전문가 시스템이라는 특정문제 영역의 전문가로부터 획득한 전문지식을 이용하여 추론함과 동시에 현실적 문제를 전문가와 동등한 레벨에서 해결하는 지식 기반 시스템이다. 모델을 디자인하거나 엔지니어링 작업할 때 많은 전문적인 지식이 필요하다. 그러나 인간의 전문적인 지식은 많은 경험과 시행착오를 통해 터득한 것이므로, 이를 작업시 일반적으로 쉽고 저렴하게 활용하기란 쉽지 않은 일이다. 이런 이유로 특정영역에 대한 문제해결 지식체계를 지원하는 전문가 시스템이 모델링이나 후처리 과정에 도입되 활용되는 경우가 많다.

전문가 시스템은 다음과 같은 목표를 가지고 꾸준히 연구 개발되었다.

첫째, 문제영역에 대한 전문지식을 이용하여 문제를 해결한다.
둘째, 지식은 전문가로부터 획득되어야 한다.
셋째, 현실의 문제를 바탕으로 한다.
넷째, 시스템의 문제해결 능력이 전문가와 동등해야 한다.

이런 인간과 거의 동등한 수준의 문제해결능력을 가지는 시스템을 개발할려는 노력은 인공지능 분야에서 오랫동안 지속되어 왔다. 하지만, 아직도 이런 목표를 완벽하게 달성하는 시스템은 거의 존재하지 않는다. 현재 전문가 시스템은 대부분 텍스트 기반 의사결정 지원 시스템이다. 아직까지 시각이나 청각 정보까지 지식체계를 해석하여 축적하지 못했다. 전문가 시스템의 최종 목표는 사람을 대신해서 시스템 자신이 스스로 문제를 해결해 나가겠지만, 아직은 이런 시스템이 스스로 판단하기에는 정보와 지식체계도 불완전하고 의사결정에 따른 다양한 리스크가 존재하기 때문에, 비전문가의 의사결정을 지원해 주는 방향으로 발전되고 있다.

현재의 전문가 시스템은 사용자가 특정영역에서 문제에 대한 정보를 시스템에 질문하면, 입력된 정보를 근거로 특정영역에 구축된 지식체계를 이용하여 정보를 분석하고 추론해 획득한 결과를 사용자에게 보여주고, 해당 근거를 설명하는 등의 의사결정 지원 기능을 제공한다. 우리가 흔히 사용하는 지식검색과 같은 기능들은 모두 이런 전문가 시스템의 일종이다.

최초의 전문가 시스템은 1960년대 말 미국 스탠포드 대학에서 개발된 DENDRAL 이다. 이 시스템은 화합물 구성요소와 화합물 샘플에서 얻어진 질량 스펙트로그램을 이용해 분자구조를 결정하는 화학 전문가 역할을 담당하는 시스템이었다. 이 시스템은 실험 중에 화학 전문가에게도 알려지지 않은 몇 가지 분자구조를 발견하기도 한다. 이후 MYCIN은 감염성 질환에 대한 항상제 처방을 지원을 하는 전문가 시스템으로 개발되었으며, 주로 전문지식이 필요한 의약, 공학 분야로부터 군사 목적인 시스템에 이르기까지 많은 시스템이 개발되었다.

전문가 시스템은 특정영역 문제를 해결하거나 지원할 수 있는 목적으로 개발된 컴퓨터 프로그램과 지식체계를 관리하는 데이터베이스로 구성되어 있으며, 이런 시스템을 개발하는 작업을 지식공학이라 한다.

이런 전문가 시스템을 이용하면 다음과 같은 효과가 있다.

첫째, 일단 만들어진 전문가 시스템의 지식체계는 영구적이다.
둘째, 전문가 시스템의 지식체계는 복사하거나 배포하기 쉽다. 비용 효과적이다.
셋째, 인간의 의사결정은 감정적인 영향에 지배 받을 수 있다. 전문가 시스템은 이런 부분을 어느 정도 보완해 줄 수 있다.
넷째, 다양한 전문가의 지식체계를 효과적으로 꾸준히 체계적으로 축적해 나갈 수 있다.

13-2 시스템 구조

전문가 시스템은 문제 지식 구조를 저장하는 데이터베이스에 해당하는 지식베이스(Knowledge base)와 문제해결을 위하여 지식추론을 위한 추론엔진(Inference engine)으로 구성된다. 지식베이스와 추론엔진을 개발하기 위해 초기에는 LISP, PROLOG, C와 같은 언어를 사용하였으나, 지식체계를 수정하면 추론엔진과 같은 부분도 수정이 되어야 하는 문제때문에 이 둘을 분리해 지식체계나 추론규칙을 프로그램과 별도로 기술할 수 있는 지식 정의 언어를 개발하는 방향으로 발전되었다. 이 언어와 관련해 복잡한 지식을 표현하기 위한 편집기, 지식간 무결성 체크를 위한 디버거, 사용자 인터페이스 라이브러리, 엑셀이나 기존 데이터베이스와 연동되는 지원기능을 포함한 통합 전문가 시스템 개발도구가 많이 개발되었다.

13-3 발전의 역사

1960년대부터 개발된 전문가 시스템은 인공지능의 역사와 유사한 괘적을 걸어왔다. 그 당시, 전문가 시스템이 인간의 문제해결 능력을 가질 수 있다는 생각으로 시작하였지만, 결론은 그다지 좋은 결과를 도출해 내지 못했다. 이런 교훈으로 특정 몇몇 분야에 대한 문제해결로 적용분야 및 지식 구축 방법론을 변경하게 되었다. 이 결과 1960년대 GPS와 DENDRAL 등이 개발되었다. 일반적으로 전문가 시스템은 지식을 규칙 기반으로 모델링하고 질문의 해답인 목표상태를 유지하기 위해 사람들이 지식을 탐색해 찾아나가듯 현재 상태에서 목표 상태로 해를 탐색해 나갔다. _ [62]

Newell, Simon이 개발한 GPS(General purpose Problem Solver)는 전문가와 같은 추론능력을 가질 수 있다는 생각에서 시작된 시스템이다. 이 시스템은 초기 상태를 추론과정에서 목표 상태로 전환하기 위해 필요한 여러 단계를 실행하는 방식으로 개발되었고, 전환하기 위한 필요 연산자(Operator)를 정의하였다. GPS는 문제해결과 같은 목표상태에 이르기까지의 추론단계를 현재 상태와 줄이기 위한 이런 연산자를 탐색하는 알고리즘을 구현하였으나, 완벽한 문제해결의 해를 탐색할 수 없는 경우도 있었다. 그러나 차후 인공지능 언어로 알려진 PROLOG, LISP언어에는 큰 영향을 주게 되었다.

스탠포드 대학교에서 1960년에 특정문제를 해결하기 위해 개발된 DENDRAL은 전문가 시스템 개발에 대한 몇 가지 고려할 점을 알려주는데, 일반적인 문제를 해결하기 위해서는 탐색해야 할 해가 너무 많아 컴퓨팅 자원이 과도하게 요구된다.

그러므로 특정범위로 하여 탐색범위를 줄이는 것이 중요하다. 또한 전문가 시스템 지식구조의 확장을 위해서 추가될 새로운 정보는 규칙 기반 표현을 이용해 효과적으로 처리할 수 있다. 이런 인식으로 전문가 시스템은 특정영역 문제해결을 위한 도구로 개발되기 시작한다.

1970년대에 들어서 지식을 일반적으로 표현하기 위한 이론과 의사결정, 추론 방법들이 연구되기 시작하였으나, 인간의 인식구조를 모두 완벽하게 표현하는 것은 불가능했기에 긴 개발에 비해 큰 성과를 얻지는 못하였다. 하지만 대표적인 개발사례인 MYCIN은 스탠포드에서 개발되었으며, 혈액감염 진단 및 항생물질 치료를 조언하는 시스템으로 의학 교육과 연구를 위해 사용되었다. 1970년대 중반 스탠포드에서 개발된 PROSPECTOR는 광석 매장지를 찾는 목적으로 개발되었고, 1980년 수백만 달러 몰리브덴 광맥 위치의 정확한 발견에 성공하였다. 1980년대 들어 이런 연구 결과들은 상업용 시스템에 적용되기 시작하여 XCON, XSEL과 같은 시스템이 개발되었다.

XCON은 최초로 성공한 상업용 전문가 시스템으로 알려져 있으며, 카네기멜론 대학과 Digital Equipment사가 공동개발한 것이다. XCON은 VAX 컴퓨터를 이루는 시스템의 전체적인 윤곽, 각 부품관계, 위치, 각 부품을 연결하는 케이블 길이까지 결정해주는 기능을 포함하였다. OSCAR (Optimised Expert System for Conducting Environmental Assessment of Urban Road Traffic)은 대기 오염 관점에서 도로 교통이 환경에 미치는 영향을 평가하기 위해 최적화 된 모델링 지식제공을 목적으로 개발되었다.

CLEAR의 Project로써 영국 Hertfordshire 대학의 Ranjeet S Sokhi가 주도하고 있다. FUMAPEX (Integrated Systems for Forecasting Urban Meteorology, Air Pollution and Population Exposure)는 도시 대기 상태와 오염 노출모델을 통해 구축된 기상 예측 모델을 이용하여 유럽 여러 도시들의 기후 변화 상태를 예측하기 위해 개발되었으며, 마찬가지로 CLEAR의 Project로써 덴마크 DMI의 Alexander Baklanov가 주도하고 있다. 이런 전문가 시스템의 개발비용을 줄여 주기 위해 개발 지원도구도 개발되기 시작해 EMYCIN, AGE같은 프로그래밍 도구 등이 개발되었다.

1990년대 중반부터 인터넷 발달로 다양한 형식의 문서와 멀티미디어를 포함한 데이터가 기하급수적으로 증가하였고, 방대한 웹 자원에서 사용자가 지식을 획득하고 의사결정에 필요한 정보를 얻기 위해 지식을 정형화 해 모델링하고 추론할 수 있는 구조가 필요하게 되었는데, 그 중 대표적인 것이 시맨틱 웹이다. 시맨틱 웹은 정보의 자원을 컴퓨터가 이해할 수 있는 구조로 표현할 수 있는 온톨로지(Ontology) 언어로 표현된다. 온톨리지 언어는 대표적으로 OWL(Ontology Web Language)이 있으며, 객체지향적인 개념을 도입해 개념을 클래스(Class)와 속성(Property)로 표현하고, 그 사이의 관계를 정의할 수 있다. 이렇게 구축된 지식구조를 이용하여 정보를 찾아내는 질의언어인 SPARQL 등을 지원한다.

13-4 온톨로지(Ontology)

모델링시 만나는 디자인, 견적, 계획, 시뮬레이션 등 다양한 문제에 대한 해를 구하기 위해 많은 전문적인 지식이 필요하다. 1990년대까지 이런 의사결정 문제를 해결하기 위해서 다양한 영역에서 연구를 하였으나, 근본적으로 한 번 개발된 전문가 시스템에 의존하기에는 현장에서 필요한 경험과 지식을 고려하기에는 한계가 있다는 사실을 알게 되었다. 1990년대 전까지 특정 전문가 영역에 대한 문제해결은 어느 정도 성공하였지만 현재처럼 요구사항이 급속히 폭발하는 시대에 시스템을 사용하는 일반인도 쉽게 정의 가능한 확장성 있는 지식 기술 언어가 필요할 수 밖에 없다.

이런 이유로 온톨로지 언어인 OWL나 XML과 같은 확장 가능한 지식 기술언어가 주목받게 된다. 온톨로지는 철학의 존재론에서 왔으며, 개념과 그 관계를 다음 그림 13-1처럼 그래프 형식으로 정의할 수 있는 데이터 모델로 객체 지향과 유사하다.

그림 13-1의 예에서 동물(Animal)이 육식동물(Carnivore), 초식동물(herbivore), 사자(Lion), 배고픈 사자(Hungry-Lion) 등으로 특수화 된 관계를 볼 수 있다. 또한 식물은 먹을수 있는 식물(Tasty-Plant)과 나무(Tree)로 나누고 있으며, 나무는 가지

(Branch)를 가지고 있는 관계(has-part 관계)가 있으며, 가지에 대해 잎(Leaf)도 같은 관계를 가지고 있다. 동물의 하나인 기린은 나무 잎을 먹는 관계(eats)이며, 또 기린(Giraffe)은 배고픈 사자에 먹히는 먹이사슬 관계(eats)에 있다.

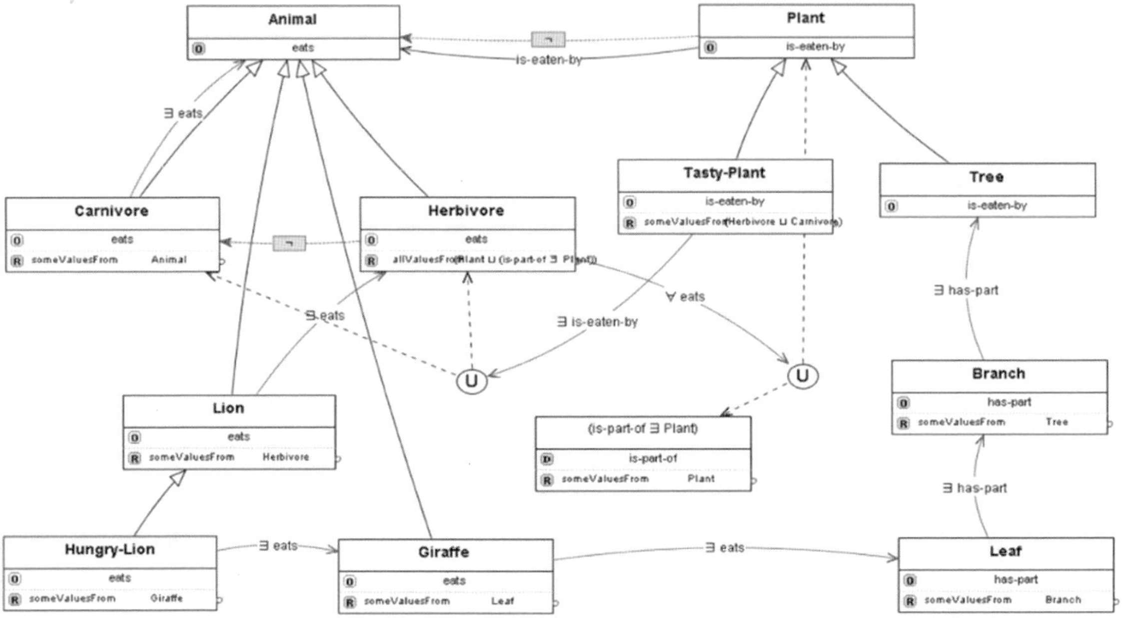

<13-1 온톨로지 모델 예[ezOWL, ETRI] **>**

온톨로지 모델링을 위해 OntoEdit, Pretege, OilEd, ezOWL, Fluent와 같은 같은 도구를 사용할 수 있으며, 결과는 OWL 같은 XML형식으로 저장될 수 있다. 추론엔진은 이 지식모델을 읽어 필요한 질의에 적절한 답을 출력한다.

다음은 온톨로지로 표현한 컴퓨터, 언어, 프로그래머의 지식구조 예이다. 그림 13-2의 왼쪽과 같이 사물(thing, 객체 지향의 object와 같은 개념) 아래에 computer, computer program, language, programmer를 계층적인 관계로 집합관계를 표현하고, 이 개념의 사이 관계(relation) *[필자주 – 동사에 해당]*에 해당하는 to be write, execute, know를 정의하여 구조를 모델링한다. 이렇게 모델링된 지식구조는 오른쪽 그림과 같이 XML형태로 자동 재성될 수 있으며, 그림 13-2와 같이 수학적인 집합관계로 표현될 수도 있다. 이런 지식모델을 이용하면, 전문가 시스템을 통해 이 지식 영역에 대한 다양한 질문, 예를 들어 'computer program은 무엇에 의해 실행되는가?' 라는 질의(query)에 'computer' 라는 답을 추론엔진에 의해 얻을 수 있다.

이런 온톨로지 지식모델은 다음과 같은 구성요소를 가진다.

구성요소	내 용
클래스(Class)	클래스는 사물, 개념에 붙인 이름을 말하며, 동물, 식물, 자동차, 과일과 같은 것들은 모두 클래스로 정의할 수 있다. 클래스로 부터 인스턴스가 만들어지며, 이는 객체 지향 정보모델일 경우 객체와 동일한 개념이다.
인스턴스(Instance)	인스턴스는 클래스에 속해 만들어지는 실질적인 사례들로 예를 들어 자동차 클래스라면, 인스턴스는 실제 사례인 아반테XD, 엘란트라와 같은 것이다.
속성(Property)	속성은 클래스를 구성하는 구성요소를 말하며, 구성요소는 또 다른 클래스로 표현할 수 있다. 예를 들어 자동차는 구성요소로 핸들, 엔진, 프레임 등으로 구성되므로 이는 자동차의 속성이다.
관계(Relation)	관계는 클래스와 인스턴스 간에 존재하는 관계를 정의하며, 무엇의 한 종류를 의미하는 IsA와 같은 여러 가지 관계를 정의할 수 있다.

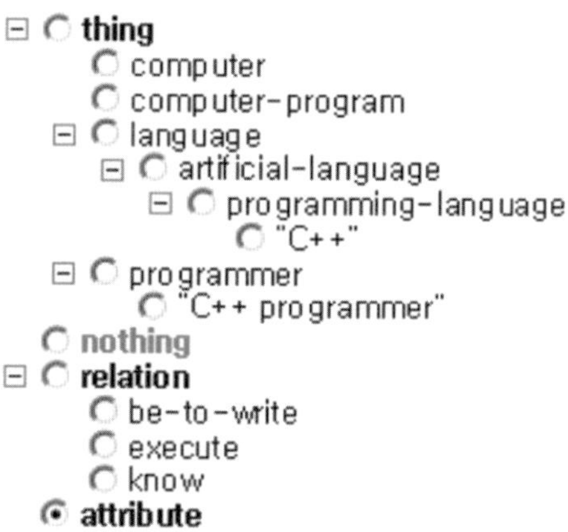

< 13-2 온톨로지 모델 예[Fluent] >

```
<EquivalentClasses>
 <Class IRI="#C%2B%2B%20programmer" />
 <ObjectIntersectionOf>
  <Class IRI="#Programmer" />
  <ObjectSomeValuesFrom>
   <ObjectProperty IRI="#know" />
   <ObjectOneOf>
    <NamedIndividual IRI="#C%2B%2B" />
   </ObjectOneOf>
  </ObjectSomeValuesFrom>
 </ObjectIntersectionOf>
</EquivalentClasses>
<SubClassOf>
 <Class IRI="#ArtificialLanguage" />
 <Class IRI="#Language" />
</SubClassOf>
<SubClassOf>
 <Class IRI="#ComputerProgram" />
 <ObjectSomeValuesFrom>
  <ObjectInverseOf>
   <ObjectProperty IRI="#execute" />
  </ObjectInverseOf>
  <Class IRI="#Computer" />
```

≡(“C++ programmer”,(programmer)⊓(∃(know).({“C++”})))
artificial–language⊑ language
computer–program⊑ ∃((execute)–).(computer)
programmer⊑ ∃(know).(programming–language)
programming–language⊑(artificial–language)⊓(∃(be–to–write).(computer–program))
{“C++”}⊑programming–language

온톨로지는 앞서 설명한 객체 지향 모델과 유사한 측면을 가진다. 둘 다 개념과 관계를 표현하며, 관계는 집합관계나 종류 등을 표현할 수 있다. 모두 정보 확장성과 재활용성을 고려해 개발되었다.

온톨로지는 BIM과 같은 모델링 분야에서 전문적인 판단을 요하는 부분에 다양하게 활용될 수 있다. 다음은 이런 개념을 이용해 건설 엔지니어링시 토공 수량을 도면에서 자동으로 판단하는 전문가 시스템의 예이다.

이 예에서는 지식구조를 표현하기 위해 기본이 되는 객체를 먼저 정의한 후에 이 객체를 기반으로 지식을 모델링하기 위해 집합관계를 이용해 필요한 개념과 개념의 관계를 정의하고, 사용자 질의 정보를 얻기 위한 추론엔진을 개발해 적용하였다. 이 예에서 질의는 '절토는 어느 영역인가?', '성토 수량은 얼마인가?' 라는 것들이다.

토공 수량은 보통 선형을 기준으로 매 측점마다 횡단(Cross section)을 설계한 후 이중 단면 평균법을 이용하여 구한다.

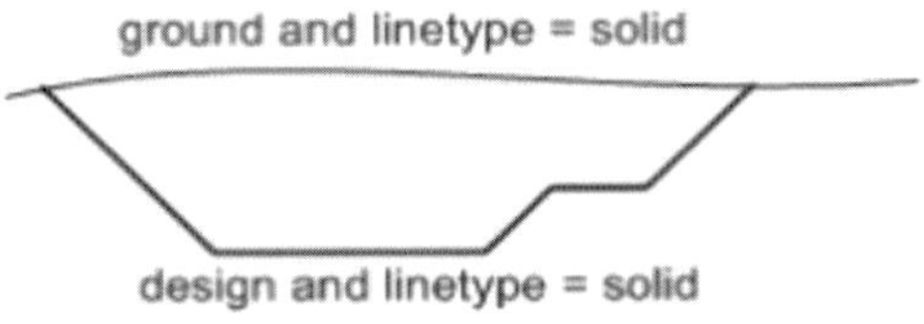

< 13-3 횡단 토공(절토) **>**

그림 13-3은 한 횡단 예이며, 실선(linetype = solid) 지반선(ground)과 실선 계획선(design)으로 구성되어 있다. 아래 예에서는 엔지니어가 두 지반선과 계획선 안에 있는 영역을 절토영역(Cutting area)으로 판단한다. 만약, 계획선이 지반선 보다 위에 있

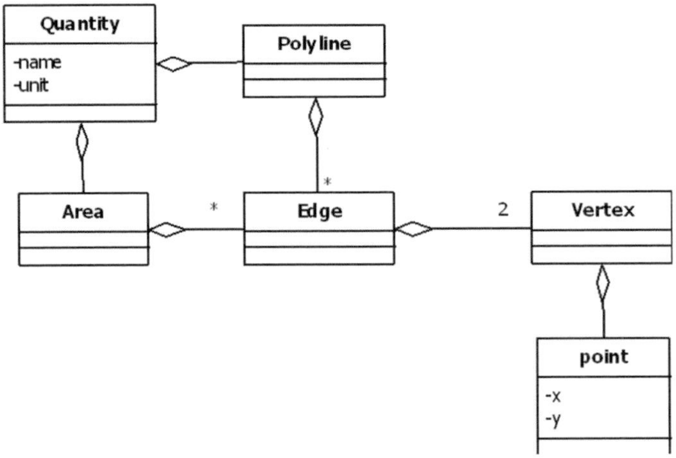

< 13-4 수량 객체 모델 관계 **>**

을 때는 성토영역(Banking area)으로 판단한다. 사람은 이 판단을 손쉽게 처리하지만, 컴퓨터는 이 모든것을 기호 기반으로 정의하고 지식관계를 모델링해야 자동으로 필요한 지식을 얻을 수 있다.

이런 수량과 관련된 요소는 위상 모델링과 유사하게 정점(vertex), 모서리(edge), 영역(Area), 연결선(Polyline)으로 그림 13-4와 같이 구성될 수 있다.

이런 객체 모델을 기반으로 토공을 판단하기 위한 지식을 집합에 기반한 연산자를 정의함으로써 손쉽게 다른 수량 정의를 묘사할 수 있다.

a = {a | 도면 도형 속성 집합. 값이 포함되어 있으며 값은 정수, 실수, 문자열로 구성.}
p = (x, y)
v = {(e, p) | 데카르트 좌표계에 속한 edge의 정점 좌표 (x, y)}
e = (v, e_{prev}, e_{next}, e_{left}, a)
e_{prev} = e의 previous edge, e_{next} = e의 next edge, e_{left} = e의 left face
s = {e | vertex를 접점으로 서로 연결된 edge의 집합}
f = (e, n)
n = topology element 의 name
gc = Geometry Condition Operator
gc_{below} = { g | 주어진 base topology element의 바로 아래에 있는 element}
gc_{above} = { g | 주어진 base topology element의 바로 위에 있는 element}
gc_{in} = { g | 주어진 base topology f의 안에 포함되어 있는 element}
tc = Topology Condition Operator
$tc_{consist}$ = { t | 주어진 attribute a를 포함하는 element}
tc_{seq} = { t | 주어진 attribute a는 순서집합, a의 원소 순서와 값이 일치하는 f, s}
tc_{touch} = { t | 주어진 topology element에 위상적으로 바로 연결된 element}

이를 바탕으로 절토모델은 다음과 같이 정의할 수 있다.

a_{ground} = "layer.ground"
a_{solid} = "linetype.solid"
a_{design} = "layer.design"
s_{struct} = "layer.structure"
s_{ground} = { e | $tc_{consist}(a_{ground}) \cap tc_{consist}(a_{solid})$}
s_{cut} = { f | f $\cap$ $gc_{below}(s_{ground}) \cap (tc_{consist}(a_{design}) \cup tc_{consist}(s_{struct}))$}

위와 같이 표현된 지식구조를 처음 횡단절토 토공 그림에 적용하면 컴퓨터가 질의를 받아 지식모델에 의해 필요한 정보를 탐색하고 자동분류하여 영역을 절토(   )라 판단할 수 있다.

이런 집합 모델을 XML로 표현하면 다음과 같다.

```
〈QuantityKnowledge〉
  〈predefine〉
    〈polyline name = “ground”〉
      〈tc.consist〉
        e.name == “ground” and e.linetype == “solid”
      〈/tc.consist〉
    〈/polyline〉
  〈/predefine〉
  〈define〉
    〈face name = “cut”〉
      〈gc〉
        below(“ground”) and (above(“design”)
      〈/gc〉
    〈/face〉
    〈face name = “fill”〉
      〈gc〉
        above(“ground”)
      〈/gc〉
      〈tc.consist〉
        e.name == “design” or e.name == “ground”
      〈/tc.consist〉
    〈/face〉
  〈/define〉
〈/ QuantityKnowledge〉
```

이런 식으로 특정영역의 지식모델을 구축함으로써 또다른 지식을 추출하여 의사결정에 활용할 수 있다.

13-5 고려사항

현재 BIM은 아직은 불완전한 지식모델로 지식정보를 제대로 활용하지 못하고 있지만, 다양한 의사결정을 공학적으로 판단(Engineering judgement)하기 위해 엔지니어링이 존재하고 지식모델은 큰 효용성을 가진다. 지식을 모델링하는 전문 시스템은 지금까지 다양한 영역에서 개발되어 사용되었지만, 사람의 의사결정을 대신할 수 있는 도구가 될 수 없으므로 의사결정을 지원해 주는 모델로만 바라보아야 한다.

사람들은 크게 관련없는 지식들 간에도 관계를 파악해 통찰을 통한 문제해결을 의존하는 경우가 많지만 전문가 시스템은 제한된 영역에서 규칙 기반 영역적 추론을 통해서 해답을 도출한다. 그러므로 그 범주 이상의 답을 기대하기란 어렵다. 또한 인간은 인지를 위해 시각, 촉각, 청각과 같은 다양한 감각기관을 이용함에도 불구하고 기억에 의존될 수 밖에 없다. 전문 시스템은 심볼을 사용하여 추론하기 때문에 이와 관련된 정보가 소멸될 수 밖에 없다. 특히, 디자인 모델링과 관련된 비전 및 모델링과 관련된 부분은 이런 문제로 데이터 입력 및 출력에 많은 제약을 받게 된다.

이런 이유로 아직까지도 텍스트 심볼기반으로 변환해 온톨로지와 같은 구조로 지식을 구축하고 있다. 온톨로지로 모델링된 지식이 BIM 모델에 포함되어 엔지니어링 영역에서 무리 없이 사용하려면, 그 분야의 전문가가 참여하여 모델링되어야 의미가 있다. 해당 분야에 전문적인 지식 없이 디자인이나 엔지니어링 전문 시스템을 개발한다면, 자칫 방향성을 잃어 애매모호한 지식모델을 얻거나 너무 어렵고 복잡해서 현실적으로 사용할 수 없는 모델을 도출할 수 있기 때문에 전문가의 경험에서 나오는 지식 기반이 필요하다.

제14장

구성요소 유기적 연관

Framework & Architecture

14-1 개요

앞서 언급한 BIM의 다양한 정보를 만드는 컴포넌트들을 엮어주기 위해서는 프레임워크가 필요하다.

자동차의 프레임워크(Framework)은 각 엔진과 구성요소를 고정시켜 서로 간에 동력을 전달해 주는 접착제와 같은 역할을 한다. 즉, 각 요소를 묶어 연결해 줌으로써서 유기적으로 동작하게 한다. 효과적으로 각 구성요소가 유기적 관계를 맺기 위해서는 프레임워크 아키텍처가 튼실하게 설계되어야 한다.

자동차 프레임워크가 구성요소간에 에너지를 전달해 주듯이 모델링 소프트웨어의 프레임워크도 마찬가지로 소프트웨어 구성요소를 유기적으로 묶어주고 서로간에 정보를 전달해 주는 역할을 하며, 효과적인 동작을 위해 아키텍처가 잘 설계되어야 한다.

아키텍처를 설계하는 것은 머리 속에 있는 개념들을 언어(문자나 기호)로 표현하는 행위이다. 아키텍처 설계는 큰 숲을 보고 그 안에 구성요소를 잘 배치해 나가야 하므로, 큰 숲의 구조를 설계하기 위해 아키텍처 스타일을 정의하고, 모듈(컴포넌트)의 구조를 기술하여야 한다.

아키텍처 스타일은 시스템 전체를 바라보는 관점이다. 건축물을 설계할 때도 다음 그림 14-1과 같이 건축양식(Style – 비잔틴, 고딕, 그리스 로마 등)이 적용되는 것처럼 시스템 구축에도 스타일이 적용된다. 정보 모델링에서 언급한 디자인 패턴(Design Pattern)이 클래스간의 관계를 재활용성 관점에서 표현했다면, 시스템은 클래스보다 큰 모듈(컴포넌트), 프로세스, 실행 서비스, 서비스를 제공하는 노드(서버) 관점에서 요소와 요소 간 관계를 기술한다. 소프트웨어 아키텍처는 종류마다 장단점이 있으며, 서로 혼합해 사용하기도 한다. 아키텍처를 디자인할 때는 기능적 요구사항 뿐만 아니라 품질의 질적 요구사항(성능제약 예 – 1초안에 처리를 끝내야 한다)까지도 포함시켜야 한다. 이런 숲을 보는 관점에서 구조를 설계한 후 각 컴포넌트에 대해 설계한다.

여기에서는 소프트웨어 시스템 컴포넌트를 유기적으로 묶어주는 역할을 하는 소프트웨어 아키텍처와 모델링 프레임워크에 대한 내용을 이야기 한다.

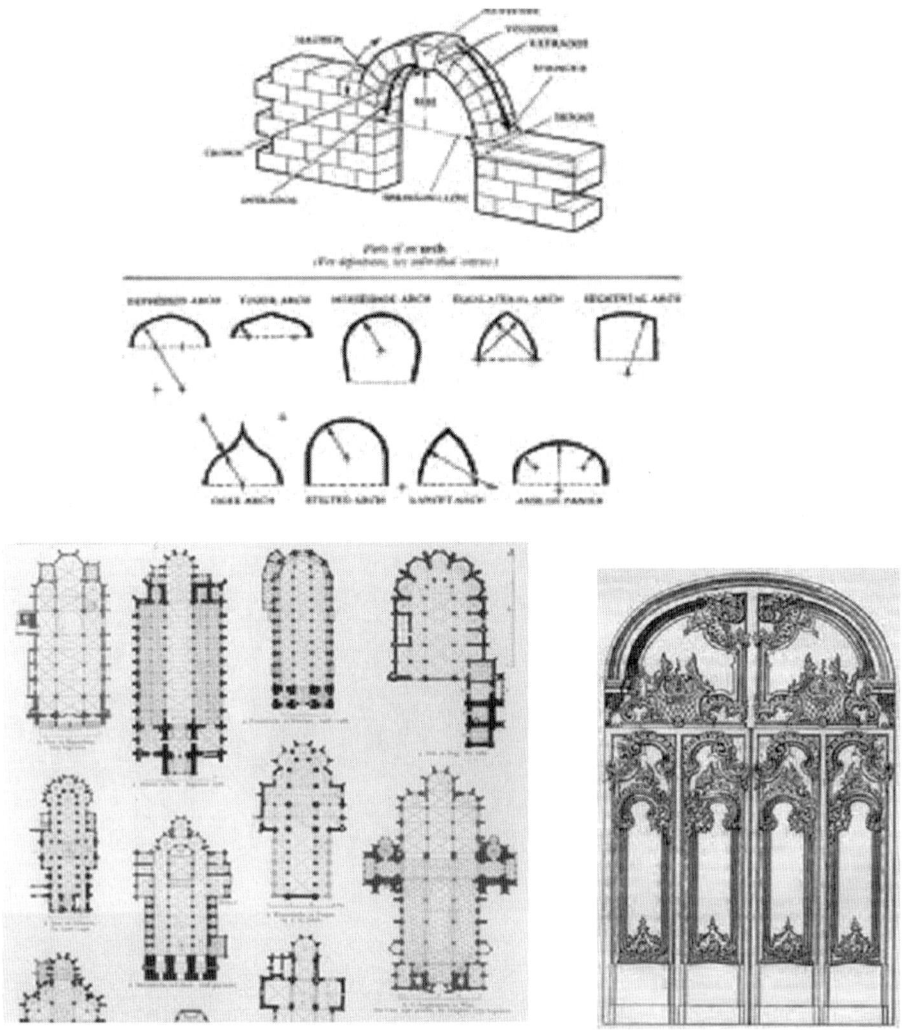

< 14-1 건축 아키텍처 스타일 **>**

이 장은 객체 지향 모델링과 더불어 정보 공학 분야 중 하나인 소프트웨어 공학과 밀접한 관련이 있다. 좀 더 자세한 이해를 위하여 다음의 레퍼런스를 추천한다.

1. Erich Gamma, Richard Helm, Ralph Johnson and John M. Vlissides, Design Patterns: Elements of Reusable Object-Oriented Software, Addison wesley, 1994
2. David Garlan and Mary Shaw, An Introduction to Software Architecture, Carnegie Mellon University, 1994

14-2 아키텍처 스타일

잘 알려진 아키텍처 스타일은 다음과 같다.

1. 계층 구조(Layered Architecture)

아키텍처 스타일은 디자인패턴처럼 산업계에서 이미 검증된 적절한 스타일을 카테고리로 범주화하여 제공한다. 이중 모델링 소프트웨어를 디자인할 때 많이 활용되는 아키텍처는 Layered Architecture로 이미 Database, Web(3 tier 구조), Communication(TCP/IP)에서 검증되어 활용되고 있다. 일반적으로 플랫폼(Platform)을 이루는 구조는 대부분 계층구조의 기본 골격으로 사용한다.

항 목	내 용
동 기	복잡한 CAD 엔진과 공간 데이터베이스 관리는 응집도 있게 재활용될 수 있도록 컴포넌트화 하고, 특정 도메인(기계, 건설, 전자CAD등)에 의존된 비즈니스 로직 위주의 컴포넌트는 이를 정해진 인터페이스에 의해서만 사용할 수 있도록 표준화 한다. 사용자 인터페이스(UI)는 각 도메인별로 다르고, 고객의 관점에 따라 customization될 수 있으므로 UI는 또 다른 컴포넌트로 분리하여 비즈니스 컴포넌트를 호출해 사용하도록 한다.
통 찰	이런 방식으로 컴포넌트를 분리해 적용하면, 수직계층으로 배열된 아래의 컴포넌트로 분리될 수 있다. 1. 기반구조 계층 : CAD엔진과 같은 Core Asset 2. 도메인 계층 : 업종별로 다른 기능을 수행하는 객체 3. 사용자 인터페이스 계층 : 사용자에게 정보 전달과 입력을 책임
응 용	도메인 계층 및 사용자 인터페이스 계층에 따라 변경사항이 많아져 레고블록 조립하듯이 상황에 맞게 기반구조 계층 위에 블록을 쌓아나가야 할 때. 예) OS, Web, TCP/IP, Database, GIS, CAD, Graphic System
장 점	1. 하위 계층의 변화는 바로 상위 계층에만 영향을 준다. 재활용성, 유지보수성 좋음. 2. 상위 계층은 하위 계층 컴포넌트의 표준 인터페이스에 따라 구현을 하면, 레고블럭 끼우듯이 쉽게 확장될 수 있다.
단 점	1. 계층을 정의하기 어려운 경우가 있다. 2. 하나의 기능을 수행하기 위해 여러 계층의 표준 인터페이스를 호출해야 하므로 특정 도메인에 최적화 된 성능을 발휘하지 않는다. 3. 기반구조의 구조적 변경으로 표준 인터페이스가 달라지면, 상위 계층 전체에 영향을 받으므로, 표준 정의에 많은 노력이 필요하다.

< Layered Architecture Description >

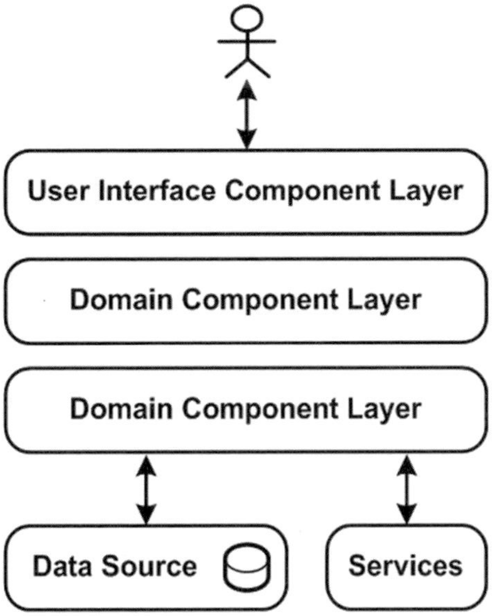

< **14-2(1)** Layered Architecture Diagram >

BIM이나 캐드 소프트웨어 시스템의 숲을 이루는 구조에 Layered Architecture를 사용하면 다음과 같다.

이런 방식으로 설계되면 Layered Architecture의 장점(품질속성)을 얻을 수 있다. 아키텍처 스타일은 여러 개를 혼용하여 적용할 수도 있다.

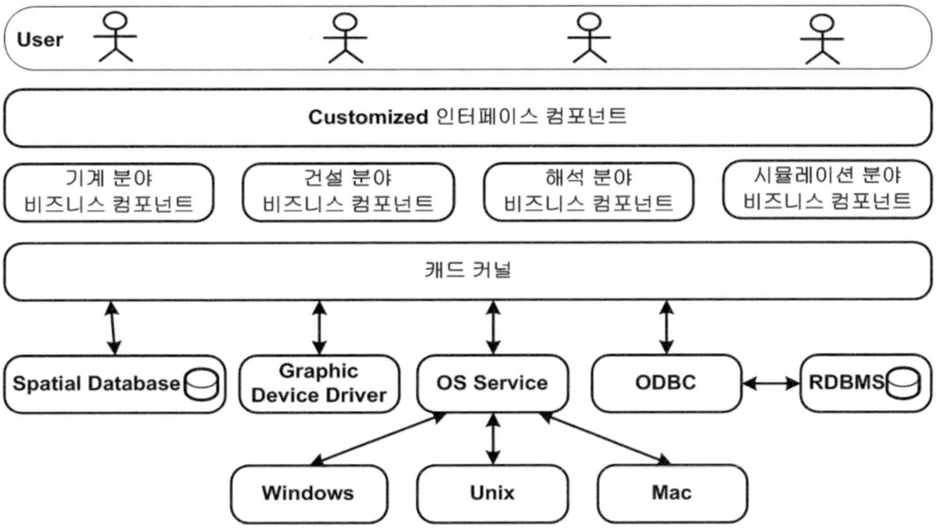

< **14-2(2)** CAD Layered Architecture >

2. 파이프/필터 구조(Pipes and filters Architecture)

이 아키텍처 스타일은 정보를 처리 흐름을 따라 가공해 가면서 처리 단계마다 정보를 추가하거나 가공하는 부분을 모듈화하고 변형할 수 있도록 하기 위해 사용한다.

항 목	내 용
동 기	이 스타일로 유명한 시스템은 Unix로 입력에서 출력에 이르는 pipeline을 조립해 정보를 filter로 가공할 수 있도록 사용자 Shell을 설계했다. pipe끼리 표준 인터페이스만 약속되면 사용자가 원하는 정보를 pipe를 끼워 넣는 방식으로 얻어낼 수 있었다.(예 – dir 〉
통 찰	Pipeline을 이용하면 pipe를 따라 정보가공이 매우 편리하다. Pipe를 이용해 확장성이 좋아지고, filter를 이용해 유연성이 높아진다. Pipeline은 여러 개로 설계될 수 있으므로 병렬처리가 가능하다. 이 스타일은 다음 구성요소를 갖는다. 1. Pump : 최초 자료를 입력하는 부분 2. Pipe : 자료가 흐르는 connector. Pump에서 Filter로, Filter에서 Filter로 자료 전달 3. Filter : 자료가 정보로 가공되는 부분 4. Sink : Pipeline을 통과한 정보가 소비되는 부분
응 용	정보의 가공이 중요할 때. 확장성과 유연성이 높은 정보처리 흐름을 지원하고자 할 때 사용 예) OS, Graphics rendering engine
장 점	1. 기능 확장성 2. 유연한 정보 가공 지원. 3. 병렬처리
단 점	1. pipe간 표준인터페이스 설계의 어려움. 적용될 문제 영역에 완벽한 이해가 없으면 적용이 어려움 2. pipeline이 길어지면, 정보가공으로 성능이 느려짐. Pipe에 입력정보가 과도한 경우 overflow발생 가능

< Pipes and filters Description >

예를 들어 그래픽 모델링 시스템에서는 복잡한 Graphic 요소를 다양한 Device(화면, 프린터, 파일 등)로 출력한다. 이 이런 부분에 확장성을 고려한 아키텍처를 적용하기 위해 사용되며, OpenGL, Direct3D 등 렌더링 파이프라인이 그 예이다.

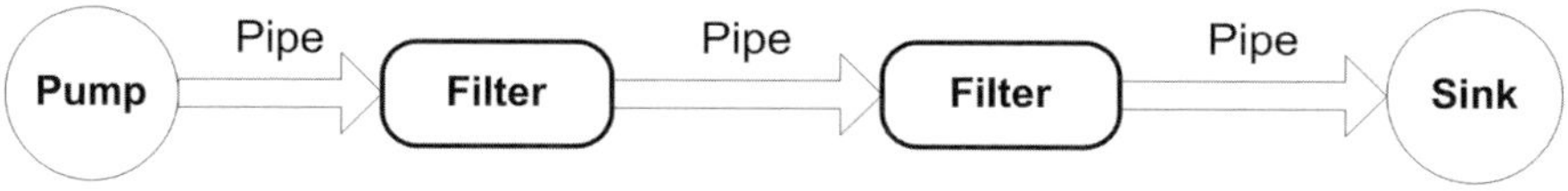

< **14-3** Pipes and filters Diagram >

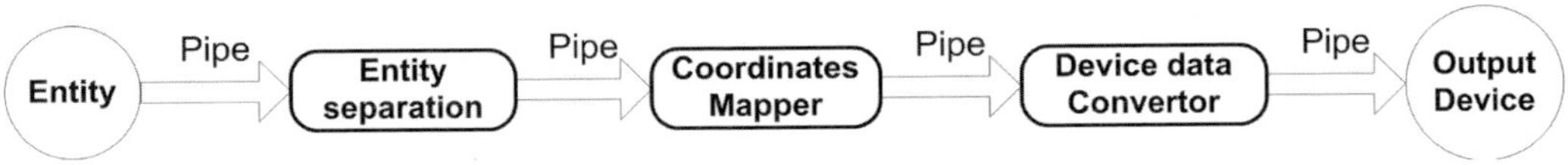

< **14-4** CAD Pipes and filters Diagram >

그래픽 모델링 시스템에서는 그래픽 처리에 사용되도록 한다. 그래픽 처리는 아래 그림과 같이 복잡한 도형(Entity)을 기본의 도형(Primitive Entity)으로 단순화 해서 계산량을 줄여야 하고 이 자료에 대한 다양한 가공(좌표 매핑/변환, 출력 자료 변환 등)가 필요하다. 지금까지 모델링 시스템에 필요한 아키텍처 스타일을 살펴보고 적용해 보았는 데 경험적으로 보면, 대표적인 스타일 한 개와 나머지 품질의 속성을 보조할 수 있는 보조 스타일 한두 개 정도만 사용하는 것이 좋은 것 같다. 너무 많은 스타일의 적용은 시스템을 오히려 복잡하게 만들고, 단점만 증폭시키는 효과를 가져오기 쉽기 때문에 주의 깊게 적용할 필요가 있다.

14-3 프레임워크(Framework)

앞에서 언급되었던 아키텍처 스타일 안에서 프레임워크는 각 컴포넌트를 유기적으로 연결해 준다. 다음의 그림 14-5는 앞서 언급된 모델러를 구성하는 컴포넌트 중 Spatial Database를 이루는 기본 객체 모델이다.

개념모델명	물리모델명	매핑/추가	역할/책임
명령	Command	매핑	명령 이름을 관리해 명령들을 구분 명령기능 재활용의 기본 클래스 명령관련 이벤트를 도면에서 받고 처리 명령관련 처리시 재활용 부분 관리
–	CommandList	추가	명령을 그룹으로 관리
도면	Drawing	매핑	도형을 표현하고, 명령이나 도구를 수행하는 작업공간 CAD 좌표계를 관리
데이터베이스	Database	매핑	도형 및 도형과 관련된 자료(Layer, Linetype 등)들을 관리하는 자료구조의 집합 도면 파일을 Save하거나 Load하는 역할 명령에서 도형 및 관련 자료를 효과적으로 접근할 수 있는 방법 지원

< 개념에서 물리로 매핑되거나 추가된 클래스(class) >

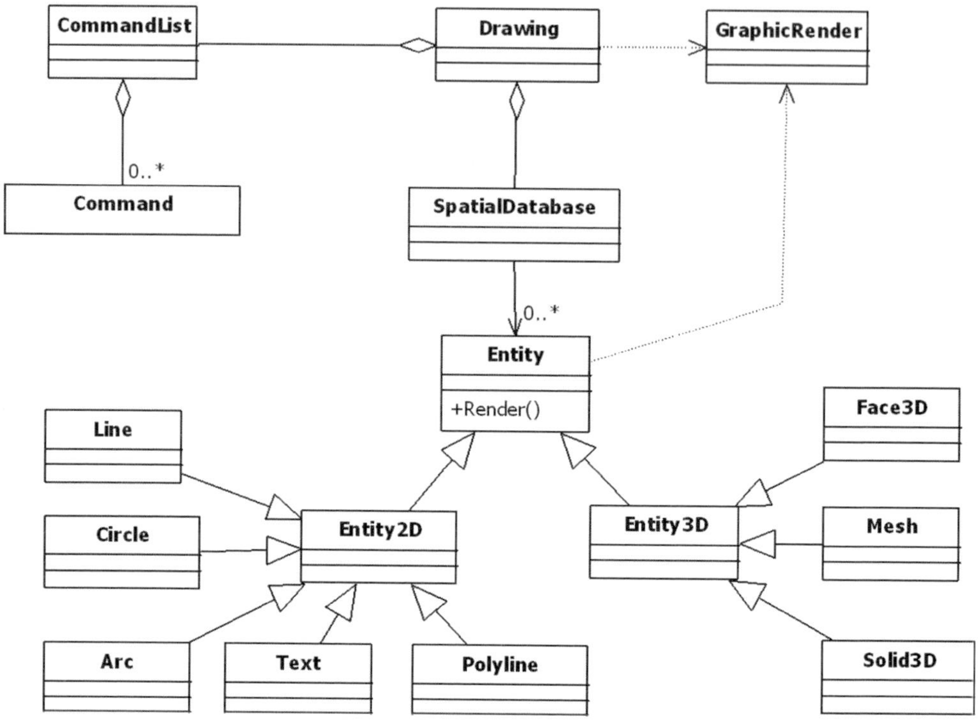

< **14-5** Spatial database 구조 >

각 컴포넌트는 아래와 같은 객체 모델을 포함하고 있으며, 각 컴포넌트 마다 노출된 기능을 연결해 동작시키도록 하는 프레임워크 안에 이런 컴포넌트들을 배치한다. 그러므로 프레임워크는 아키텍처 스타일과 연관관계가 있다.

아키텍처 스타일로 숲의 구조를 정의한다면, 컴포넌트 안의 작은 구조는 디자인 패턴을 이용해 객체 모델을 정의한다. 다지인 패턴은 일반적으로 명령 패턴, 모델뷰 패턴 등이 주로 사용된다.

1. 명령패턴(Command Pattern)의 적용

명령은 개별 명령으로 분할될 수 있다. 각 개별 명령들은 스크립트 언어(Script language or macro) 등을 이용해 Macro처럼 자동화 할 수 있다. 대부분 모델러는 이런 스크립트 언어를 지원한다. 디자인 패턴 중 명령 패턴(Command Pattern)을 사용하여 모델링 명령의 확장성을 줄 수 있다. 각 개별 명령의 객체들은 상위 베이스 클래스인 명령(Command)클래스로부터 기능을 손쉽게 재활용할 수 있도록 구조화 되어 있다.

처리흐름은 그림 14-6과 같다. Command의 Event( ) 함수에서 도면상의 Event(마우스 이벤트, 문자입력 이벤트 등)를 받아 어떤 기본적인 역할(모델러의 Crosshair와 같은 Cursor 표시 등)을 수행한다면, Command에서 파생받아 재정의한 Event( )에서 Cursor 옆에 Cursor 좌표를 ToolTip으로 표시하는 기능 등으로 동작된다. 하위 클래스에서 Event( )를 재정의하지 않으면 Default Event( )기능인 Command의 Event( )가 실행된다.

같은 방식으로 특정 명령에서는 Cursor 모양이 그 명령에 필요한 형태로 변화되어 표시될 수 있다. 개념은 같으나, 행위가 달라지는 다형적인 기능들은 다형성을 적용하면 쉽게 해결 할 수 있다. 다음의그림 14-7에서 CAD의 가이드 도구를 보면 선이나 원을 그릴 때 사용자에게 제시해 주는 가이드 정보의 종류는 유사한 것을 알 수 있다. 다만, 표시내용만 다를 뿐이다.

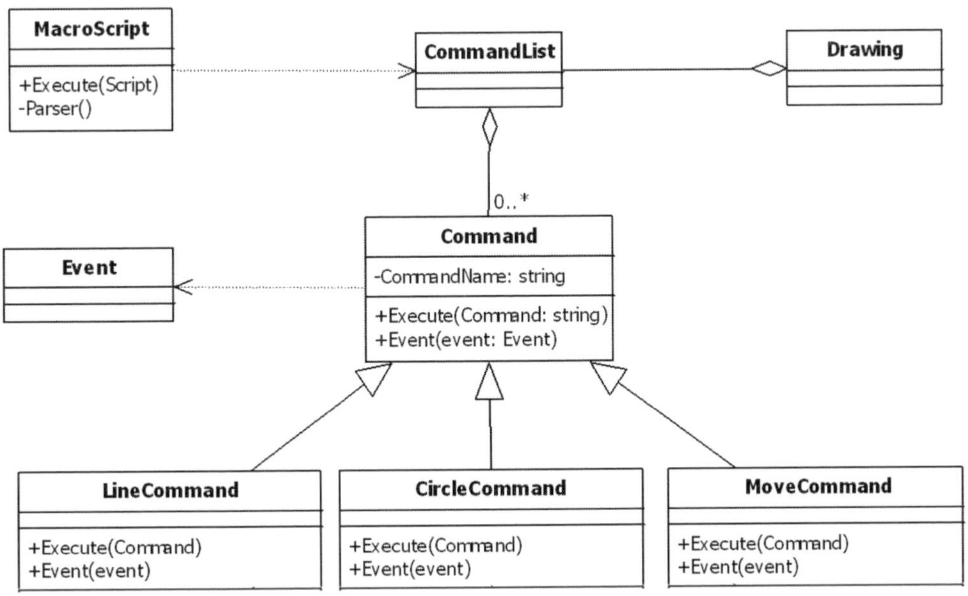

< 14-6 Command Pattern이 적용된 명령 처리의 간단한 물리설계 **>**

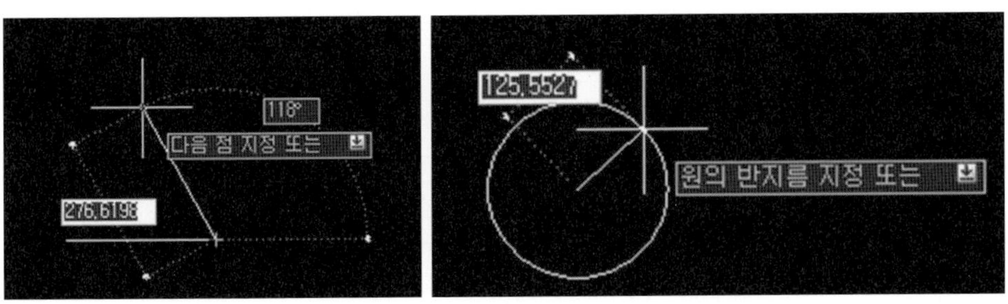

< 14-7 Line과 Circle 명령시 각각 달아지는 Cursor의 가이드 도구[Autocad] **>**

2. Model-View-Controll 패턴의 적용

데이터베이스-도면-명령 클래스의 관계는 Model-View-Control Pattern으로 구성된다. Model은 Data를 관리하는 구조를 말한다. View는 이 구조를 사용자가 보고 싶어하는 다양한 관점에 따라 표현해 주며, Model에 어떤 변경을 가하는 명령을 관리하는 것이 Control이다.

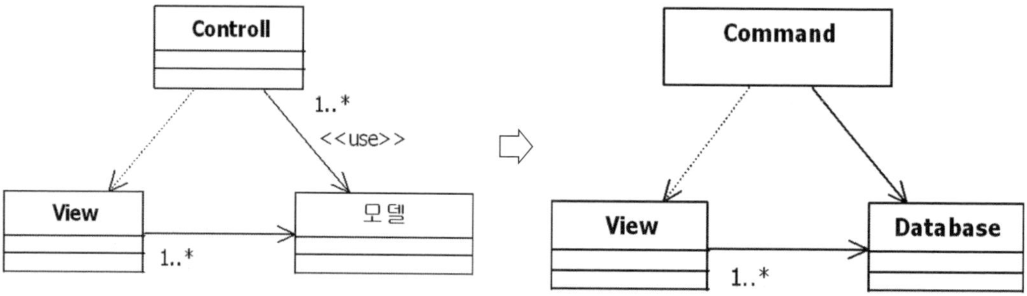

< **14-8** MVC패턴의 적용 >

디자인패턴의 클래스	물리모델의 클래스	역 할
모델	Database	도형의 자료 구조를 관리하고, 자료를 파일과 같은 저장소에 Save하거나 Load한다. 자료구조를 효과적으로 탐색하기 위한 기능을 지원하고, Undo/Redo와 같은 Transation에 기반한 History 관리도 병행한다.
뷰	View	도형을 사용자 관점에 맞게 적절하게 표현하고, 마우스와 같은 입력을 받는다.
컨트롤	Command	Database를 사용자 관점에서 조작하는 기능을 제공한다. Command는 Script에서 개별적으로 재활용될 수 있다.

< MVC패턴 클래스 매핑 >

이해를 돕기 위해 MVC패턴을 동적실행관점에서 기술한 Sequence diagram 을 보도록 하자. Sequence diagram은 기능을 처리할 때 시간순서를 표시한 수직축과 이와 관련된 객체들을 표시한 수평축으로 구성된 동적 실행 관점을 표현한 설계 뷰이다. 아래는 그래픽 모델러에서 'Redraw' 명령을 실행할 때 관련된 4개의 객체와 각 객체간의 호출함수 및 순서를 그림 14-9에 정리하였다.

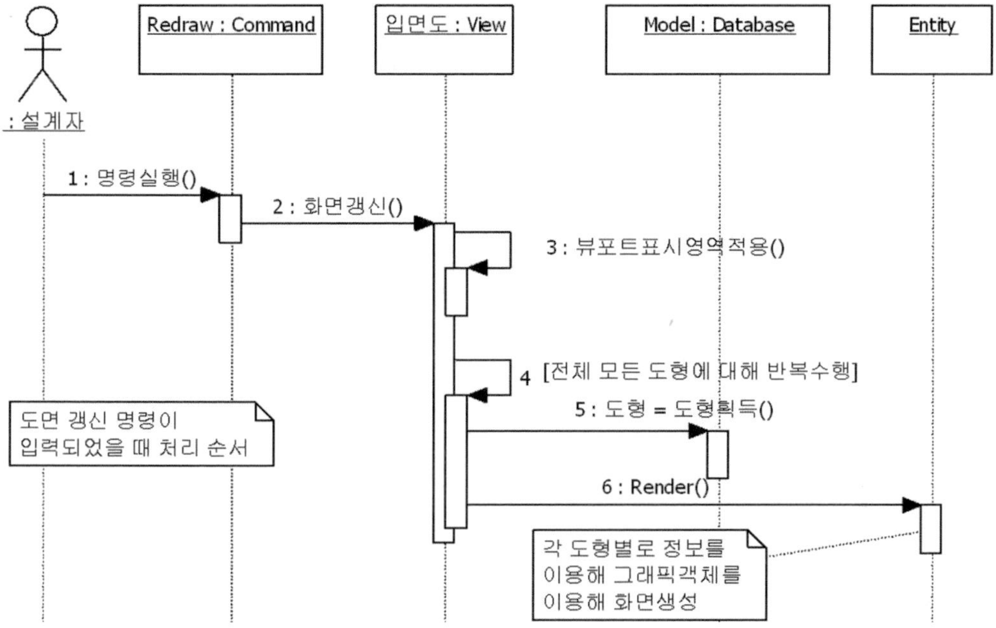

< 14-9 CAD 'Redraw' Sequence diagram **>**

이 그림 의 예는 3차원 Model을 입면도 관점의 View로 화면에 표시하는 것이다. 정면도나 측면도 View를 Command와 Database사이에 놓으면 다른 설계관점에서 모델을 관찰할 수 있다. MVC 아키텍처를 이용하면 View 변환을 쉽게할 수 있다. 이는 마치 설계를 할 때 대상을 측면도, 입면도 각각의 관점에서 핵심적인 정보만 차별적으로 표현해 주는 것과 같다.

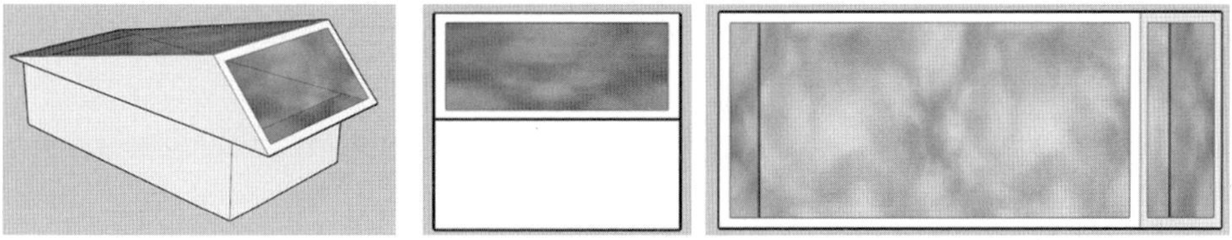

< 14-10 MVC패턴에서 View와 모델의 역할 **>**

이런 관점에 의한 모델 표현은 시스템 복잡성을 감소시키고, 모델의 재활용성을 증가시킨다.

설계할 때 Design Pattern을 적용하면 물리적 모델에 이르기까지 높은 품질의 생산성 있는 개발이 가능하다. 흥미로운 사실은 Design Pattern이 사실 건축공학에서 다양한 프로젝트를 수행했던 *Christopher Alexander의 Pattern Lanaugage*로부터 영향을 받았다는 것이다.

구조의 아름다움(유용성)을 공학적으로 패턴화 해서 적절한 상황에서 사용할 수 있게 범주화 하였는데 이러한 접근법은 소프트웨어 공학에도 적용될 수 있다. 소프트웨어도 보는 사람의 관점에 따라 다르게 보이고, 주관적 요소가 많이 개입되기 때문에 구조별 적용 시점을 정리하고, 요소를 정형화(패턴화)할 필요가 있다. Design Pattern 관점에서 그래픽과 관련된 시스템들은 대부분 MVC, Command, Factory Pattern이 사용된다.

이 장에서 도면의 변화를 관리하는 히스토리 관리를 기술하지는 않았지만, 도면의 데이터베이스를 관리할 때 데이터베이스의 변화를 일으키는 트랜잭션들을 관리하고 Undo나 특정 시점 Rollback 처리는 매우 중요하다. 이를 위해 각 명령에 대한 역명령(Inverse command)을 제공하고 Stack과 Queue 자료구조를 사용해야 한다. 이외에 데이터베이스의 내용 연속성을 처리하기 위해서 파일 스트림을 다루는 구조가 포함된다.

이런 프레임워크안에서 앞에서 언급한 엔진이나 구성요소 간에 정보를 전달해 주고 받는 방식으로 전체적인 시스템이 완성된다.

14-4 프레임워크 재사용(Reuse) 구조

모델링을 디자인할 때 재사용성을 고려하는 것이 중요하듯이 소프트웨어 디자인도 마찬가지다. 이 점을 고려하지 않고 설계했을 경우 설계변경시 큰 문제를 가져온다.

재사용성을 고려하지 않고 구현을 하면, 필연적으로 Copy & Paste(복사해 붙여넣기) 방법으로 비슷한 기능을 하는 소프트웨어 코드를 여기 저기 붙여 나가는 데, 특히 자료구조와 관련된 코드가 Copy&Paste로 시스템 전체에 퍼져 나간다면, 당장 출시하기에는 문제가 없을지 모르나 차후 소프트웨어 유지보수시에 매우 심각한 문제를 유발시킨다. Copy & Paste는 중복된 코드 조각과 전역 파라메터를 만들어낸다. 만약 copy &paste된 코드 조각 하나를 수정하려고 한다면, 모든 소프트웨어의 코드에서 같은 부분을 찾아 수정해줘야 할 것이다.

보통 이런 수정이 발생한 경우에는 개발자가 퇴임하고 후임자가 들어올 때 쯤 한 1~2년 지난 후라면 본인도 어디에 코드를 어떤 식으로 copy & paste했는지 모르게 된다(보통 이런 코드 중복 문제는 중복부분이 최소 3개에서 5개 이상이다. 게다가 각각 약간씩 다를 수 있다). 후임자는 이런 코드를 보면 알기 쉽게 다시 만드는 쪽이 훨씬 좋겠다고 하기 쉽다. 이런 상황에서 기존 코드를 모두 재개발하거나, 리팩토링

(Refactoring) 작업을 결정하기란 매우 어려운 일이다. 둘 다 개발비용이 크고 시스템 아키텍쳐를 모두 파악해야만 작업이 가능한데 겉으로 드러나는 기능의 개선은 거의 차이가 없기 때문에 보통은 코드 재개발을 포기하게 된다.

< **14-11** Ad-hoc Dog House System : 급한 마음에 중복된 Code를 붙여넣는 것은 서로 맞지 않는 부품으로 집을 만든 것과 같다. 서로 맞지 않는다는 것은 재활용성이 없다는 의미와 동일하다. >

이런 일을 미연에 방지하려면 아키텍처 설계시 재사용구조를 필히 염두에 두고 설계를 해야 한다. 그래픽 모델링 엔진은 그래픽 정보처리에 공통적인 컴포넌트이기 때문에 한 번 개발해 놓으면 계속적으로 다양한 분야에 사용될 수 있다.

엔지니어링 분야에서만 해도 BIM을 포함해 범용설계, 기계, 토목, 건축에서 벡터라이징, GIS, 4D CAD, PDM, AMS(Asset management system)에 이르기까지 광범위 하다.

이런 분야들의 시스템은 사실상 핵심 Core의 구조가 거의 유사하다. 이 Core를 활용해 응용하는 비즈니스 로직이 이렇게 Domain별로 다를 뿐이다. 그러므로 모델링 엔진을 디자인할 때는 프레임 워크 차원에서 재활용될 수 있도록 구조를 설계하는 것이 중요하다.

소프트웨어 공학적으로 재활용단위는 컴포넌트다. 컴포넌트는 레고블럭과 유사하다. 레고블럭 간 접착을 위해 블럭끼리 닫는 면의 인터페이스가 약속되어 있는 것처럼, 컴포넌트란 운영체제 차원에서 접착해 서로 호출할 수 있도록 인터페이스(Interface)가 약속된 모듈이다. 즉, Interface라는 공통규약을 통하여 서로 다른 모듈간에 서비스를 사용한다. Interface라는 것은 A 모듈이 B 모듈의 특정한 기능을 사용할 때 호출하는 방법을 정의해 놓은 것이다.

그림 14-12와 같이 리모콘와 TV라는 컴포넌트가 있다고 하자. 리모콘에는 TV Power를 on/off 하는 interface(Button)가 있다. 이 interface를 정해진 규칙으로 수행하면, 리모콘 센서를 통해 Power on/off 메시지가 TV의 센서 Reader Interface를 통해 TV에 전달될 것이다.

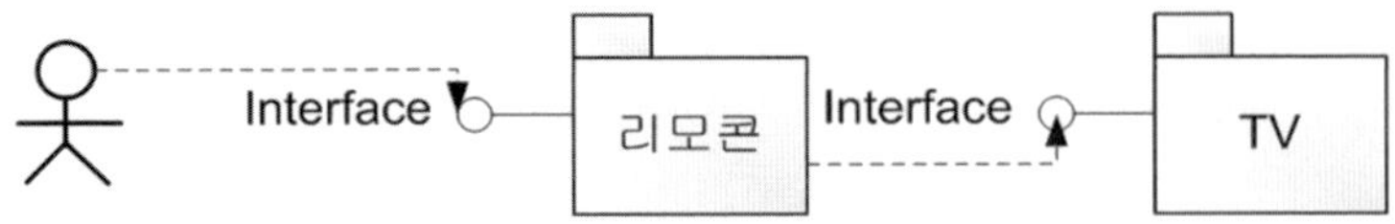

< **14-12** 컴포넌트 개념도 >

순서	사용자(Actor)	리모콘	TV
1	리모콘. Interface.SendPowerMessage(On)		
2		TV.Interface.Power(메시지)	
3			메시지 해석
4			전원 스위칭

< Interface를 통한 메시지 전달 순서 >

여기서 말하는 컴포넌트는 물리적으로는 DLL(Dynamic link library), COM Automation, Assembly(.net), Java Bean형태로 구현될 수 있다. 이런 방식으로 Class를 구현한 모듈을 컴포넌트형태로 포장해 Interface를 통해서만 사용할 수 있도록 하면 아래와 같은 장점이 있다.

1. **캡슐화** : 컴포넌트는 구현의 내용을 외부 사용자로부터 숨김으로써, 구현 코드를 외부에서 조작하거나 외부에 영향을 줄만한 가능성을 원천적으로 제거한다.

2. **추상화** : 컴포넌트는 내부의 복잡한 내용은 캡슐화를 통해 숨기고, 필요한 기능만 Interface라는 Spec을 통해 외부에 노출한다. 그러므로 사용자는 복잡한 내부 기능을 알아야 할 필요가 없다.

3. **일반성** : 컴포넌트를 사용할 때 특정 언어나 특정 개발환경에 의존하지 않는다. Interface라는 장치가 소스차원이 아닌 바이너리 차원에서 호출 규칙을 기술하고 있기 때문에 한번 개발된 컴포넌트는 다양한 환경에서도 사용될 수 있다.

4. **재사용성** : 이미 품질이 검증된 컴포넌트를 이용해 완성될 시스템을 레고블럭처럼 점진적으로 조립 완성해 감으로써 생산성과 품질이 높아진다.

CBD에서 핵심적인 기술은 특정 개발환경이나 언어에 독립적인 호출 규약정보를 담고 있는 Interface이다. Interface를 통해 각 컴포넌트는 서로 필요한 기능을 호출해 사용한다. 각 개발환경(C++, MFC, EJB, .NET 등)마다 Interface를 정의하는 방법을 제공한다. 예를 들어 C++을 기준으로 물리설계를 한다고 가정하고, DLL을 컴포넌트

순서	사용자(Actor)	Factory	파생Class
1	Factory.CreateObject (파생ClassID)		
2		_RuntimeHashMap에 이미 등록된 RuntimeClass 객체를 탐색	
3		탐색된 RuntimeClass를 이용해 _CreateObjectFunction() 함수를 호출	
4			_CreateObjectFunction()에서 파생 Class가 동적으로 생성

< Runtime class를 이용해 파생Class를 생성하는 순서 >

최소단위라고 가정하면, Interface는 언어에서 제공하는 virtual class개념을 적용해 처리할 수 있다.

CBD 이외에 고려해야 할 것은 오토캐드나 마이크로스테이션같이 그래픽 모델링 플랫폼의 Third Party 객체를 위한 Runtime 정보를 그래픽 모델링 엔진에서 제공하는 일이다. Runtime 정보란, 특정 ID와 연결된 객체를 동적으로 생성할 수 있는 실행시간 정보를 모아둔 것이다.

객체 지향의 특성상(다형성과 같은 특성) 특정 Class의 상위 Class Instance(Object)가 Database에서 관리되기 마련인데, Third Party 모듈에서 Entitty를 파생받아 만든 파생 Class가 포함되면, Database를 Save, Load할 때 Third Party의 코드를 CAD 엔진에서 직접 호출하지 않고 파생 Class를 생성하는 것이 필요

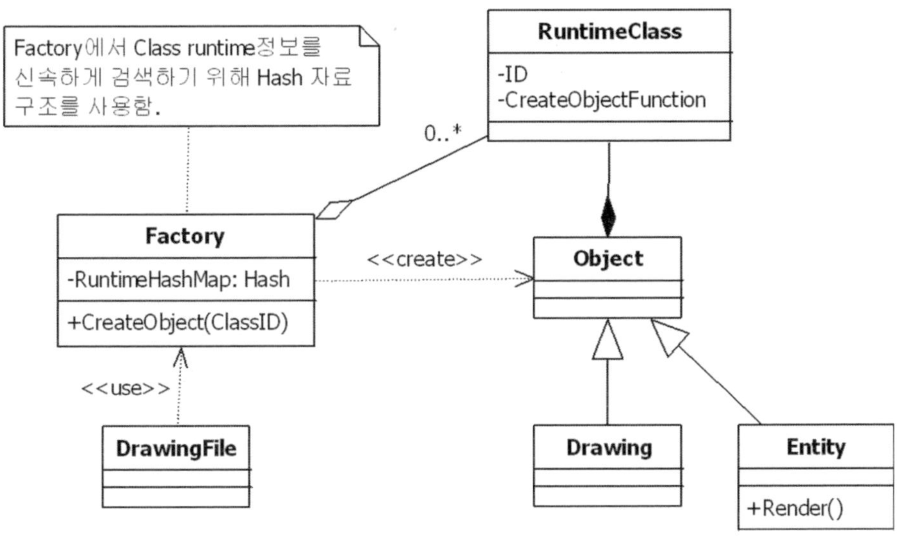

< 14-13 Factory 및 Runtime class >

해진다. 이 외에도 Object 레퍼런스가 Third Party 모듈에 전달될 때 파생 Class만 이용해 특정 동작을 수행하고 싶어질 때도 있다.

이 때 필요한 모든 실행시간에 필요한 정보들을 Runtime 정보에서 제공한다. 이런 아키텍처를 적용하여 컴포넌트를 개발해 놓으면 그림 14-13과 같이 다양한 영역에서 손쉽게 시스템을 개발할 수 있다.

그림 14-14은 모델링 컴포넌트는 재활용되고, 각 분야별로 가변적인 기능이나 자료는 각 분야별 컴포넌트에서 관리하고 처리한다는 것을 의미한다. 여기서 가변성이라는 것은 컴포넌트 재활용 구조설계시 매우 중요하다. 우리는 전자제품을 구입할 때 입력 전압이 사용환경과 달라도 아답터(Adaptor)를 이용해 전압을 변환하여 사용할 수 있다. 전자부품들은 BOARD에 설치되는 SLOT과 맞지 않더라도 아답터를 이용해 재활용될 수 있다.

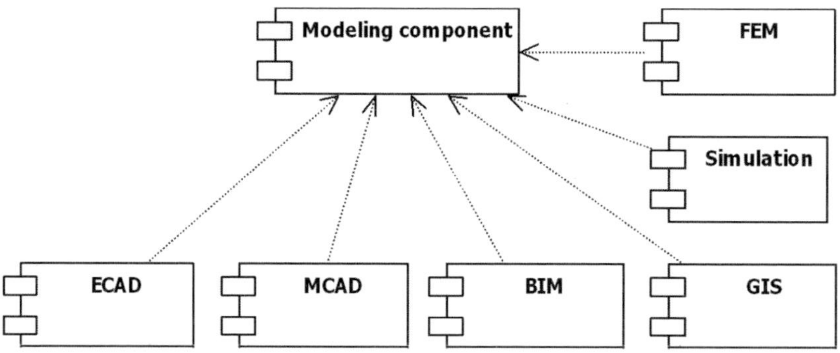

< **14-14** 컴포넌트 재활용 구조 >

14-5 정리

이 장에서는 BIM 정보를 모델링하기 위해 필요한 컴포넌트가 어떻게 유기적으로 연결되어 서로 간에 정보가 전달되는지 살펴보았다. 그리고 그래픽 모델링 시스템 아키텍처가 어떻게 구성되는지 이야기해 보았다. 건축 아키텍처 디자인과 마찬가지로 소프트웨어 컴포넌트도 서로 연결하는 아키텍처는 요구사항에 따라 다양한 스타일로 나뉘어질 수 있다.

전체적인 아키텍처는 아키텍처 스타일로 설계를 하고 세부적인 아키텍처는 디자인 패턴을 적용한다. 이를 이용해 사용자가 원하는 소프트웨어 아키텍처를 설계하고 구현함으로써 실질적인 모델링 기능을 제공할 수 있다. 이런 프레임 워크와 아키텍처 스타일에 따라 BIM 도구가 동작하는 방식은 상당히 달라지게 된다. 마치 자동차 프레임 워크에 따라 외양과 사용방식에 변화하는 것처럼 말이다. 이런 프레임 워크와 아키텍처가 견고하지 못하면, 자동차가 고장나는 것처럼 도구도 다운되고 모델정보가 유실되기 쉽다.

제15장
모델 표준화

15-1 개요

전자나 기계 분야에서는 부품을 재활용하기 위해 모듈화를 통한 표준화를 정착시켰다. 이 분야는 생산되는 제품이 규격화된 것들이 많고, 사용되는 재료도 균질하게 보아도 무방한 금속이나 실리콘 같은 재료이므로 대량 소비제품을 만들어내기 위해 급속히 표준화 될 수 있었다.

그러나, 건설 분야는 사용되는 재료가 균질하지 못하고, 이질적인 재료의 합성체인 경우가 많다. 토목 분야는 현장에서 직접 타설하는 경우가 많으므로 규격화 된 표준을 만들어가는 데는 어려움이 있다. 이런 이유로 표준화 하기가 상대적으로 쉬운 건축 분야에서 IFC와 같은 표준모델들이 만들어졌으며, 토목 분야에서는 DXF나 LandXML 같은 포맷이 산업계 표준으로 활용되고 있다.

사실 디자인이나 엔지니어링 작업에서 만들어지는 수많은 모델은 서로 표준화되지 못하면, 프로세스 간에 모델을 재활용할 수 없게 되므로, 다시 편집하고 재작업해야 하는 문제가 발생한다. 이 점은 앞서 설명한 건설 분야 생산성 저하의 가장 큰 원인중 하나이다. 모델을 구성하는 요소가 모두 표준화 되어있고 파라메터로 구속되어 있다면, 설계변경에 상당한 노력을 들이지 않아도 된다. 이런 것의 전제는 전자, 기계와 같이 규격화 되고 모듈화 된 부품 기반으로 건설이 되어야 한다는 것이다. 일부 업체에서 교량과 같은 경우는 모듈화 하여 조립형태로 발전하고 있으나, 표준화와는 별개로 무게가 최소 몇 톤이상에서 수십 톤이 나가는 부품의 현장이동이나 조립이 쉽지 않는 문제가 있다. 또한 토공이나 현장타설된 가변적인 구조물 등 비규격화 된 것들을 표준화 한다는 것은 쉽지 않다. 이와 같은 구조물들은 현장 지형 등 환경에 따라 다른 형상을 디자인하게 되므로, 디자인 의도나 지식이 포함된 온톨로지 개념이 포함된 파라메트릭한 모델로 표준화 하는 것은 모델 재활용성을 높일 수 있는 또다른 대안이 될 수 있다.

이 장에서는 업계에서 사용하고 있는 표준모델 포맷에 대한 기본 개념에 대해 다루도록 한다.

15-2 DXF

오랜 기간 동안 디자인 모델 표준 포맷으로 사용되었던 DXF(Drawing eXchange Format)는 오토데스크에 의해 개발되었고, 국내에서도 일반적인 산업계 표준으로 사용되고 있다.

DXF 버전은 오토캐드 버전에 따라 업그레이드 되고 있으며, 사실상 릴리즈 12버전이 주로 많이 사용된다. 그 이후 버전들은 오토캐드의 도형 객체에 대한 특수코드가 많이 추가되어 해석해 읽거나 저장하기가 어려워졌다. 타 캐드 업체들은 OpenDWG와 같은 라이브러리를 이용해 오토캐드의 DXF나 DWG 파일 호환성을 지원하고 있으나 완벽하지는 않다. 여기서는 R12버전을 기준으로 설명하도록 한다.

DXF는 다음과 같이 구분되며, 파일의 끝은 END OF FILE 로 표시된다.

1. **HEADER section** : 도면 변수를 정의하는 섹션이다. 예를 들어 현재 작업 도면층(Layer), 라인타입(Linetype), 스케일, 단위 등 정보를 정의한다.

2. **TABLES section** : 도면층이나 라인타입, 텍스트스타일(Textstyle)과 같은 정보를 정의한다.

3. **BLOCKS section** : 도면에 사용된 블록을 정의한다. 블록은 도형을 그룹화해 심볼처럼 사용할 수 있는 재활용 단위로 사용된다.

4. **ENTITLES section** : 모델링된 도형을 정의하는 섹션이다.

각 요소는 정보 종류를 구분하는 DXF 코드와 DXF 값으로 이루어져 있다. 다음은 HEADER section에 대한 정보 기술이다.

```
0            <-- DXF CODE 0번은 새로운 엔티티의 시작을 의미한다.
SECTION          이 경우에는 새로운 SECTION의 시작을 표시한다.
  2          <-- HEADER 테이블 시작을 표시한다.
HEADER
999          <-- DXF CODE 999 는 다음에 오는 행이 주석 문임을 의미한다.
cube.dxf created by IVREAD.
0
ENDSEC       <-- SECTION 정의 끝을 의미한다.
```

이런 식으로 DXF코드와 코드에 대한 값 쌍으로 정보를 기술한다. 다음은 ENTITY 테이블 정보 기술의 예이다.

```
0
SECTION
  2            <- ENTITY 테이블 시작
ENTITIES
  0            <- LINE엔티티 정의 시작
LINE
  8            <- DXF CODE 8 - 도면층 정의. 이 LINE엔티티는 0번 도면층을 가짐
  0
 10            <- DXF CODE 10, 20, 30 은 각각 시작점 X, Y, Z를 의미함.
-0.5000
 20
-0.5000
 30
  1.000
 11            <- DXF CODE 11, 21, 31 은 각각 끝점 X, Y, Z를 의미함.
 0.5000
 21
-0.5000
 31
  1.000
0              <- ENTITY 테이블 끝을 표시
ENDSEC
  0            <- DXF 파일 마지막을 표시
EOF
```

다음은 주요 DXF 코드별 값의 의미를 나타낸다. 좀 더 자세한 내용은 오토데스크 사이트를 참조하길 바란다. _ [38]

DXF 포맷은 간단한 구조로 되어 있어 처리가 쉽고 산업계에서 표준으로 많이 사용되고 있으나, 버전이 올라가면서 모델을 객체 지속적으로 기술하는 데 한계가 있어서 오토캐드의 점점 종속적인 모델로 되었다.

DXF CODE	Description
0	Text string indicating the entity type (fixed)
1	Primary text value for an entity
2	Name (attribute tag, block name, and so on)
3-4	Other text or name values
5	Entity handle; text string of up to 16 hexadecimal digits (fixed)
6	Linetype name (fixed)
7	Text style name (fixed)
8	Layer name (fixed)
9	DXF: variable name identifier (used only in HEADER section of the DXF file)
10	Primary point; this is the start point of a line or text entity, center of a circle, and so on DXF: X value of the primary point (followed by Y and Z value codes 20 and 30) APP: 3D point (list of three reals)
11-18	Other points DXF: X value of other points (followed by Y value codes 21-28 and Z value codes 31-38) APP: 3D point (list of three reals)
20, 30	DXF: Y and Z values of the primary point
21-28, 31-37	DXF: Y and Z values of other points
38	DXF: entity's elevation if nonzero
39	Entity's thickness if nonzero (fixed)
40-48	Floating-point values (text height, scale factors, and so on)
48	Linetype scale; floating-point scalar value; default value is defined for all entity types
49	Repeated floating-point value. Multiple 49 groups may appear in one entity for variable-length tables (such as the dash lengths in the LTYPE table). A 7x group always appears before the first 49 group to specify the table length
50-58	Angles (output in degrees to DXF files and radians through AutoLISP and ObjectARX applications)
60	Entity visibility; integer value; absence or 0 indicates visibility; 1 indicates invisibility
62	Color number (fixed)

<http://www.autodesk.com/techpubs/autocad/acad2000/dxf/group_codes_in_numerical_order_dxf_01.htm >

15-3 IFC

IFC는 건설 분야, 특히 건축 빌딩에 관한 정보를 기술하기 위한 목적으로 개발된 데이터 교환 포맷이다. 이 포맷은 중립적이며, 오픈되어 있다. IFC 포맷은 1995년 미국과 유럽 AEC 회사들을 중심으로 1995년에 데이터 교환을 목적으로 만들어진 국제 협의체 IAI(International Alliance for interoperability)에 의해 개발되었으며, 2005년까지 buildingSMART에서 개발, 유지되어 왔다. 현재 IFC는 IFC2x3버전까지 완성되었으며, IFC 2x4가 2010년에 릴리즈 후보로 공표되었다. IFC는 객체 지향과 유사한 엔티티 관계 모델(Entity relationship model)기반인 EXPRESS언어로 기술되어 있다.

여기서는 IFC의 기본적인 요소와 파일구조를 살펴보도록 한다. 좀 더 자세한 내용을 원한다면 http://www.iai-tech.org와 http://sites.google.com/site/bimprinceple를 참고하기를 바란다. 그림 15-1에서 점선으로 표시된 부분은 IFC 모델의 기본 플랫폼이 되는 부분이며, 이를 포함한 Final 부분으로 구분된다 플랫폼 부분은 IFC 2x 버전이 유지되는 동안 포맷이 변경되지 않고 하위버전과 호환성을 유지하게 된다.

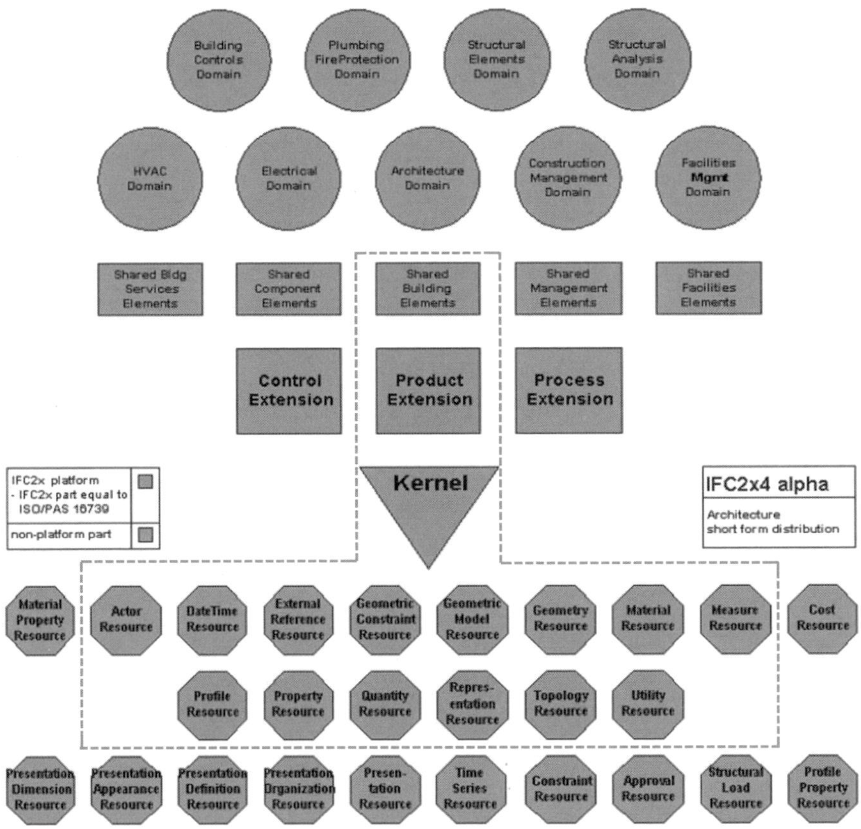

< 15-1 IFC 모델 계층 구조[http://www.iai-tech.org/] **>**

IFC를 구성하는 모든 노드는 IfcRoot에서 시작되며, IfcRoot는 노드를 식별하기 위한 GlobalID, 노드 Name과 Description 정보를 가진다. 객체의 특성을 정의하는 IfcObject 노드는 다음과 같은 파생 타입을 가진다.

IfcProject : 제품을 만들기 위해 수행하는 활동이다.
IfcProcess : 프로젝트내에서 행해지는 공정이나 작업들이다.
IfcResource : 프로세스에서 객체 사용에 대한 것을 정의한 것이다.
IfcActor : 프로젝트와 관련된 인적자원이다.
IfcProduct : 프로젝트에 포함된 물리적 객체며, 형상으로 표현된다.
IfcControl : 다른 객체를 컨트롤하는 개념이다.
IfcGroup : 객체의 집합이다.

객체 특성은 IfcPropertyDefinition 으로 기술되며 객체간 관계는 할당, 집합, 분해, 정의, 연결과 같은 IfcRelationship에 의해 기술될 수 있다. IFC공간적 구조는 대지(IfcSite), 건물(IfcBuilding), 층(IfcBuildigStory), 공간(IfcSpace) 4가지 개념으로 구분된다. 객체 정의는 다음과 같은 형식을 가진다. 오른쪽에 정의된 객체값이 왼쪽 #no에 할당되는 형식이다.

#no = Ifc…(Object parameter …);

IFC 실제 파일 포맷은 XML 형식이거나 STEP 형식을 따른다. 여기에서는 STEP 형식으로 설명한다.

다음은 실제 IFC 파일의 구조를 나타낸다.

FILE_DESCRIPTION 객체를 정의한다.

```
ISO-10303-21;
HEADER;
FILE_DESCRIPTION(( 'ViewDefinition [CoordinationView,
 QuantityTakeOffAddOnView]'), '2;1');
FILE_NAME ('example.ifc', '2011-03-08T17:36:19', ('Architect'), ('Building
 Designer Office'), 'IFC Engine DLL version 1.02 beta', 'IFC Engine DLL version
 1.02 beta', 'The authorising person');
FILE_SCHEMA (('IFC2X3'));
ENDSEC;
DATA;
#1 = IFCPROJECT('14GX40SX9EnQvslTXeHCzA', #2, 'Default Project', 'Description
     of Default Project', $, $, $, (#20), #7);
#2 = IFCOWNERHISTORY(#3, #6, $, .ADDED., $, $, $, 1299573379);
#3 = IFCPERSONANDORGANIZATION(#4, #5, $);
#4 = IFCPERSON('ID001', 'Bonsma', 'Peter', $, $, $, $, $);
#5 = IFCORGANIZATION($, 'TNO', 'TNO Building Innovation', $, $);
    … 중략 …
```

IfcProject 객체를 정의한다. 이 객체 변수는 ( ) 안에 콤마로 구분된다. 정의된 객체는 왼쪽 #1 변수에 할당된다.

IfcQuantity 수량객체 정의

```
#45 = IFCWALL('3ZuNN_FnPDYQ9hY0$m2512', #2, 'Wall xyz', 'Description of Wall', $,
      #46, #51, $);
#46 = IFCLOCALPLACEMENT(#36, #47);
#47 = IFCAXIS2PLACEMENT3D(#48, #49, #50);
#48 = IFCCARTESIANPOINT((0., 0., 0));
#49 = IFCDIRECTION((0., 0., 1));
#50 = IFCDIRECTION((1., 0., 0));
#51 = IFCPRODUCTDEFINITIONSHAPE($, $, (#72, #101));
#52 = IFCPROPERTYSET('2SSPqXmRXAj9VkA7$wpcpz', #2, 'Pset_ WallCommon', $,
      (#53, #54, #55, #56, #57, #58, #59, #60, #61, #62));
#53 = IFCPROPERTYSINGLEVALUE('Reference', 'Reference', IFCTEXT(''), $);
#54 = IFCPROPERTYSINGLEVALUE('AcousticRating', 'AcousticRating', IFCTEXT(''), $);
    … 중략 …
```

IfcQuantitySet 수량객체 정의

IfcQuantity 수량객체 정의

```
#65 = IFCQUANTITYLENGTH('Lenght', 'Lenght', $, 5000);
#66 = IFCQUANTITYAREA('GrossSideArea', 'GrossSideArea', $, 11.500);
    … 중략 …

#74 = IFCPOLYLOOP((#75, #76, #77, #78));
#75 = IFCCARTESIANPOINT((0., 0., 0));
#76 = IFCCARTESIANPOINT((0., 300., 0));
#77 = IFCCARTESIANPOINT((5000., 300., 0));
#78 = IFCCARTESIANPOINT((5000., 0., 0));
#79 = IFCFACEOUTERBOUND(#74, .T);
#80 = IFCFACE((#79));
#81 = IFCPOLYLOOP((#82, #83, #84, #85));
#82 = IFCCARTESIANPOINT((0., 0., 2300));
#83 = IFCCARTESIANPOINT((5000., 0., 2300));
#84 = IFCCARTESIANPOINT((5000., 300., 2300));
#85 = IFCCARTESIANPOINT((0., 300., 2300));
#86 = IFCFACEOUTERBOUND(#81, .T);
#87 = IFCFACE((#86));
#88 = IFCPOLYLOOP((#75, #82, #85, #76));
    … 중략 …

ENDSEC;
END-ISO-10303-21;
```

벽객체 형태를 구성하는 각 면을 정의한다. 면은 폴리라인 루프형태이며, 75, 76, 77, 78 변수에 할당된 카테시안좌표 4개를 참조해 만든다.

#74에 정의된 폴리라인 루프객체를 면으로 정의한다.

IFC는 BIM 표준 데이터 포맷이며, 많은 BIM 소프트웨어에서 지원된다. 그러나 건축 이외에 분야에 대한 객체 기술은 상대적으로 충분하지 못한 편이다. 이런 이유로 LandXML과 같은 포맷을 보완하여 사용하기도 한다.

15-4 LandXML

LandXML는 1999년 오토데스크와 EAS-E에 의해 설립된 LandXML.org(http://www.landxml.org/)에서 개발되었으며 토목 분야에서 표준적인 데이터 교환 포맷으로 사용되고 있다. 이 포맷에는 토목 엔지니어링에 관련된 모든 정보, 예를 들어 다음 그림과 같이 측량, 도로설계, 단지 부지, 디지털 지형모델(DTM), 빗물, 오수 관망 등 대부분의 모델을 포함하고 있다.

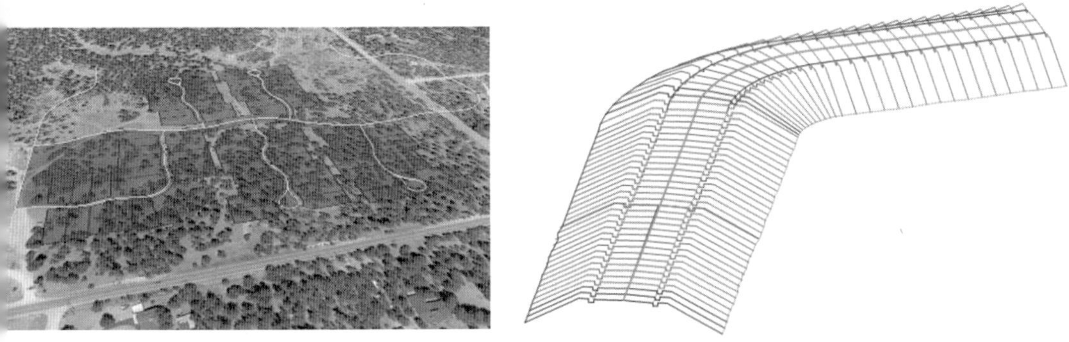

< **15-2** 15.2 LandXML 표현 객체 예[http://www.landxml.org/] >

15-5 정리

지금까지 다양한 모델 데이터 교환 표준 포맷을 살펴보았다.

IFC와 같은 정보모델은 객체지향적이고 속성정보를 모델에 추가할 수 있다. 그러나 건축에서 시작된 포맷이므로 토목과 같은 다른 분야에서 필요한 객체를 모두 표현하지 못하는 문제가 있다.

LandXML은 토목기반 XML확장 객체 모델 교환 포맷이므로 반대로 건축에 대한 객체 표현이 불가능하다. 각 소프트웨어 벤더에서는 자체 고유의 모델 저장 포맷을 지원하고 있으며, 이런 표준 포맷으로 입출력할 때 일부 정보가 소실되는 문제가 있다. 여기서도 민간보다 단체 표준은 항상 느리다는 것은 불변인 것 같다. 이런 점은 BIM 정보 표준화에 문제가 될 수 있다. 각 포맷마다 특징과 장단점이 있으므로, 어떤 특정 포맷이 좋다고 이야기할 수는 없다.

현재 대부분 상용 소프트웨어에서는 언급한 데이터포맷을 모두 지원하고 있으며 이런 표준모델을 기반으로 시설물이나 인프라 유지관리에 활용되고 있다. 앞서 설명한 대로 각 분야나 공정별로 모델정보를 완벽히 기술할 수 있는 표준모델은 없으므로, 정보 재활용과 생산성 사이 어느 정도 수준에서 타협해 사용할 필요가 있다고 본다.

앞서 기술된 데이터 포맷은 대부분 무료로 얻을 수 있는 뷰어를 제공하고 있으므로 관심이 있다면, 책 마지막의 레퍼런스에 언급된 사이트를 참고하기를 바란다.

이 포맷은 그림 15-3과 같이 가독성과 확장성 있는 XML로 개발되어 있다. 다음은 선형(Alignment)의 형상을 구성하는 제어점인 AlignPI 구조이다. 왼쪽은 AlignPI의 그래픽적 표현이고 오른쪽은 실제로 저장되는 XML 파일 형식이다. 그림에서 보는 바와 같이 AlignPI과 같은 객체 정보는 그 하위에 여러 개 노드로 구성되어 있으며 이 경우에는 측점(Station), 교점(PI), 진입 나선곡선정의(InSpiral – 도로선형의 경우 클로소이드가 됨), 곡선정의(Curve1, 2), 진출 나선곡선정의(OutSpiral) 등으로 구성된다.

LandXML은 토목 엔지니어링 모델 형상을 잘 표현하고 있는 모델이지만, IFC와 같이 프로세스나 리소스와 같은 공정정보에 대한 부분이나 수량에 대한 표현은 아직도 미흡한 점이 있다.

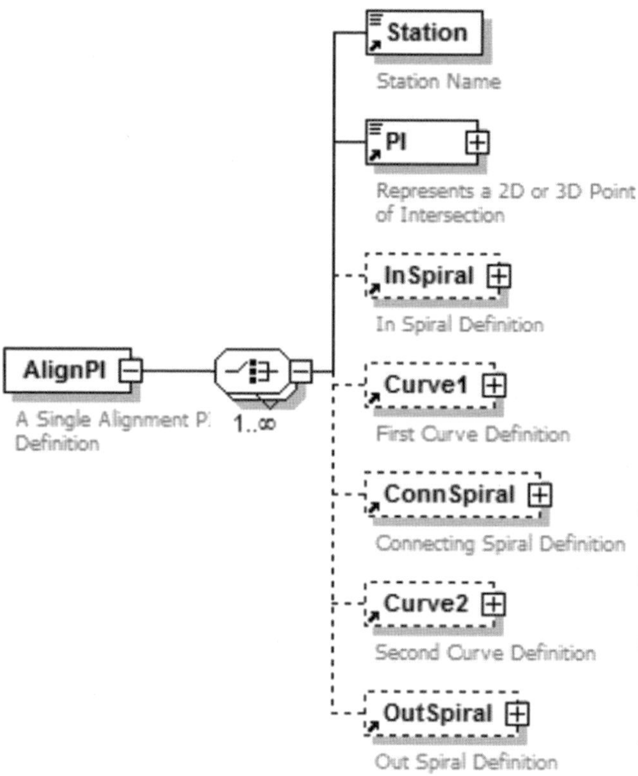


```
<xs:element name="AlignPI">
 <xs:annotation>
  <xs:documentation>A Single Alignment
Definition</xs:documentation>
 </xs:annotation>
 <xs:complexType>
  <xs:choice maxOccurs="unbounded">
   <xs:element ref="Station"/>
   <xs:element ref="PI"/>
   <xs:element ref="InSpiral"
minOccurs="0"/>
   <xs:element ref="Curve1"
minOccurs="0"/>
   <xs:element ref="ConnSpiral"
minOccurs="0"/>
   <xs:element ref="Curve2"
minOccurs="0"/>
   <xs:element ref="OutSpiral"
minOccurs="0"/>
  </xs:choice>
 </xs:complexType>
</xs:element>
```

< 15-3 LandXML AlignPI 포맷 예 **>**

제16장

미래 엔지니어링

16-1 개요

지금까지 BIM 개념과 철학, 그리고 이를 이루는 각 컴포넌트의 철학과 원리를 이야기 하고 이를 어떻게 유기적으로 묶어 시스템으로 만들어 나가는지에 대하여 이야기해 보았다. 앞에서 본 바와 같이 건설 프로세스에 필요한 엔지니어링 정보는 BIM에서 기하, 위상, 속성, 객체와 같은 다양한 정보 도구에 의해 생성되어 모델로 저장되어 담아진다. 그리고 이 정보를 생성하는 각종 하부 컴포넌트는 프레임 워크에 의해 유기적으로 연결되어 동작된다.

엔지니어링은 근래 디지털 정보공학의 눈부신 발전으로 각 공학 분야에서 사회적 가치를 창출하는 DNA을 성찰하고 이와 코드가 잘 맞는 디지털 정보 코드 체계와 근본적인 융합을 시도하는 중이다. 이런 추세는 스마트 모바일 혁명의 바탕 위에 소셜 네트워크를 통한 엔지니어링 소통 방식의 변화를 통해 미래에는 영화 속의 한 장면처럼 모델과 대화하면서 소비자가 곧 생산자 역할을 하는 프로슈머 엔지니어링이 건설 분야에서도 점진적으로 현실화 될 것이라 판단한다.

< 16-1 프로슈머 엔지니어링 [Ironman] **>**

앞으로 BIM, CAD와 같은 모델링 시스템은 더욱 지능화된 의사결정의 핵심적인 도구로 떠오를 것이다. 가시성과 공간관리의 특성을 통해 통합, 실시간, 환경의 관점에서 다양하게 발전하고 응용될 것이다. 건설 엔지니어링 분야에 앞으로 영향을 줄 몇 가지만 더 언급하고마무리를 하고자 한다.

16-2 인터넷 기반 PLM

BIM에 영향을 주고 있는 PLM은 원래 PDM(Product Data Management)에서 출발한 것이다.

PDM은 그림16-2와 같이 제품 개발 단계를 따라 만들어진 모델과 관련 정보를 하나의 데이터베이스에 모아두고 프로젝트 관계자들 간에 정보를 교환, 의사소통하며 모델을 재활용하기 위한 관리 시스템이다. 이 개념이 PLM으로 확대되어 제품 개발 단계 뿐 아니라 프로세스 기반에서 제품기획, 디자인, 생산, 유통, 유지보수, 폐기까지 확대된 개념으로 발전한다.

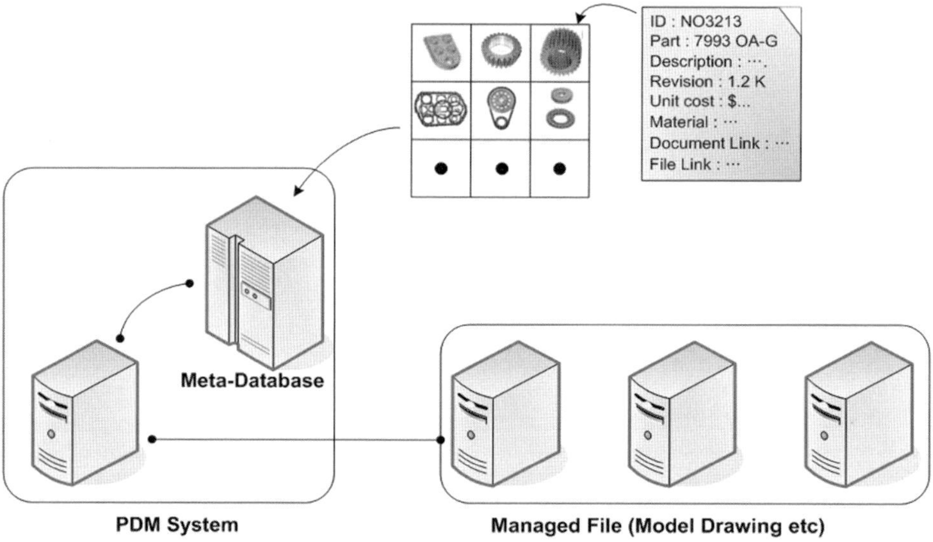

< **16-2** PDM system >

최근 2000년대는 Web과 PLM *[필자주 – 건설은 BIM으로 발전한다.]* 의 영향이 컸다. PLM은 가상 제품공학을 지향하지만, 사실 관련된 분야가 광범위하고 정규화 되지 않은 부분이 많은 건설 분야는 이를 위해 많은 장애물을 해결해야 한다.

1990년대 초 대학 연구에서 시작한 PLM(product Life-cycle management)는 1990년대 말에 유행하기 시작했으며, Dassault, Parametric, Unigraphics, SDRC와 같은 CAD 선도 벤더사는 재빠르게 CAD 소프트웨어에 그 개념을 적용하기 시작했다.

Ford는 SDRC의 Metaphase PDM 소프트웨어를 사용하였고, 2000년 말에 Unigraphics Solutions는 3D viewer 벤더인 EAI를 인수했다.

현대 PLM solution은 대용량의 설계모델 및 속성정보를 네트워크로 연결된 데이터베이스에서 얼마나 빠르게 가시화 되는지가 핵심이 되었다. 2001년 Unigraphics solutions는 이름을 UGS로 바꾸고 SDRC를 합병한다.

PLM은 인터넷 혁명을 통해 웹 기반으로 발전하는데, 예를 들어 Autodesk는 Web에서 자료교환 및 Microsoft Net Meeting을 이용해 간단한 협업이 가능한 AutoCAD 2000i를 출시하였다. Ford는 CAD, CAM, CAE(Computer Aided Engineering)를 통합한 3D CAD(C3P) 소프트웨어와 지역적으로 떨어져 있는 엔지니어 정보공유를 위한 인터넷 기반의 PDM 활용을 통해 다양한 비용절감 효과를 얻었으며, 이런 개념은 가상 제품개발(Virtual product development)로 이어져 Boeing은 이전보다 제품 개발시간을 줄이는데 성공했다.

이런 과정을 통해 PLM은 전 산업계에 큰 영향을 준다. BIM도 PLM의 영향을 받고 있고, 결국 이런 과정을 좇아가고 있다.

16-3 Integration

BIM에서 CAD와 같은 모델러는 전자, 기계, 건설 등 산업에서 생산하는 Product Value Chain에서 설계도를 생성하는 앞 단에 위치해 있다. 지금까지 CAD가 Product Line별로 기술적 완성도를 높이면서, 수평적 통합에 일조했다면 앞으로는 수직적으로 통합되는 시스템이 될 것이다.

효과적으로 설계 시스템이 수직통합이 된다면 사용자 입장에서도 여러 가지 불편함을 감수하며 수많은 벤더사 제품을 위아래로 오르내리면서 데이터를 변환는 등의 복잡하게 사용할 이유가 없게 될 것이다.

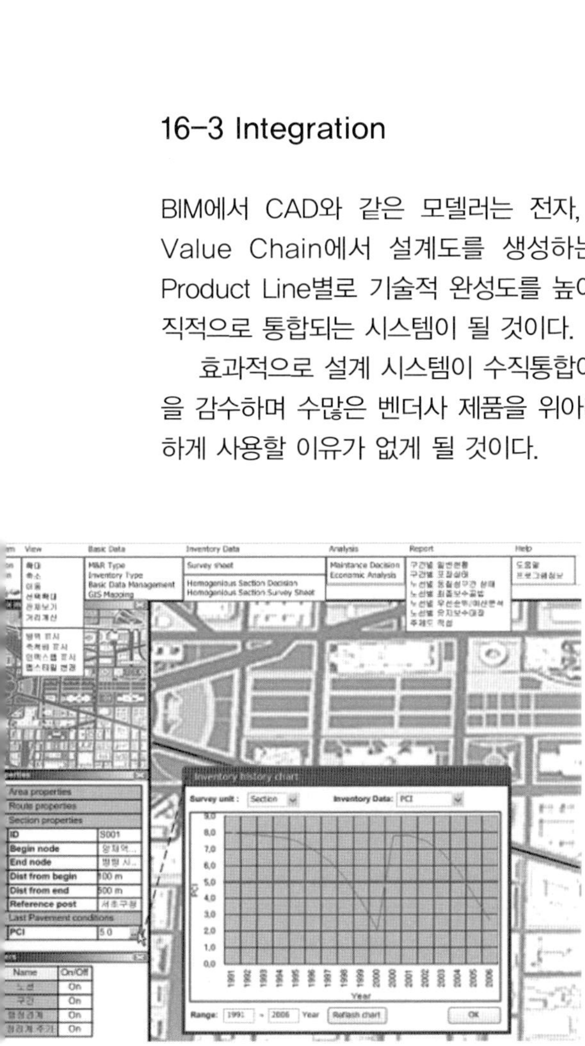

< 16-3 경제성을 고려한 LCCA[HPMS] >

기업은 비용절감차원 및 생산성 향상의 효과를 얻을 것이다. 이런 이유로 최근 오토데스크와 벤틀리에서 경쟁적으로 관련 업체들을 인수 합병하였다. 이를 통해 건설 분야에서는 설계를 동시에 Cost estimation이 수행되어 BI(Business intelligence) 관점에서 실시간(Business Realtime Analysis) 대안분석을 위한 판단 기준치가 되는 KPI(Key Performance Indicator)를 제공하게 된다. 즉, 프로세스 통합을 통한 가상 건설로 진행된다.

선진국과 같이 인프라 건설이 어느 정도 정리된 곳에서는 그림16-3과 같이 설계시 유지보수개념을 포함한 경제성 분석도구인 LCCA(Lifecycle cost analysis), 교통 및 환경 시뮬레이션, CM(Construction Management)의 nDCAD 개념을 접목한 CIM(Construction Information Management)개념 등이 적용될 것이다.

16-4 네트워크 기반 실시간(Realtime) 처리

모바일 혁명 및 RFID(Radio Frequency Identification)나 USN(Ubiquitous sensor network)기술과 맞물려 네트워크상에서 실세계 데이터를 거리나 장소를 불문하고 CAD나 GIS와 같은 그래픽 기반 시스템에서 실시간으로 확인하고 문제를 대처할 수 있는 환경이 만들어지고 있다. 이 분야는 지금까지 물류 및 재고관리 부분에 대해서 활용이 되었지만, Infrastructure와 같은 큰 스케일을 가진 영역에서도 시공관리, 유지보수, 환경 모니터링 등의 가시성과 실시간성이 필요한 영역과 맞물려 네트워크/그래픽 기반의 가시적인 관리기법이 적용될 수 있다.

실시간으로 수집된 정보는 다음 그림 16-4와 같은 자산관리 모델로 데이터베이스화 될 것이며, 구글맵 같은 인터넷기반 서비스와 직접적으로 연동되어 사용된다.

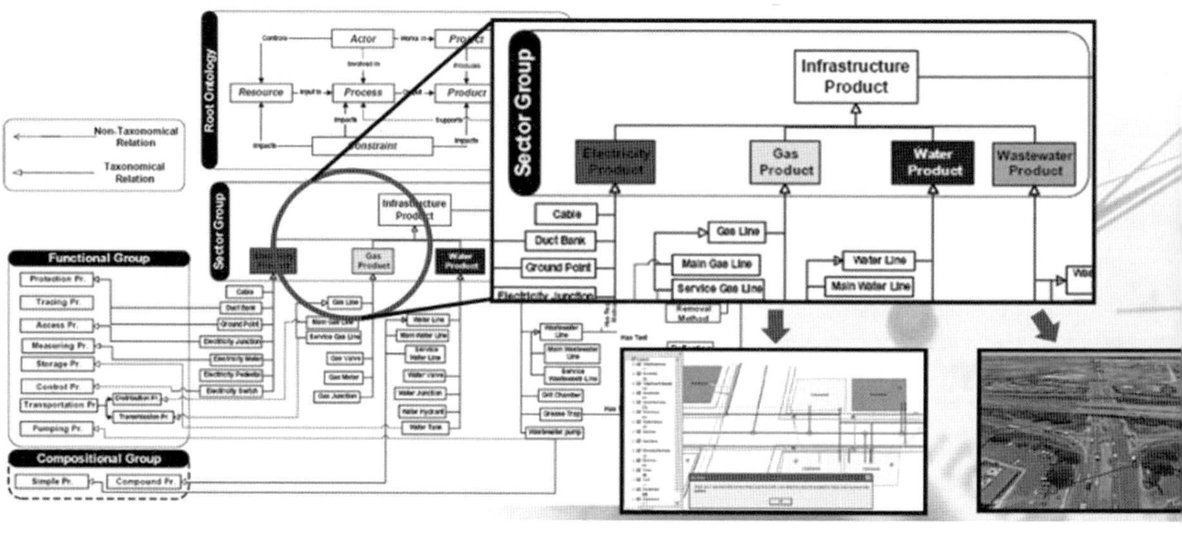

< 16-4 SOC Infrastruture 의 CAD/GIS기반 자산관리 **>**

응용되는 영역의 시스템들은 네트워크로 서로 서비스를 호출해 정보를 얻어 사용자에게 제공하게 될 것이므로 필요한 소프트웨어의 서비스나 컨텐츠를 클라우드(Cloud) SOA(Service Orientied Architecture) 기반으로 제공될 것이며, 네트워크상에서 교환되는 정보는 특정 벤더에 종속되지 않게, 표준화 된 XML과 같은 데이터 포맷으로 메시지화 되어 서로 정보를 교환하게 된다.

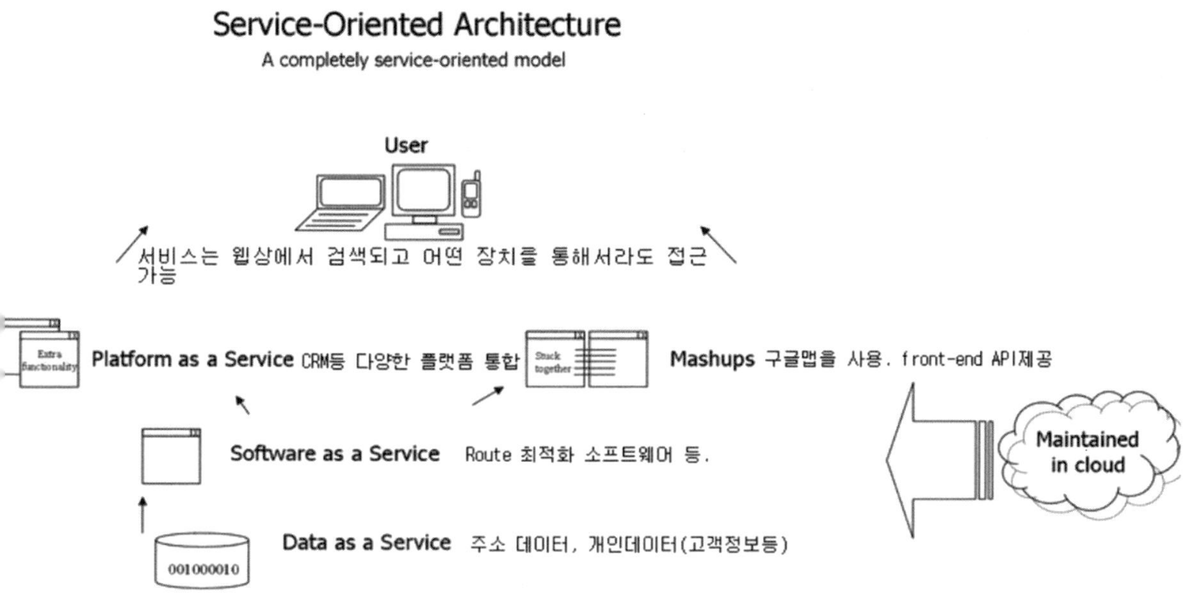

< 16-5 SOA 기반 기능 제공 및 데이터 교환 **>**

16-5 환경(Environment)

앞으로는 지속가능한 모델 디자인을 위해 환경적인 요인을 디자인시 반영하지 않을 수 없게 된다. 이미 세계적으로 지속가능한 건설이나 Green IT가 비즈니스에서 활용되고 있을 뿐아니라, 법적 효력도 점점 강화되고 있는 추세이다. 대형 소프트웨어 업체에서는 이미 Green IT개념의 솔루션을 출시하고 마케팅 전략을 맞추고 있다. 이런 관점을 포함하여 설계시점에서 다양한 환경분석(교통, 소음, 오염 등)을 경제성 분석과 연계해 수행할 수 있어야 한다.

발주자나 설계자는 다양한 환경 시뮬레이션을 통해 시공 전에 미리 환경에 대한 경제적 리스크를 검토하고 피할 수 있다. 특히, 소음과 같이 사용자에게 많은 불쾌감을 주는 문제들로 소송 건수가 다른 환경분쟁에 비해 70% 이상으로 많아지는 추세이고, 분쟁금액 또한 대형화 되고 있다.

그림 16-6는 건설 인프라 관련 환경분석 모형의 예이다. 각 환경 요인에 대한 시뮬레이션을 통해 시간에 따른 변환 분포와 피해에 대한 Cost를 정량화 해서 설계 대안평가에 반영할 수 있다면 언급된 문제들을 효과적으로 다룰 수 있다.

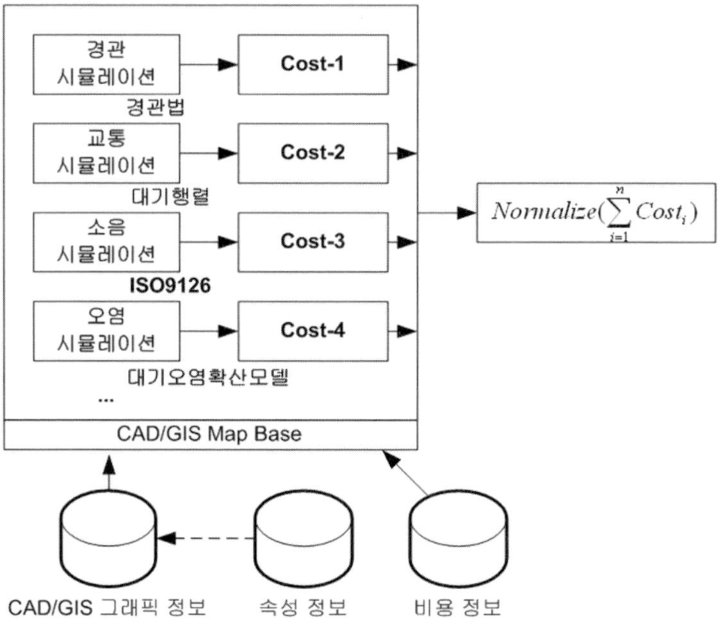

< 16-6 환경 해석 시뮬레이션 >

16-6 모바일과 소셜(Social) 네트워크

굳이 언급하지 않더라도 스마트 폰과 같은 모바일 소셜 혁명이 앞으로 향후 10년 이상 우리의 삶을 흔들어 놓을 것이라는 것은 충분히 예측할 수 있다.

지금은 PC 초창기 시절과 비슷한 상황으로 지금까지 익숙하게 사용해 왔던 소프트웨어나 시스템의 접점이 급속히 모바일 중심으로 바뀌고 있다. 앞으로 PC보다 스마트폰을 가진 사람이 더욱 많아질 것이다. 이런 규모의 경제는 지금까지 컴퓨팅 패러다임을 혁신시킬 수 있다.

앞서 언급한 인터넷 기반 PLM, 통합된 제품가치 체인, 실시간 처리는 모바일과 급속도로 화학적 작용을 일으켜 기존 플랫폼과 생태계를 변형할 만한 필요충분조건이 만족된 상황이다. 이는 새로운 플랫폼을 기반으로 기존 생태계 속에 생산, 소비 먹이사슬이 달라진다는 상황을 의미한다. 생태계를 이루는 각 주체들 중 누군가는 변화를 적극적으로 수용하려 할 것이고, 누군가는 적극적으로 반발하여 팽팽하게 맞서겠지만, 이런 변화를 막을 수는 없다.

[필자주 – 애플이 아이폰을 들고 나온지 10년이 되지 않았지만, 마이크로 소프트의 자산 가치는 꾸준히 하락하고 있고, 플랫폼은 아이폰에 비해 낡은 것이 되었다. 이런 상황은 비단 이 두 회사에 국한되지 않는다. 거대 방송/신문 업체와 popcast와 같은 개인화 된 방송국, 출판 서비스와 e-Book, Bell과 같은 거대 전화 업체와 인터넷 기반 음성 메시지 서비스, SMS문자 서비스와 인터넷 기반 메신저 서비스 등, 그 플랫폼 위에 존재하는 수 많은 제품 개발사와 컨설팅 업체들은 판매하던 상품의 DNA구조를 환경에 맞게 바꾸어야 할 지 말아야 할 지 고민하고 있다. 결국 소비자는 싸고 좋은 것을 선택하게 되어 있다. 이런 식으로 패러다임은 바뀐다.]

앞으로 어떻게 전개될지는 예상하기 어렵겠지만 분명한 것은 컨텐츠 정보 생산자와 소비자 관계가 다층적인 관계에서 1:1 수평적인 관계로 변화될 것이며, 소비자 중심으로 제품을 평가하고 모델링 과정에 참여하는 소통의 요구가 많아질 것이라는 사실이다.

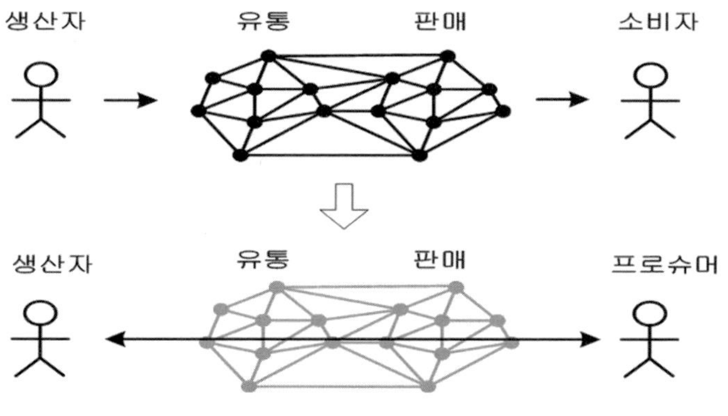

< 16-7 소비자에서 프로슈머의 변화 **>**

BIM은 이 과정중 하나에 있는 징검다리일 뿐이다. BIM 뿐만 아니라 Smart phone, Google, Amazon, FaceBook과 같은 소비자 참여중심 서비스 지향 제품들은 공통적으로 소통과 재활용 체계의 혁신을 바탕에 깔고 있다. 기존 거대시설을 가진 사업자들이 만들어 놓은 게임의 법칙을 사용자 중심소통과 참여를 통해 뒤바꾸어 나가고 있다. 이제는 그 누구도 벨과 같은 전화 사업자나 거대 언론기관이나 신문사의 미래가 밝다고 생각하는 사람은 없다. 오히려 사회적 효용성을 잃어가고 있는 느낌이다.

이는 세계적 미래학자 엘빈 토플러가 '제3의 물결'에서 예상한 것과 마찬가지로 모바일과 소셜 네트워크(Social network)란 무기를 가진 프로슈머(공급자(producer)와 소비자(consumer)를 합성한 용어)가 점점 빠르게 현실화 되고 있음을 보여준다.

이 소비자의 새로운 무기는 모바일과 소셜 인터넷을 기반으로 하고 있지만, 단순한 기술로 보아서는 안 되며, 소비자의 커뮤니케이션 능력이 트위터나 페이스북 같이 그들 사이에서 거의 실시간으로 이루어지고 있는 서비스를 평가함으로써 자연스럽게 전문적인 지식을 축적해 가며 집단적으로 상호 공조함으로써 새로운 권력이 되어가는 것을 인식해야 한다.

BIM이 지향하는 곳은 모델이란 개념을 통한 건설 프로세스에 참여한 사람들과의 단절없는 정보소통이며, 정보 재활용이다. 이는 설계변경 비용을 낮추고 납기일 단축과 품질을 높인다.

고객에게 아직 만들어지지 않은 가상의 모델을 실물처럼 보여주고 시뮬레이션함으로써 미리 다양한 문제점을 발견할 수 있다. 비록 건설은 상대적으로 인간이 다루기 쉬운 기계 부품처럼 규격과 재료를 정규화 하고 자동화 하기 어려운 부분이 많지만, 이 점이 다른 분야에 비해 상대적으로 낮은 건설 경쟁력의 이유가 될 수는 없다고 생각한다. 이는 건설 분야 생존의 문제이기 때문이다.

주도적으로 IT기술을 이해하고 조립이 아닌 융합을 할 필요가 있다. 산업 경쟁력을 높이기 위해 엔지니어링 지식을 디지털 DNA을 녹여내어 시스템화 하는 일은 필수가 될 수 밖에 없다. 일방적인 건설보다 모델을 통한 대중 소통의 건설 엔지니어링이 필요하다.

앞으로 건설 분야가 이런 변화를 적극적으로 받아들이지 못한다면, 앞으로 사회에서 소비자나 대중이 원하는 가치를 창출해내는 것이 어려워질 수 있음을 인식할 필요가 있다. 모두가 이 새로운 변화 속에 챔피언이 되길 바라는 마음으로 글을 마무리한다.

REFERENCE

1. Charles M. Eastman, BIM Handbook, 2009
2. Donghoon Yang* & Charles M. Eastman, A Rule-Based Subset Generation Method for Product Data Models, College of Architecture, Georgia Institute of Technology, Atlanta, GA, 2007
3. Joshua M. Lobel, Building Information: Means and methods of communication in design and construction, MIT, 2008
4. Yi Fang, Marc Friedman, Giri Nair, Michael Rys, Ana-Elisa Schmidt, Spatial Indexing in Microsoft SQL Server, 2008
5. Gunter Rote, Extension of geometric filtering techniques to higher-degree parametric curves, ACS Technical Report, 2008
6. Agn es Desolneux, Lionel Moisan Jean-Michel Morel, From Gestalt Theory to Image Analysis, 2006
7. S.J.OWEN, Q-MORPH: AN INDIRECT APPROACH TO ADVANCING FRONT QUAD MESHING, Carnegie Mellon Uiversity,1999
8. Charles M. Eastman, Building Product Models : Computer Environments Supporting Design and Construction, 1999
9. Owen, S. J., "A Survey of Unstructured Mesh Generation Technology", 7th International Mesh Round Table, 1998
10. Dietrich Nowottny, Quadrilateral Mesh Generation via Geometrically Optimized Domain Decomposition, 1997
11. D. Hearn, M. P. Baker, Compute Graphics C version 2nd edition, Prentice Hall, 1997
12. CIMdata report, 1997
13. Gary Rosen, Charles Pietra, Inside Softdesk Civil, Pap/Dsk edition, 1996
14. International Conference on Object Oriented Information Systems (OOIS), 1995
15. Vera B. Anand, Computer Graphics and Geometric Modeling for Engineering, 1993
16. T. P. Fang and L. A. Piegl, "Delaunay Triangulation Using a Uniform Grid", IEEE Computer Graphics and Applications, Vol. 13, No. 3, pp. 36-47, 1993.
17. Farin, G. Curves and Surfaces for Computer Aided Geometric Design: A Practical Guide. Academic Press, 1993
18. Luo, Y., Lukacs, G. "A boundary representation for form features and non-manifold solid objects", Austin, TX, 1991
19. Chiyokura, Solid Modeling Designbase, Addision wesley, 1988
20. Solomon, B.J. "Surface Intersections for solid modelling", Cambridge University, 1985
21. Y.T.Lee, Automatic Finite-Element Mesh generation from geometric models, Leeds university, 1984
22. Wordenweber, B. "Automatic mesh generation of 2 and 3-dimensional curvilinear manifolds", Cambridge University, 1981
23. Mantyla, M., Sulonen, R. "GWB: A solid modeler with Euler operators", IEEE Computer graphics and applications, 1982

24. R.C. Hillyard, I.C. Braid, Characterizing non-ideal shapes in terms of dimensions and tolerances, Cambridge university, 1978
25. James H. Clark, Hierarchical Geometric Models for Visible Surface Algorithms, University of California, 1976
26. James H. Clark, University of California, 1976
27. Carlos castaneda, Journey To Ixtlan, washington square press, 1972
28. Samuel H. Huang, J. Shi, Automatic Generation of Quadrilateral Multi-Block Topology for FEA/CFD Applications
29. I.C.Braid, Designing with Volumes, Computer-Aided Design Group
30. Ian Stroud, Boundary representation modeling techniques, springer
31. Baumgart, B.G. "Geometric modelling for computer vision", Stanford University, 1974
32. Miller, C. L. and LaFlamme, The Digital Terrain Model - Theory and Application, MIT Photogrammetry Laboratory Publication 117, March 1958
33. Picasso, Henry Holt and Company
34. 강태욱, 토공수량계산 자동화를 위한 스케치 도면 요소의 그래프 위상 자동 구성 및 형태 패턴 인식에 대한 연구, 2010
35. 박시형, 격자분할을 이용한 Delaunay삼각화와 표면재구성, 건국대, 2005
36. ezOWL, ETRI
37. http://www.siggraph.org/
38. www.autodesk.com/
39. www.bentley.com/
40. www.graphisoft.com/
41. www.nemetschek.eu/
42. meshlab.sourceforge.net/
43. www.opengl.org
44. www.opendwg.org
45. www.opensg.org/
46. www.iai-tech.org/
47. www.landxml.org/
48. www.hitechcaddservices.com/
49. docs.bentley.com/en/TriForma
50. www.antigrain.com/
51. www.columbia.edu/acis/history/eniac.html
52. www.deskeng.com/articles/aaaahp.htm
53. design.osu.edu/carlson/
54. www.cadazz.com/cad-software-history.htm

55. www.siggraph.org/publications/newsletter/v33n3/columns/machover.html
56. sophia.javeriana.edu.co/~ ochavarr/computer_graphics_history/historia/
57. Drew Kottke, www.youtube.com, "Demonstrates Civil Engineering Automation Librarym, CEAL", 1991
58. http://icad.kaist.ac.kr/
59. Tomas Akenine-Moller, Eric Haines, Real-Time Rendering 2nd Edition
60. http://meshlab.sourceforge.net/
61. Donald Hearn, M.Pauline Baker, Computer Graphics, Prentice Hall, 1997
62. Stuart Russell Peter Norvig, AI in Modern Approach, Prentice Hall, 2003
63. Erich Gamma, Richard Helm, Ralph Johnson and John M. Vlissides, Design Patterns: Elements of Reusable Object-Oriented Software, Addison wesley, 1994
64. David Garlan and Mary Shaw, An Introduction to Software Architecture, Carnegie Mellon University, 1994

강태욱

겸임교수, 공학박사 (소프트웨어, 건설환경 시스템공학 전공)
건설IT융합 소프트웨어 연구 센터장 (에너지 환경연구소 산하)
대한민국 소프트웨어대상 (지식경제부장관상)
C&G필자 / TalkIT BIM패널, 한국BIM 교육간사, 시정개발연구원 위촉평가위원

BIM의 원리
강태욱 지음

1판 발행 2011년 6월 15일 발행

발행인 김기현
발행처 시공문화사 ***Spacetime***
등 록 1993년 3월 12일
주 소 서울시 서대문구 현저동 200 극동빌딩 5층
전 화 02) 3147-1212, 2323
전 송 02) 3147-2626
ISBN 978-89-5592-197-7
http://www.spacetime.co.kr
spacetime@korea.com

정가 18,000 원